基于数据驱动的工业设备故障诊断研究及其实现

陈乐瑞 著

中国纺织出版社有限公司

内 容 提 要

本书以数据驱动的工业设备故障诊断流程为主线，系统介绍了信号采集与处理、特征选择与提取和故障识别与诊断等方面的知识，并利用 MATLAB 工具对相关技术进行研究。首先，介绍了工业设备信号采集常用的传感器类型，数据降噪和数据融合等预处理技术；其次，介绍了常用的特征选择与提取方法；最后，利用浅层神经网络和深度学习网络分别对常见的工业设备进行诊断。本书理论与实践相结合，涉及理论内容均结合具体的实例给出相应的 MATLAB 代码，方便读者理解和掌握故障诊断领域相关的技术方法。

本书内容翔实、针对性强，具有较高的研究价值。不仅适合高等院校机械工程、电气工程和人工智能等专业的学生学习，对相关工程领域的技术人员也有较大的参考价值。

图书在版编目（CIP）数据

基于数据驱动的工业设备故障诊断研究及其实现／陈乐瑞著. -- 北京：中国纺织出版社有限公司，2024.3
ISBN 978-7-5229-1511-1

Ⅰ. ①基… Ⅱ. ①陈… Ⅲ. ①工业设备–故障诊断–研究 Ⅳ. ①TB4

中国国家版本馆 CIP 数据核字（2024）第 052656 号

责任编辑：施 琦 亢莹莹 特约编辑：孟泽林
责任校对：寇晨晨 责任印制：王艳丽

中国纺织出版社有限公司出版发行
地址：北京市朝阳区百子湾东里 A407 号楼 邮政编码：100124
销售电话：010—67004422 传真：010—87155801
http://www.c-textilep.com
中国纺织出版社天猫旗舰店
官方微博 http://weibo.com/2119887771
三河市宏盛印务有限公司印刷 各地新华书店经销
2024 年 3 月第 1 版第 1 次印刷
开本：787×1092 1/16 印张：14
字数：320 千字 定价：78.00 元

前　　言

工业设备是制造业的基石，它标志着一个国家的工业化发展水平。随着用工短缺和人工成本的攀升，加工过程自动化和智能化是未来制造业发展的必然趋势，这将促使工业设备自动化实现大发展；同时，高端工业设备，如特精密齿轮、超高速电机等在航空航天、军工、汽车制造等领域需求越来越迫切，这也加快了工业设备在高端领域应用的步伐。这类设备一般需要长时间连续在恶劣的工作环境中运行，容易发生故障且会因此造成巨大损失。再加上现代工业管理体系对生产设备可靠性、运行安全性和维护成本等方面的要求越来越高，作为健康管理的关键组成部分的设备故障诊断在现代工业生产体系中扮演着重要角色，其需求越来越迫切。

2015 年 5 月 19 日，国务院印发了《中国制造 2025》，作为我国实施制造强国战略的第一个十年行动纲领，文件明确指出："以提升可靠性、精度保持性为重点，开发高档数控系统、伺服电机、轴承、光栅等主要功能部件"和"组织攻克一批长期困扰产品质量提升的关键共性质量技术，加强可靠性设计、试验与验证技术开发应用，推广采用先进成型和加工方法、在线检测装置、智能化生产和物流系统及检测设备等，使重点实物产品的性能稳定性、质量可靠性、环境适应性、使用寿命等指标达到国际同类产品先进水平"。在《智能制造工程实施指南（2016—2020 年）》中，针对离散型智能制造，重点支持要素中涵盖了：①通过工业互联网实现生产装备、传感器、控制系统与管理系统等互联，实现数据的采集、流转和处理；利用工业物联网等技术实现工厂内外网互联互通，实现生产过程数据采集和分析系统，以及生产进度、现场操作、质量检验、设备状态、物料传送等生产现场数据自动上传，并实现可视化管理。②利用互联网平台，实现数据的集成、分析和挖掘，支撑智能化生产、个性化定制、网络化协同、服务化延伸等应用。③利用人工智能和大数据技术，在产品质量改进与缺陷检测、生产工艺过程优化、设备健康管理、故障预测与诊断等关键环节具备人工智能特征。2016年，河南省人民政府印发的《中国制造2025河南行动纲要》明确指出要"突破关键功能部件、智能数控系统、在线故障诊断等关键共性技术"。由此可见，工业设备的安全性和稳定性以文件的形式被放到了非常重要的位置。

当前我国正处于产业结构调整和优化升级阶段，对工业设备的运行精度和稳定性提出了更高的要求，大量的落后设备被逐步淘汰，取而代之的是具有自感知、自诊断和自决策功能的智能化工业设备。这些设备将大数据技术和人工智能技术相结合，从运行中产生的大量数据中挖掘故障特征并能够进行智能诊断，极大提高了诊断精度和工作效率。但是目前工业设备故障诊断领域的智能化发展水平与国外工业发展水平先进的国家存在一定差距，主要原因在于国内开展基于数据驱动的人工智能诊断技术研究起步比较晚。目前市面上存在不少有关数据驱动的智能诊断技术的图书，但是能够把设备故障诊断关键技术和MATLAB仿真工具有效结合起来并应用于工程实践的参考书并不多。为了能够理解和掌握设备故障诊断技术，至少需要参考三个方面的相关书籍：MATLAB基本使用方法、基于MATLAB的数字信号处理和基于MATLAB的模式识别。这些书籍往往与工业设备故障诊断相关性不大，同时缺乏系统性和整体性。另外，这些书籍内容晦涩难懂，既没有给出实例分析，也没有详细的可操作代码，不利于学习者对相关知识的掌握。

基于此，本书以故障诊断流程为主线，从信号采集与处理、特征选择与提取和故障识别与诊断等方面系统地介绍了相关理论知识；同时，在每一章节理论方法介绍完后会给出具体的实例分析，有助于巩固读者对理论的学习。另外，对于每一个实例，文中附带有相应的MATLAB代码，有助于提高工程技术人员的动手能力，实现理论与实践的结合。本书图文并茂、突出重点、分散难点，由浅入深、循序渐进，对于初次涉及该领域的研究人员和工程技术人员有一定指导作用。本书共分为5章，具体内容安排如下。

第1章为绪论，主要介绍工业设备故障诊断意义、常用的故障诊断方法和基于数据驱动的故障诊断流程，对设备故障诊断领域的研究方法和研究进展进行综述。

第2章为信号采集与处理，主要介绍了工业设备信号采集常用的传感器类型及采集方法、数据降噪处理技术和数据融合处理技术以及相关技术的应用实例。

第3章为特征选择与提取，主要介绍了信号特征提取常用的理论方法及实例应用，包括时域特征提取、频域特征提取、时频特征提取以及基于Volterra核的频域特征提取。其中，时域特征既包括信号的均方误差、峭度、偏斜度、裕度、波峰因子等一维数据特征，又包括信号的马尔可夫转场（Markov Transition Field，MTF）、格拉姆角场（Gramian Angular Field，GAF）、递归图（Recurrence Plots，RP）、图形差分场（Motif Difference Field，MDF）、相对位置矩阵（Relative Position Matrix，RPM）等二维数据特征；频域特征包括信号的傅里叶变换、功率谱估计、倒频谱分析、包络谱分析等数据特征；时频特征包括短时傅里叶变换、连续小波变换、Wigner-Ville分布等二维数据特征；基于Volterra核的频谱特征包括广义频率响应函数（GFRF）和非线性输出频率响应函数（NOFRF）等。

第4章为故障识别与诊断，主要介绍了人工神经网络、支持向量机（SVM）以及常见的深度学习网络模型理论知识，如卷积神经网络（CNN）、深度置信神经网络（DBN）、堆栈自编码网络（SAE）和长短时记忆神经网络（LSTM），并通过相应的具体工业设备故障诊断实例展示其应用。

第5章总结了工业设备故障诊断面临的挑战，明确了未来的发展方向。

中原工学院陈乐瑞博士为此书的著者，负责整个研究的数据采集、实验验证、程序编写以及文字编著等工作。本书在编写过程中得到了河南省自然科学基金项目（编号242300421417）、河南省外国专家项目（编号HNGD2023027）和中原工学院自然科学基金项目（编号K2023MS020）的资助；同时，也得到了中原工学院温盛军教授、香港理工大学容启亮（Yung KaiLeung）教授、日本早稻田大学胡敬炉教授及其研究团队的支持和帮助，西安交通大学自动控制与检测技术研究所的马一丹博士、上海交通大学王晓琪博士和西安工业大学的张家良博士做了相关的辅助工作，在此对他们表示感谢。另外，本书也吸收了国内外同行研究成果的精华，在此对相关作者一并表示感谢。

　　由于编写时间仓促和作者研究水平有限，书中难免有疏漏之处，恳请各位专家和广大读者批评、指正。

陈乐瑞

2024 年 2 月 1 日

目　　录

第1章 绪论

1.1 研究背景和意义

随着计算机技术和自动化技术的发展，人们对工业生产规模、品质和效率的需求日益增长，现代工业化生产正朝复杂化、自动化和智能化方向发展。在生产效率提升过程中起关键作用的是具有复杂机械结构的工业设备，这些设备被广泛应用于航空航天、电力能源、工业制造、化工和冶金等领域。如图1-1所示是工业生成过程中常用到的机电设备。伴随现代工业技术飞速发展，工业设备的结构日益复杂，且因为设备内部关键零部件之间相互耦合和影响，单一设备零部件出现问题可能会导致连锁反应。再加上恶劣的工作环境和长时间连续运行的工作要求，影响工业设备安全稳定运行的因素随之增多，如果这些风险得不到及时处理，将会产生极大的安全隐患，轻则导致生产停滞，重则发生严重的安全生产事故。因此，设备故障检测和诊断是业界亟待解决的问题之一。

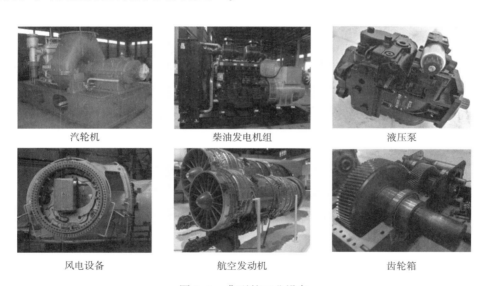

汽轮机　　　　　　　　　柴油发电机组　　　　　　　　液压泵

风电设备　　　　　　　　航空发动机　　　　　　　　　齿轮箱

图1-1　典型的工业设备

据统计，由设备零部件故障引发的事故占工业领域总事故的1/3左右[1]。设备发生故障以后，如果得不到及时维修和替换，整台设备会面临较高的失控风险，进而会发生安全事故。例如，1986年苏联切尔诺贝利核电站4号发电机组失控继而发生爆炸，核反应堆全部炸毁，前后造成6万~8万人死亡；2003年美国哥伦比亚号航天飞机在完成太空飞行任务返回地球过程中，因燃料箱泡沫碎片脱落击中飞机发生了爆炸，造成7名宇航员遇难；2011年日本福岛核电站因地震导致核电厂直流供电系统遭破坏，反应堆包壳余热无法及时排出最终造成燃料厂房发生爆炸，多人死亡，财产损失极高，同时给当地的生态环境造成了不可估量的影响；如图 1-2 所示是几起因设备故障导致的事故。过去发生的各种安全事故警示我们，安全和可靠是现代化工业生产的基础，只有对设备及关键零部件进行实时监测和诊断，才能及时发现存在的安全隐患，使设备在可控范围内进行生产。这对于维持系统安全稳定有序运行，防止安全事故发生，提高企业可持续发展有重要的价值和意义[2-4]。

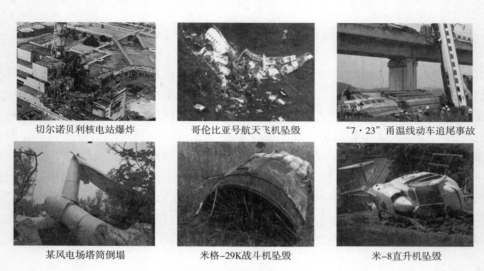

图 1-2　设备故障导致的事故

　　对设备进行检修是减少因设备故障发生事故风险的重要手段之一。检修分为定期检修和在线检修，定期检修包括事前检修和事后维修两种方法。事前检修能够有效降低事故发生的概率，但是该方法效率低，会造成时间和经济资源的浪费；事后维修能够缩短故障排查时间，可以快速、彻底排除故障，但存在一定的安全隐患。设备发生故障以后，准确对设备故障做出判断十分重要，因此，事前检修和事后维修无法提供有力的检测保障。在线检修介于事前检修和事后维修之间，它可以实时监测设备状态，一旦出现故障，会及时报警或实现自我修复，可以有效降低故障发生率。目前大多数设备故障诊断停留在定期检修阶段，不仅浪费资源，而且存在一定的安全隐患。据统计，日本在工业领域实施故障诊断计划以后，事故发生率降低了一半以上，维护费也缩减为原来的 50%～75%；英国工厂实施故障诊断技术以后，每年能够节省 3 亿英镑的维修费用[5]。我国工业设备故障诊断技术起步比较晚，基础薄弱，但是市场需求前景广阔。据中华人民共和国工业和信息化部统计，截至 2022 年 8 月底，接入工业互联网的工业设备高达 8000 万台。最近几年国家先后颁布了《中国制造 2025》《"十四五"智能制造发展规划》和《"十四五"机器人产业发展规划》等一系列纲领性文件并实施了一系列措施，这些文件和措施无一例外都把设备的故障检测和诊断放在了突出的地位，为设备故障诊断研究提供了强大的政策支持。

　　设备故障诊断综合了传感器、信号处理、特征提取和模式识别等多项技术，同时它也是一项与工业实际应用联系最紧密的技术。从诞生到现在，它一直都是工程领域的研究热点之一，经过数十年的发展，故障诊断技术在理论创新和实践应用上都取得了巨大成就，并逐步形成了较为完善的体系。但是随着人工智能和大数据时代的来临，云计算、边缘计算、大数据等新一代技术的出现促使传感器分布更加广泛和密集，大量的设备及零部件的运行数据从边缘端通过互联网传送至云端，这些数据呈现海量性、多元异构性和复杂性，都对设备故障诊断方法的准确性和鲁棒性提出了新的要求。另外，完全依赖数学模型或专家知识经验的传统故障诊断方法难以满足大数据时代的要求，正面临前所未有的挑战，因此，需要面向大数据提出新的诊断方法。近年来，数据挖掘和特征提取等人工智能技术在故障诊断领域受到了极大关注，通过从设备历史数据或在线数据中深入挖掘隐藏在数据中不易被观察到的隐性属性和抽象规律，自动学习内在的模式并预测未来的走势，从而实现设备的故障诊断。大量研究表明，基于数据驱动的故障诊断方法克服了传统故障诊断方法中人为因素过多干预的缺陷，避免了因主观选择特征造成诊断准确率低的问题发生，而且它利用机器学习方法能够准确提取出设备正常和异常的抽象特征，这种方法往往比凭借经验的人为选择效果更好[6]。

工业生产过程中的设备由多个机械或机电部件组成，且部件之间存在耦合关系，呈现非线性、不确定性等特点。专家学者对复杂系统故障诊断问题研究已有很长时间，提出的方法有解析模型方法、信号分析方法以及专家知识方法等，国内外学者利用这些方法对系统故障诊断问题开展了研究，但这些研究还没有很好地解决具有非线性、不确定性特征的系统故障诊断问题。本书利用数据驱动的方法对设备故障诊断开展研究，利用机器学习的方法从大数据中挖掘和提取故障特征并加以诊断，涉及信号采集预处理技术、特征提取技术以及故障识别与分类技术等。此项研究在工业设备故障诊断方面有重要的工程应用价值，可以为工业中的故障诊断研究提供借鉴。

1.2　故障诊断研究现状

1.2.1　故障诊断概述

国际自动控制联合会（IFAC）故障检测、监督和安全性技术将故障定义为"系统至少一个特征或参数相对于可接受的、通常或标准状态，产生了不允许的偏差"[7]。根据该定义，周东华等将故障诊断定义为"广义上作为故障检测、分离和辨识的统称，狭义上可以称为故障分类和故障辨识"[8]。故障诊断的最终目的是通过分析能反映设备状态的数据来预测其状态，以决定是否需要对其进行维修。有效的故障诊断不但可以提高设备运行的可靠性，而且可以降低设备维护成本。

故障诊断最早起源于 20 世纪 60 年代美国航空航天业的发展，针对阿波罗计划实施过程中出现的设备故障，美国国家航空航天局（NASA）牵头成立了故障预测和防范小组，专注于故障检测和诊断技术研发[9]。随后，一些欧洲国家、日本和韩国相继成立了机械诊断中心，着手于机械设备故障诊断技术研究。工业设备故障诊断技术经过大量学者几十年的深入研究以及实践应用，取得了丰硕的研究成果。经过几十年的发展，故障诊断已经在机械制造、航空航天、电子信息和医疗等领域取得了显著的成果，特别是随着近年来人工智能技术的发展，智能故障诊断技术逐渐成为各领域的研究热点。

1.2.2　国外设备故障诊断技术发展概况

美国是进行故障诊断研究最早的国家，第二次世界大战期间，美国战机、航母、导弹等军用设备频繁出现故障，暴露出了定期检修方式的弊端。为了降低设备故障率，美国政府投入大量人力、物力和财力开展设备故障诊断研究，并取得了一定效果。1961 年美国实施了阿波罗登月计划，但是先后出现上百起因设备故障发生的事故，阻碍了部分项目实施进程，迫使 1967 年在美国国家航空航天局倡导下成立了美国机械故障预防小组（MFPG），对故障机理、诊断预测方法、可靠性设计等方面展开全方位研究。随后，美国俄亥俄州立大学、美国机械工程师学会等组织先后对齿轮、轴承、压力容器等设备状态监测、分析和诊断展开攻关研究，取得了一系列重大成果，为故障诊断领域研究打下了坚实的基础。

英国的设备故障诊断研究始于 20 世纪 60 年代末成立的机器保健中心（MHMC），该中心对设备故障诊断技术展开了宣传、培训和开发。随后曼彻斯特大学和英国原子能管理局先后对故障仿真技术、可靠性分析、状态监测和无损检测等方面进行了研究。欧洲其他国家也对设备故障诊断进行了研究，形成了各自的特色。如丹麦的 B&K 公司在声学和振动监测方面开发出了很多世界公认的性能良好的诊断仪器（如 4321 系列振动传感器、2250-S 型声级计/分析仪等）；瑞典的艾格玛（AGEMA）公司在红外测温技术研究方面有丰富的经验，该公司生产的红外热像仪被用于电力设备和冶金炉窑等工业设备温度检测；挪威的船舶技术研究所在船舶故障诊断方面经验十分丰富。

日本在钢铁、化工、电力和交通等领域对设备故障诊断也进行了大量的研究，通过积极引进国外先进技术，开发和研制相关诊断仪器，并在行业内大力推广。东京大学、早稻田大学、东京工业大学等均开展了诊断技术的基础理论工作，并提出了一系列的诊断方法。另外，日本政府也成立了机械维修协会、测量自动控制协会、电气和机械协会等诊断技术研发机构，以提高设备可靠性为目的开展诊断技术应用研究，先后在川崎重工、三菱重工、东芝电器等企业进行推广和运用。到目前为止，90% 以上的日本制造企业对设备进行管理和维修均涉及故障诊断技术。

1.2.3　国内设备故障诊断技术发展概况

1987 年，国务院正式颁布了《全民所有制工业交通企业设备管理条例》，该条例规定：企业应该积极采用先进的设备管理方法和维修技术，采用以设备状态监测为基础的设备维修方法。这一条例的颁布标志着国内故障诊断技术研究和应用在冶金、机械、核工业等领域全面展开。20 世纪 80 年代，国内一些大学机构如西安交通大学、东北大学、哈尔滨工业大学等相继成立故障诊断研究室，对这项技术的基础研究开展攻关，并密切与企业进行合作，将频谱技术、红外热成像技术、铁谱技术、声发射技术等对运行设备进行了各种诊断，解决了生产中的实际问题。相关科研机构研发的诊断装置推广应用至宝钢、武钢等大型钢铁企业，在轧钢生成线设备故障监测和诊断中发挥了重要作用。电力企业在发电厂大力推广的机组旋转机械状态监测系统，目前在国内 200MW 以上的汽轮发电机组上都有装配，极大地降低了事故发生率；石化企业使用声发射技术、无损探伤技术检测高压容器裂纹、管路腐蚀等情况；用频谱分析仪诊断离心压缩机、高压泵的振动问题。这些都取得了良好的效果和经济效益。自 1985 年以来，中国设备管理协会设备诊断工程委员会、中国振动工程学会故障诊断专业委员会和中国机械工程学会设备故障维修分会先后组织数十次故障诊断学术会议，极大地推动了国内故障诊断的研究和发展。现在国内各行业，特别是电力、石化、冶金、航空航天以及核电行业，十分重视关键设备故障诊断平台的开发。就旋转设备故障诊断而言，先后开发出了 20 种以上诊断系统和 10 余种便携式数据采集系统。随着近几年国内开发的智能诊断系统投入市场，设备在线监测、诊断和维护将会变得十分便利，进一步推动了故障诊断技术的推广和普及，有利于保证工业生产的安全。

1.3　故障诊断方法分类

据统计，从 1970 年到现在，有关故障诊断研究成果被科学引文索引数据库（Web of Science）收录的论文有 117928 篇，相关专利达 21898 件。通过对相关研究成果进行梳理和分析，这些方法可以归纳为四类：基于解析模型的故障诊断方法、基于信号分析的故障诊断方法、基于知识的故障诊断方法和基于数据驱动的故障诊断方法。具体分类如图 1-3 所示。

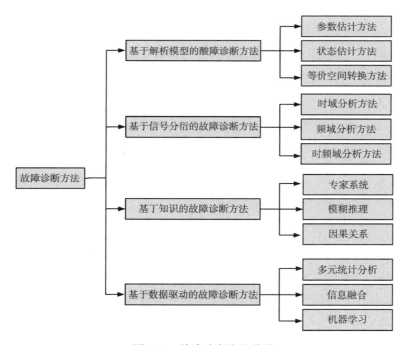

图 1-3　故障诊断方法分类

1.3.1　基于解析模型的故障诊断方法

基于解析模型的方法是最早也是较为成熟的一种故障诊断方法，这种方法的思想是通过构造系统精确的数学模型，利用系统的输入和输出信息，获得反映系统期望值和真实值之间的残差信号，最后再对残差信号进一步分析和处理以实现故障检测和诊断[10-12]。具体原理如图 1-4 所示。

基于模型的诊断方法又包括基于参数估计的故障诊断方法、基于状态估计的故障诊断方法和基于等价空间转换的故障诊断方法。其中，基于参数估计的方法是直接辨识对象的参数进行诊断；基于状态估计是采用观测器或滤波器与实际输出对比产生残差；基于等价空间转换法是根据系统实际输入和输出的测量值检验所建模型是否等价。就实际效果而言，基于状

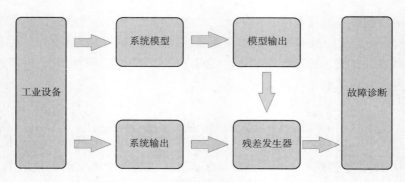

图 1-4　基于模型的故障诊断方法原理

态估计的诊断方法实时性最好，但是不适合非线性系统；基于参数估计的诊断方法虽然可以应用到非线性系统，但是需要建立精确的数学模型；而基于等价空间转换的诊断方法仅适用于线性系统。基于模型的诊断方法的最大优点是操作简单、便于实施，但是它严重依赖系统模型的准确性。如果系统建模不精确，则该方法故障诊断准确率低。

国内外学者已经利用建模的方法实现了系统的故障诊断。崔大龙等建立核电汽轮机热力系统全工况下的数学模型，通过数学模型来揭示系统发生故障的机理[13]；针对 CRH3 型动车组牵引逆变器绝缘栅双极型晶体管开路故障，胡轲琏等建立一种基于模型的故障诊断方法，推导出系统约束方程，利用最小二乘算法对当前状态进行辨识[14]；Hasan 等分别利用观测器、卡尔曼滤波器和自适应外生卡尔曼滤波器实现了单连杆关节机器人的故障诊断[15]；Schmid 等开发了一种基于模型的可重构电池系统（RBS）故障诊断算法，通过对传感器测量值和模型之间残差进行随机分析，判断是否发生故障，然后使用模糊聚类方法对故障进行隔离[16]；Aswad 等提出一种基于模型的三相感应电机开路故障诊断方法，将正常电机和故障电机的电流信号残差作为目标函数，采用相应的算法对目标函数进行优化求解以实现故障的识别和定位[17]；Mehmood 等针对并网变流器中的传感器提出了一种基于模型的故障诊断方案，首先，建立该器件的非线性模型，并设计了非线性估计方案，然后基于解析冗余关系设计出了故障诊断方案。对于线性系统而言，数学模型的建立相对容易，而要建立非线性系统的数学模型是比较困难的。另外，系统的非线性特性对诊断结果影响比较大[18]。基于此，目前一部分学者试图研究复杂系统建模的容错性问题，并提出了优化算法。针对机器人传感器存在的非线性交叉耦合影响故障诊断准确性问题，Li 等采用遗传算法和反向传播解耦算法计算出传感器故障模型的耦合误差百分比矩阵[19]；针对工业机械臂执行器故障建模问题，Ons 等提出扩展卡尔曼滤波的多尺度优化指数加权移动平均图方法，利用平滑参数和控制宽度优化加权移动平均图[20]；史佳琪采用广域测量的解析模型实现了输电网的故障诊断[21]；王学庆建立永磁同步电机六相自然静止坐标系中数学模型和同步旋转坐标系中的解耦数学模型，并在此基础上开展电机驱动系统开关管开路故障、单相缺相故障和两相缺相故障的诊断研究[22]；一部分学者针对模型不确定性问题，设计出了非线性状态观测器。针对具有非线性特性和不确定性的工业机械臂系统的诊断问题，Ma 等引入带有有界干扰项的自适应观测器，在预先设定的误差范围内对故障残差进行估计[23]；Yang 等设计一种广义降阶滑模观测器，通过观测误差的线性反馈和非线性时滞项为控制器提供观测残差，根据检测到的残差特征确定故障类型和故障程度[24]；考虑传统基于 Takagi-Sugeno 模糊模型的非线性控制系统状态估计和故障诊断方法由于保守性过大而应用受限的问题，夏雪洁深入研究了基于实时切换的非线性控制系统状态估计和故障诊断问题，通过使用模糊控制系统在线实时更新的归一化模糊加权函数来构建不同的非线性控制系统状态估计、故障估计工作模式，有效地降低了相应状态估计、故障估计设计条件的保守性[25]；贾庆轩等通过结合滑模变结构控制理论设计滑模状态观测器，获得机械臂各运行状态的残差信息，并将其与设定的阈值进行比较来实现机械臂关节故障检测[26]；针对智能制造工业中抓取和拾放工业机器人故障诊断问题，郑志达等提出一种基于未知输入观测器的传感器故障检测方法，将工件质量变化作为未知扰动，通过构建未知输入观测器对残差进行解耦，提高了故障检测性能[27]；针对工业机器人在未知作业环境下产生的碰撞问题，李智靖等提出一种基于静态 LuGre 模型参数辨识的碰撞检测算法，通过设计卷积力矩观测器获取与真实关节输出力矩的偏差，实现了机器人碰撞检测[28]。上述观测器的设计是根据系统状态方程设计的，针对动态系统的稳定性须进一步验证。一部分学者利用 Youla-Kucera 非线性模型对系统进行研究，但是受被测系统非线性特性影响，输出噪声与输入的相关性会增强。

基于解析模型的故障诊断方法的准确性完全取决于所建立的解析模型能否准确描述系统特性，如果建立的数学模型与实际情况不符，则会出现很大的误差；另外，随着工业体系朝自动化和集成化方向发展，工业设备日益大型化和复杂化，数学建模的方法难以精准描述设备的特性，而且数学建模方法成本过高，因此，基于解析模型的故障诊断方法不适用于机理复杂、非线性程度高和工况多变的设备故障诊断。

1.3.2 基于信号分析的故障诊断方法

基于信号分析的诊断方法是直接利用设备传感器采集到的信号，如振动、压力、电压、电流、磁通密度和温度等信号进行分析，提取相关的特征信息，如幅值、相位、频谱值等，并通过对这些特征进行分析找到不同状态之间的差异性，进而实现系统的故障诊断。其原理如图 1-5 所示。

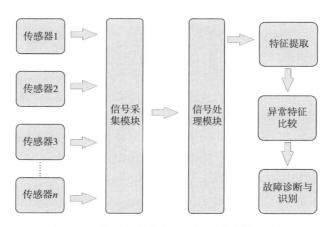

图 1-5　基于信号分析的故障诊断方法原理

该方法不用考虑设备物理结构和机理模型，是设备故障诊断研究中应用时间最长、体系较为完善的一种分析方法。当设备工作时，采集到的信号（如振动信号）往往会呈现一定的周期性和规律性。当发生故障时，原有的周期性信号量（如频率）会发生变化。因此可以对采集到的信号进行处理分析，获取能够反映自身状态变化的特征参量，进而实现故障的识别和定位。基于信号分析的故障诊断技术总体上分为基于时域分析、基于频域分析和基于时频域分析三类，其思想都是从中挖掘和提取出有效的特征向量进行故障识别。常用的分析方法包括快速傅里叶变换、S变换、连续小波变换、短时傅里叶变换、经验模态分析等。

基于时域分析的方法就是从原始信号中提取时域上的信息，比如周期、峰值和平均值等，此外，还可以对时域特征进行初步处理得到高阶时域特征，如均方误差、峭度、偏斜度、裕度、波峰因子等。利用时域特征进行诊断的方法得到了广泛应用，赵师兵等直接将模拟电路输出电压的时域形式送入分类器，实现了电路端到端的故障诊断，提高了诊断效率[29]；陈阳等从船用轴承的振动信号中提取峰值、均值、峭度、均方根、平均幅值等有量纲和裕度指标、波形指标、脉冲指标、峰值指标、峭度指标等无量纲，并以这些衍生特征为故障信息送入随机森林故障诊断算法中，实现了船用轴承的故障诊断[30]；熊鹏博等从隔膜泵单向阀的振动信号中提取峭度指标、近似熵和裕度因子指标等三种指标，并送入设计的支持向量机（SVM）分类器中实现了单向阀的故障诊断[31]；郭庆丰等利用峭度分析方法并配合有限长单位冲激响应（FIR）滤波器实现了滚动轴承的时域特征信息的提取与诊断[32]；王书涛等从轴承振动信号中提取威布尔分布模型的尺度、形态和威布尔负对数似然函数等三个衍生参量，并以此为故障特征送入分类器实现故障诊断与分类[33]。时域分析的另一种形式叫相关分析，它不是直接从原始信号中分析特征信息，而是对两种信号或者一种信号经过时变前后的相似性关系进行分析[34]。相关分析可以分为自相关分析和互相关分析，其中，自相关分析在保留周期性等有用信息的同时具有去噪功能，可以对随机噪声进行有效滤除[35]。互相关分析也具有一定的去噪功能，而且不会丢失原始信息中的周期和相位信息，它的振源识别功能使其广泛应用在故障源定位研究中[36]。王颖等通过计算分析汽轮机组振动参数间、振动与过程参数间的相关特征，并根据相关特征指标排序法确定汽轮机碰摩故障的产生原因和发生位置[37]；孙原理等通过计算离心泵任意两个多物理场信号之间相关度并构成相关度矩阵，将此作为SVM分类器的输入进行故障诊断[38]；针对滚动轴承早期故障的特征成分不突出和受噪声污染问题，祝小彦等提出了基于自相关分析的诊断方法[39]。相关分析方法在降噪的同时也会消除一部分有用信息，另外，在干扰信号是同频成分的情况下，其性能不佳，严重时会出现错误的诊断结果。

时域信号分析方法的最大优点是简单、快捷和便于理解，但是时域信号包含的特性信息比较单一，如果信号比较微弱，有用的信息很容易被噪声淹没，导致无法有效区分不同状态之间的特征值，因此仅仅依靠时域上的信号对设备进行故障诊断是远远不够的。

基于频域分析的方法是将时域形式的信号转换为频域形式以获取频域内的特征参量，它弱化了信号的时间信息，强化了信息的频率特征，特别适合应用于非平稳信号的特征分析和提取。当设备发生故障时，系统本身特性发生了变化，这种变化是由系统材质或结构决定的。比如齿轮发生断齿故障以后，其啮合刚度会发生变化，对外表现为振动的频域信号中会出现一系列高次谐波，而这正是区分正常状态和故障状态最直接的特征参量。因此，利用信号频域进行分析可以有效地对设备开展故障诊断研究。傅里叶变换是最基本的频域分析方法，随后在其基础上衍生出了快速傅里叶变换、功率谱分析、倒频谱分析和包络谱分析方法，这些成为故障诊断研究广泛采用的特征信息分析方式。秦思远等利用快速傅里叶变换对风电机组机械振动信号进行转换，分析了不同状态下倍频幅值的变化规律和区分[40]；韩辉等对机车轴承振动信号和转速信号进行频谱转换，通过分析包络功率谱的谱峰值大小来判决轴承是否有损伤[41]；李琪菡等对变压器外壳的振动信号进行快速傅里叶变换，并对不同信号和容量的变压器振动信号的频率进行分析，获得不同变压器的频率分布范围，为基于振动信号的故障诊断提供参考[42]；马宏忠等对正常及故障状态下的风力发电机组定子绕组故障进行仿真分析，获得转子的瞬时功率谱，并将其作为故障信息加以诊断[43]；汪方协提出一种基于输出功率谱的非线性系统故障诊断方法，通过对各级输入向量正交化以消除各输出之间的耦合关系[44]；针对轴承振动信号特征难以提取问题，杨望灿等利用增加功率谱的方法对信号进行分析[45]；郑锦妮等对轴承振动信号进行倒频谱分析以提取不同状态下的特征频率[46]；江志农等提出一种特征增强的倒频谱分析方法提取齿轮振动信号中的故障冲击特征[47]；李红等采用倒频谱分析方法对风电轴承振动信号中的特征进行分析和提取，有效抑制了特征混叠现象的发生[48]；陈丙炎等提出一种由谱相干和权重函数生成的融合多带信息的加权包络谱分析方法，通过分析包络谱中轴承故障特征来检测故障[49]；伍川辉等利用振动信号中的包络谱确定高阶频率加权能量算子，实现了高速列车轴承的故障诊断[50]。

频域分析虽然能提取更丰富的特征信息，但仅凭这一种形式的故障信息是不够的。实际上系统的状态信息，除了需要获取信号的频域特性外，还要分析随时间变化的历程来提取瞬态信息。时频域分析方法能够对信号中频率与时间的相互关系进行映射，并能够描述信号局部特征，非常适合于非平稳信号的处理和分析。在故障诊断研究中常用的时频域分析方法包括短时傅里叶变换（STFT）、Winger-Ville 时频分布（WVD）、经验模态分析（EMD）和小波变换（WT）等，其中，小波变换又包括连续小波变换（CWT）、离散小波变换（DWT）和小波包变换（WPT）等。朱亚军等利用短时傅里叶变换对轴承振动信号进行转换，实现了二维时频平面的定位和冲击特征的识别，进一步锐化了复杂多组分信号的时频脊线，提高了诊断准确率[51]；包文杰等提出一种快速路径优化的自适应短时傅里叶变换算法，通过在傅里叶变换中自适应改变窗口长度来获取瞬时频率变换规律，以实现行星齿轮箱故障诊断[52]；付忠广等将旋转机械部件获取的高频振动信号进行短时傅里叶变换转化为时频图形，然后送入诊断网络进行故障识别[53]；孙云岭等针对内燃机转速信号非平稳特性，利用 Winger-Ville 时频分布将微弱信息放大，提高了系统对故障的敏感程度[54]；来五星等研究了 Winger-Viller 中核函数选择对消除干扰交叉项的影响，并以齿轮为研究对象进行故障诊断[55]；刘斌等利用经验模态分析对机床电机中电流信号进行分析，提取电流信号中本征模函数获得故障特征分布轮廓图[56]；汪朝海等利用经验模态将滚动轴承的振动信号分解为有限个本征模函数和一个残差函数，以提取轴承的能量特征和频率特征[57]；卢欣欣等利用连续小波变换将行星齿轮箱的振动信号转化为时频信号，以有效表达齿轮箱非平稳特征[58]；王晓龙等对齿轮原始振动信号进行连续小波变换，并利用不同尺度的小波系数对信号进行重构，以获得不同的信号分量[59]；宋庭新等利用离散小波变换对齿轮样本信号进行增量和转换，并将转换后的二维时频图作为诊断网络的输入[60]。

目前大部分设备故障诊断研究采集的信号以振动信号为主，采用振动信号方法虽然操作简单，但是在强噪声的场合，早期轻微故障信息会被工厂中的复杂环境产生的噪声淹没，因此，利用振动信号进行分析时首先要对信号进行降噪处理。声发射信号具有高频率、故障特征明显等优势，它比振动分析法更能有效检测出早期故障，徐龙飞提出基于声发射信号的减速器故障诊断方法，利用 K 均值聚类方法对时域和频域信号特征向量进行求解，实现了减速器故障诊断与识别[61]；An 等提出基于声发射的 RV 减速器退化监测方法，找到 RV 减速器故障时声发射信号的变化规律，该方法是一种监测设备健康状态的新尝试[62]。但声发射信号是一种应力波，不适用于非应力损伤故障，振动和声发射方法对安装位置比较敏感，容易受到外界因素干扰。

电流信号受到外界干扰较小，目前电流信号在机电设备故障诊断领域越来越受到关注，针对电机退磁故障诊断问题，Zhu 等利用连续小波变换将电流信号转换为时频图，通过灰色系统理论来检测时频图的转矩能量脉动[63]；针对关节电机故障诊断问题，Cheng 等提出了基于高斯混合模型的无监督故障诊断框架，首先对原始电流信号进行归一化处理，其次从电流信号中提取对运动敏感的故障特性，最后将其送入混合高斯模型中进行无监督训练，以实现故障检测与诊断[64]。扭矩信号也可以被用于设备故障信号采集，其最大优点是非侵入采集方式，针对工业机械臂关节磨损问题，Bittencourt 等通过采集机械臂扭矩信号进行诊断，该方法虽然能够实现故障检测，但容易受设备末端负载以及环境温度变化的影响，因此其鲁棒性有待提高[65]。

目前基于信号分析的故障诊断方法操作简单，但是仅借助信号处理技术是不够的，特别是机电设备这类复杂的系统，从某些部件上采集到的信号可能对故障不敏感，采用浅层的信号处理技术可能得不到有用信息，需要借助深层次的信号处理技术。该方法对信号处理技术要求比较高；另外，该方法往往需要结合相应的特征提取和挖掘技术才能最终实现故障诊断。

1.3.3　基于知识的故障诊断方法

基于知识的故障诊断方法是通过模拟人的思维，利用推理手段将专家的知识和经验转化为规则库，在程序收到故障预警信号后，操作人员凭借经验比较设备发生的故障和规则库储备的历史故障信息之间的相似性，然后做出判断。该方法利用先验知识建立一种具有自学习、自组织和自推理的诊断模型，与前两种方法相比，它既不需要建立系统模型，又无须对信号进行处理，只需按照专家经验或评估规则即可实现系统的诊断。其原理如图 1-6 所示。

目前，已经有人开始利用知识的方法对设备故障诊断进行研究，常用的方法有因果关系模型、专家系统以及模糊推理等。张运锋等提出一种基于变量因果图的故障定位和传播路径识别方法，通过分析变量之间的因果关系，对因果图模型进行溯源和定位[66]；尹进田等建立体现时空特性的系统故障传播模型，并建立观测点故障特征和故障类型之间的因果关系，从而实现对牵引传动系统进行故障诊断[67]；金洲等获取系统的诊断键合图模型并研究其结构及因果特征，采用双重因果关系法提高故障检测和隔离能力[68]；袁灿等提出二元与式规则将专家系统融入神经网络模型中，并在推理过程中保存网络的中间结果，以便能够追踪诊断的过程[69]；针对核动力装置诊断知识规则数量庞大、推理过程复杂导致的传统专家系统结构推理效率低的问题，王天舒等提出故障诊断专家知识的元命题分解策略，将复杂的逻辑推理转换为简单的矩阵计算，有效提高了推理效率[70]；吕龙利用专家知识建立典型事件的故障树，根据故障树结构关系设计以推理机为核心的故障诊断专家系统，并实现了高速动车组的故障诊断[71]；针对工业流程知识类型多且具有不确定性，袁杰等通过分析当前信息数据特点给不同

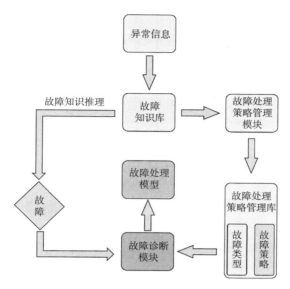

图 1-6　基于知识的故障诊断方法原理

专家知识系统分配不同的可靠性权重，并利用 D-S 证据理论融合各专家知识系统的诊断结果[72]；张彦铎等将数据关联结果转化为信任区间，并与专家诊断知识进行融合，实现了航天器的故障诊断[73]；陈果等将专家知识经验转化为基于 if-then 的知识规则，并利用故障征兆字符表达式实现了发动机的故障诊断[74]；崔红芳等利用模糊推理理论将矿井主通风机故障规则库转换为故障关系模糊矩阵，利用最大隶属度函数计算模糊算子，最终找出故障发生的主要原因[75]；武书彦等提出一种模糊自动机半群的推理方法，通过对传统推理系统进行改进，有效提高了发动机故障诊断的精度和效率[76]；李晓波等提出了一种基于正向推理控制策略的模糊推理方法，解决了汽轮发电机诊断结果冲突的问题[77]；陈世健首先探讨了工业机器人运行过程中常见的故障，其次建立机器人故障树，最后采用推理程序与专家系统知识库相结合的结构，设计出了机器人模糊故障诊断系统[78]；针对机械臂轴承故障难以诊断问题，Sun 等对随机模糊证据理论和直觉模糊集进行融合，通过构造模糊专家系统，将多传感器信息融合转化为直觉模糊集多属性决策融合，以解决传统方法中故障特征频率不易获取问题[79]；Van等提出了一种基于神经网络滑模观测器的不确定系统故障诊断算法，首先基于神经网络设计了一个不确定性观测器来估计系统的不确定性，然后基于所估计的不确定性设计了一种由神经网络和二阶滑模组成的观测器，并将其串联起来对系统进行故障诊断，这种观测器方案可以减少滑模的抖振，保证了神经网络的收敛[80]；Piltan 等设计一种基于神经网络的变结构故障诊断观测器，通过变步长自适应算法对观测器结构进行微调，提高了系统故障信号的鲁棒性，同时设计了一种自适应模糊反推变结构控制器，结合 SVM 实现了系统的故障检测与诊断[81]；针对焊接机器人设备故障诊断问题，张跃东等首先在故障树分析法基础上建立系统故障树模型，其次对故障树进行定性和定量分析，得到最小割集概率重要度排序，最后在树状分层逻辑关系基础上建立和利用专家诊断系统，实现了机器人的故障诊断[82]；于复生等在专家系统和神经网络基础上，开发出了两种相互融合的喷浆抹平机器人故障诊断系统，首先采用故障树分析法分析了墙面喷浆抹平机器人出现灰浆不均匀故障的原因，其次建立专家诊断数据库，设计了系统故障诊断系统总体结构[83]。

基于知识的故障诊断方法依赖大量的历史数据和丰富的经验知识，该方法的诊断准确性主要取决于数据和经验是否准确、全面，能否真实有效地反映系统状态信息。另外，学习规则及参数对故障诊断结果影响也比较大，不适用于历史记录数据匮乏或使用度不成熟设备的故障诊断。特别是工业设备这类复杂、海量和日益更新的系统，仅仅利用经验知识方法对系统故障进行诊断无法满足诊断要求。

1.3.4 基于数据驱动的故障诊断方法

基于数据驱动的故障诊断方法是利用数据处理和数据挖掘技术从工业制造过程中产生的大量数据中提取有用信息，并将其作为故障特征对系统状态进行识别。它的基本思想是利用学习网络模型从海量的历史运行数据中挖掘出潜在的抽象特征，通过不断的迭代学习使模型逼近隐含的映射机制。其原理如图1-7所示。

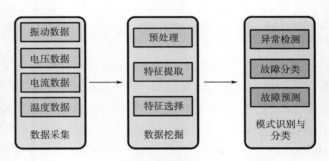

图1-7　基于数据驱动的故障诊断方法原理

该方法仅需通过获取系统数据且在无须知道系统精确模型的情况下就可以实现故障诊断，目前是国际上的一个热门研究方向。早在2002年的国际自动控制联盟（IFAC）会议上，国际知名专家、英国赫尔大学Ron J. Patton教授就指出，工业生产过程中的设备监测和诊断方法应由传统方法逐步转变为基于数据驱动的方法[84]。该方法研究集中在多元统计分析、信息融合和机器学习等方面，具体如图1-8所示。

在多元统计分析方面，人们先后提出主元分析、聚类分析、偏最小二乘和线性判别分析等方法，针对工业机械臂特性和传统主元分析中主元个数选取方法存在的缺陷，王玉甲等提出一种基于平均特征值累计贡献率来计算主元得分的方法，降低传统累计贡献率带来的主观性，并利用主元分析方法实现了系统的故障检测和诊断[85]；针对航天器执行机构故障诊断算法存在的自主性不强问题，聂小辉等改进特征向量归一化准则，利用改进的核主元分析方法提取主特征向量，实现了系统故障自主诊断[86]；鲍中新等提出一种基于数据变化率的主元分析方法，利用主元分析方法从预处理后的原始数据中提取故障特征，实现了系统微小故障的识别与诊断[87]；杜海莲等通过将传统主元分析方法中平方预测误差统计量分为主元显著关联的检测残差变量和一般变量残差提出一种改进主元分析方法，并将其应用到工业系统故障诊断中[88]；针对传统主元分析方法计算效率低的问题，高强等提出了基于不可区分度的动态主元方法，降低了数据维度[89]；针对轮式机器人故障诊断问题，Yuan等采用主成分分析（PCA）进行故障特征提取，然后利用概率支持向量机进行故障分类[90]；针对目前主元分析

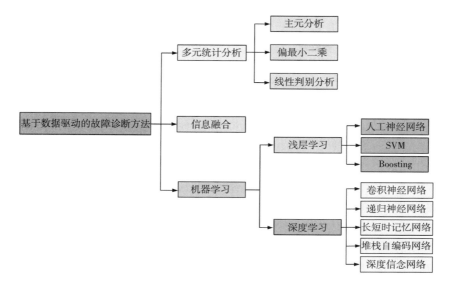

图 1-8　基于数据驱动的故障诊断方法分类

方法存在的计算量大的问题，Tian 等提出一种自动子块划分方法，通过基于 Copula 相关分析加权策略获取每子分块变量，然后采用贝叶斯推理策略对各子分块监测结果进行融合处理[91]；刘仁伟等利用模糊聚类的方法对转子系统振动信号的故障特征进行识别[92]；杨青等利用减法聚类的思想来优化初始聚类中心的 K 均值，有效克服了轴承故障诊断中传统 K 均值聚类对初始中心敏感的缺陷[93]；邵忍平等利用改进聚类分析方法对齿轮裂纹和磨损故障进行了有效的识别[94]；针对复杂工业过程中采集的数据具有动态和非线性特性，孔祥玉等提出一种基于偏最小二乘的多特征提取算法，通过对动态残差子空间进行回归建模，构建非线性偏最小二乘模型，从而实现设备故障的快速检测[95]；针对传统偏最小二乘易受无关信息干扰降低计算效率问题，孔祥玉等提出一种改进高效偏最小二乘算法，通过对模型进行空间分解和添加局部信息增量均值等操作，有效提高了诊断效率[96]；谢乐等利用线性判别分析（LDA）对变压器的多特征参数进行降维处理，并作为特征向量送入诊断模型进行识别[97]；黄大荣等利用线性判别分析对轴承多重故障的无量纲指标数据进行线性映射和降维处理，然后沿着易于区分的方向进行投影，并结合相应的分类器实现多重故障的预测[98]；廖剑等在线性判别分析中引入局部化思想，从而提出一种局部判别分析的降维算法，该算法运用到模拟电路的故障诊断中可以有效解决非线性问题对传统线性判别分析的影响[99]。

在信息融合方面，研究已经证明多信息数据融合可以有效提升故障诊断准确率[100]。人们已经提出了一些特征及决策融合的方法，主要分为数据层级融合、特征层级融合和决策层级融合。其中，数据层级融合采用的是将多个传感器采集的数据直接进行融合的策略，这种方法可以有效保留原始数据信息，防止信息丢失。Jing 等将振动传感器、声学传感器、电流传感器和瞬时角速度传感器采集的数据直接融合到一个数据文本中，然后利用相应的分类器从混合数据样本中进行特征提取和诊断[101]；Azamfar 等将多个电流传感器采集到的电流信号直接进行融合并实现了齿轮箱的故障诊断[102]；段礼祥等将振动信号转换为时频图形后与红外图像进行异构融合，并构建融合诊断模型，实现了转子系统的故障诊断[103]；Gultekin 等分别采集电机的声音信号和车身的振动信号，并将其直接融合构成新的数据集，以此作为自动移动小车（ATV）故障诊断数据[104]。特征层级融合是将每个传感器信号的故障特征进行融合，该方法能够对高维数据集进行压缩，将有用信息保存在低维数据集中，有利于减少诊断模型计算量；Wang 等从不同通道信号中提取方位特征，并采用双线性模型对这些特征进行融合，以获取互补的故障信息[105]；Fan 等提出一种轻量级多尺度多注意力特征融合网络，该网络将多尺度和多注意力机制结合到轻量级网络中，通过自适应矫正特征权重，增强网络特征学习能力[106]；Zhang 等开发了一种多传感器数据和多尺度特征融合网络（MMFNet）实现了多传感器数据跨域融合和诊断[107]。决策层级融合是对单个信息诊断结果进行综合评估，由于其互补性和实用性，越来越受到故障诊断领域的欢迎。Gao 等提出一种基于决策层级融合的故障诊断方法，利用相似度和 D-S 证据理论确定每条证据的权重[108]；Lv 等利用多尺度卷积神经网络和决策融合相结合方法对滚动轴承故障进行诊断[109]；Li 等提出一种增强加权投票（EWV）策略用于轴承故障诊断决策结果的融合[110]。三种数据融合方法都有各自的优缺点，比如数据层级融合虽然信息损失量最小，但是在融合过程中各类数据源、传输路径和采样策略的选取缺乏可解释性；特征层级融合通过将高维数据压缩为低维小规模数据信息，可以减小诊断模型的计算负荷，但是特征提取依靠人工进行，具有一定的主观性；决策层级融合具有很强的实用性和可解释性，但是诊断效果对融合规则比较敏感。

在机器学习方面，人们利用它挖掘出能够表达设备正常和故障状态的潜在抽象特征，实现从抽象特征到具体分类的非线性映射，属于一种人工智能方法。该方法可以分为基于浅层网络学习方法和基于深度学习方法。浅层网络学习模型只带有一层或不含隐含层节点的网络，在自主学习、非线性映射和鲁棒性方面有较好的性能。目前，该方法主要包括人工神经网络（Artificial Neural Network，ANN）、支持向量机（Support Vector Machine，SVM）和 Boosting 算法等[111]。ANN 是一种由大量相互关联的神经元构成的网络，它模拟人脑处理信息的方式进行计算，在故障诊断领域备受关注。其结构如图 1-9 所示。

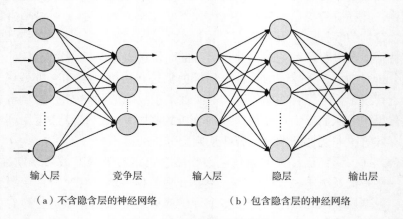

（a）不含隐含层的神经网络　　　　　　（b）包含隐含层的神经网络

图 1-9　人工神经网络结构

张庆男等利用 BP 神经网络对液压系统故障展开故障诊断研究，解决了系统因存在非线性难以诊断的问题[112]；邵建浩等运用 BP 神经网络对 SCARA 机器人故障进行分类[113]；徐鹏等提出附加量—自适应学习速率调整算法对 BP 神经网络进行优化改进，并将其应用到船舶动力系统的故障诊断中，有效提高了诊断精度[114]；韩素敏等设计一个三层 BP 神经网络，从频域信号中提取故障特征，并实现了三相电压源逆变器开路故障的诊断[115]；谢宇希等将频域信号送入 BP 神经网络并利用误差梯度下降法对模型参数进行优化，实现了探测器故障的诊断[116]。BP 神经网络虽然具有自主学习能力，但是容易陷入局部最优导致学习速度下降。基于此，部分研究学者对 BP 神经网络进行改进，先后提出了基于径向基函数神经网络，自组织竞争神经网络，基于 Hopfield 神经网络和基于 Elman 神经网络，并将其应用到故障诊断中，有效改善了诊断性能。吴玉香等利用径向基函数神经网络对裂纹转子系统未知状态进行辨识，实现了对神经网络权值的快速收敛和故障的精准诊断[117]；孙伟等将滚动轴承振动信号作为故障信息送入径向基函数神经网络实现故障自动识别与诊断[118]；白允东等提取往复泵的故障特征，通过径向基函数神经网络对特征进行分类[119]；徐芃等利用自组织竞争神经网络对有杆抽油系统的示功图进行自动聚类，有效提升了诊断模型的泛化能力[120]；岳宇飞等利用帝国竞争算法优化自组织竞争神经网络参数，并利用改进的网络对系统进行聚类和诊断[121]；王占山等利用 Hopfield 神经网络自主学习能力将故障参数的估计问题转换为网络的稳定性问题，解决了现有方法存在的收敛速度慢的问题[122]；王慧等对传统 Hopfield 神经网络进行改进，通过利用粒子群优化算法对 Hopfield 神经网络连接权值进行优化，提高了网络的全局收敛能力，从而提高了潜污泵故障诊断的精度[123]；针对 BP 神经网络在齿轮箱故障诊断中存在的收敛速度慢和不准确的缺陷，刘景艳等利用遗传算法对 Elman 神经网络权值和阈值进行优化，有效提升了网络模型的诊断性能[124]；柯炎等将小波包分解与 Elman 神经网络结合提取军用电源设备的故障特征，并用来进行故障辨识和隔离[125]。在上述的几类神经网络中，径向基函数神经网络收敛速度快，不易陷入局部最优，但是需要大量训练样本，网络计算负荷较大；自组织竞争神经网络可以自主调整网络权值，但是易陷入局部最优，且网络参数难以确定；基于 Hopfield 神经网络具有记忆拓展功能，能够保证网络稳定收敛，但是记忆模式有限，诊断精度无法保证；基于 Elman 神经网络具有短时记忆功能，能够处理动态信息，网络计算能力强，但是容易陷入局部最优。

支持向量机（SVM）是一种基于统计理论的机器学习方法，其结构与人工神经网络结构类似，其故障分类的思想是：对于线性可分类问题，它的目标是构造分类超平面，根据风险最小原则，将分类超平面求解问题转换为凸二次规划问题，求得全局最优解；对于非线性分类问题，首先将空间数据集映射到高维特征空间，其次采用核函数实现非线性变换，在高维特征空间求解分类超平面[126]。目前，大部分基于 SVM 的故障诊断研究都是和数据分析理论相结合使用的，如（核）主元分析等，这样有利于降低 SVM 模型的计算量。另外，目前的研究主要聚焦在 SVM 参数的优化上，利用遗传算法、粒子群算法或蚁群算法等搜索手段选取模型的最佳参数。李英顺等首先利用核主元分析对火控系统性能参数进行特征提取和压缩，其次利用优化算法寻优的 SVM 构建多分类诊断模型，提高诊断可靠性[127]；石颉等利用麻雀搜索算法对 SVM 的超参数进行寻优，构建最优分类模型并应用于断路器的故障诊断[128]；仝光等利用核主元分析对特征向量进行降维处理，并用粒子群对 SVM 的参数进行优化，获取最佳模型后将其应用到电机故障诊断研究中[129]；盖曜麟等提出主元分析和 SVM 相结合方法实现了高压断路器的故障诊断[130]；李有根等结合网格搜索和粒子群优化算法对 SVM 模型进行优化，实现了离心泵碰摩故障的诊断[131]。SVM 方法泛化能力强，参数选择有理论支持，但是诊断准确率很大程度上依赖特征的优劣，且受核函数的影响很大。

Boosting 算法是一种基于主成分分析模型的集成学习算法，其主要思想是按照一定的结合策略将一系列弱分类器合成一个强分类器，以获取更加优秀的泛化能力[132]。其常用的算法包括自适应增强法（Adaptive Boosting，AdaBoost），极端梯度提升法（eXtreme Gradient Boosting，XGBoost）和轻量级提升学习机（Light Gradient Boosting Machine，LightGBM）。Ada-Boost 算法可降低正确样本权重和提升错误样本权重，提高分类能力。李翔宇等利用 AdaBoost 算法设计了一种核电站控制系统故障自主诊断模型，通过为集成学习分配适当的权重，有效提升模型整体识别精度和可靠性[133]；曹惠玲等对传统 AdaBoost 算法进行改进，利用组合多分类 AdaBoost 算法综合多个分类模型对航空发动机故障进行诊断[134]；为了避免数据不均衡影响 AdaBoost 算法的分类精度，刘云鹏等将其与代价敏感进行结合，有效提升了变压器故障诊断性能[135]；针对样本影响分类速度问题，李胜等将决策树和 AdaBoost 算法进行结合，并将其应用到装甲车辆液压系统故障诊断中，有效加快了系统诊断速度[136]；XGBoost 算法是通过建立回归树群，结合正则项和目标函数控制模型复杂度和稳定性，从而提升模型的泛化能力。姜少飞等根据故障类型自定义 XGBoost 算法的损失函数，通过迭代构建故障分裂树，提取重构的编码特征，获取隐含的故障表征信息，结合 SVM 算法实现系统的故障诊断[137]；潘进等结合局部密度过采样算法和 XGBoost 算法对冷水机组故障进行诊断，解决了样本不平衡对诊断结果影响的问题[138]；王新伟等利用 XGBoost 算法构建汽轮机转子故障原因定位模型，并利用转子故障数据对模型进行训练和测试[139]；王桂兰等利用 XGBoost 算法构建风机主轴承故障预测模型，并根据训练结果调整 XGBoost 模型主要参数，以提高诊断效率和精度[140]。LightGBM 算法通过采用直方图（Histogram）法来替代预排序法，从而寻找最优分割点，该算法是在 XGBoost 算法基础上进行了优化，是一种快速、高效的模型。胡澜也等通过给无标签的数据采集与监视控制系统（Supervisory Control and Data Acquisition，SCADA）数据添加标签，并利用 LightGBM 构建风力发电机组故障诊断模型，实现了系统的故障诊断[141]；许伯强等从权重赋值、误分类代价和过拟合三个方面对传统 LightGBM 算法进行改进，并利用 SAE 编码之后的结果作为 LightGBM 输入，对笼型异步电机故障展开故障诊断研究[142]；于航等利用门控递归单元网络建立风电机组前轴承温度预测模型，然后利用 LightGBM 算法建立故障决策模型对系统实施诊断[143]。Boost 模型可提高分类器诊断精度，不易出现过拟合现象，但是该方法对噪声比较敏感，计算负荷较高。

自 2006 年 Hinton 等[144] 提出深度学习理论以来，便引起了学术界和工业界的强烈关注和研究热潮，并迅速在图像处理[145-151]、计算机视觉[152-159] 和生物信息[160-167] 等方面得到了实际应用。在机电大数据时代，反映设备状态的数据往往具有数量大、形式多样等特点，致使设备故障诊断也进入了"大数据时代"，传统"特征提取＋模式识别"的故障诊断模式和浅层学习网络已不能满足智能制造对大数据信息深层次挖掘的需要。基于深度学习故障诊断方法具有很多优势。首先，深度学习网络具有强大的自主学习能力，可以避免专家诊断因依赖经验和主观性对结果的影响；其次，通过建立深层次学习模型对数据特征进行层层提取，获得数据与设备健康状况之间的映射关系，提高诊断和识别能力；最后，利用深度学习网络自带分类器对提取的故障特征进行分类，减少了参数人为选择对诊断结果的影响。因此在设备故障诊断领域，深度学习得到了广泛应用，也取得了很多成果。目前，利用深度学习对设备进行故障诊断的研究有很多，这些研究采用了不同的深度学习模型，其中较为常见的模型主要包括卷积神经网络（Convolutional Neural Networks，CNN）、深度置信网络（Deep Belief Networks，DBN）、堆栈自编码网络（Stacked Auto-encoder Network，SAE）、递归神经网络（Recurrent Neural Network，RNN）和长短时记忆网络（Long Short-Term Memory，LSTM）。

CNN 最早起源于 20 世纪 90 年代的时间延迟网络和 LeNet-5，是一种典型的前馈神经网络[168]。它主要由卷积层、池化层、全连接层和输出层构成，为了深入提取数据特征，卷积层和池化层通常会交替出现，其结构如图 1-10 所示。

卷积层的作用是将每个神经元通过卷积核与上一层特征面的局部区域相连接，通过卷积计算提取输入数据的特征；池化层是对获取的特征进行二次提取，主要起到降维和消除过拟合作用。经过卷积和池化的迭代和递推，网络输入数据会逐渐被抽象化，得到的数据特征信息在一定程度上具有平移、旋转以及缩放不变性。

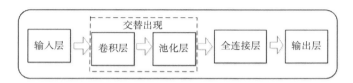

图 1-10　CNN 结构示意图

具体来讲，首先用卷积核对输入进行卷积操作，会得到输入数据一些边缘或底层等抽象特征，其次用非线性激活函数对特征图进行计算，使几个不同内核得到完整的特征映射，之后在池化层进行池化操作以降低特征图的分辨率，经过以上重复交替操作会接入一个全连接层和 Softmax 层，实现数据分类。大多数 CNN 网络按照监督学习方式进行数据信息挖掘，以误差逐层反向传递的方式对网络进行训练，各层网络参数在梯度下降过程中不断调整和优化，最终达到训练效果。

目前，基于 CNN 的故障诊断研究已经取得了很多成果，针对齿轮箱故障诊断问题，Wang 等提出一种结合卷积神经网络和连续小波时频图的新方法，首先利用连续小波变换方法对采集到的振动信号进行转换，然后利用深度卷积神经网络对时频图进行特征挖掘和提取，实现故障分类[169]；针对高速列车轴承故障采集到的振动信号具有高复杂度、强耦合和低信噪比特点，Peng 等提出了一种新的多分支多尺度卷积神经网络，该网络能够从振动信号的多个信号分量和时间尺度上自动学习和融合丰富的、互补的故障信息[170]；Jiang 等利用卷积神经网络从不同工况下齿轮箱运行数据中提取数据特征，通过设计一种高精度分类器实现了故障类型和工况的双重识别[171]；针对滑动轴承转子轴心轨迹识别问题，郭明军等通过设计具有两组卷积层和池化层交替的卷积神经网络对获取的数据进行特征提取，并设计 Softmax 分类器对数据进行分类[172]；针对非线性振动信号特征提取困难问题，丁承君等提出一种结合变分模态分解（VMD）和深度卷积神经网络的方法，并应用到滚动轴承故障诊断中，该方法首先利用 VMD 对振动信号进行分解得到若干个模态分量，其次利用卷积神经网络学习各模态的特征，保证了特征提取的全面性和自适应性[173]；叶壮等提出了一种多通道加权卷积神经网络，并应用于齿轮箱的故障特征提取与诊断，与传统 CNN 网络有区别的是新网络在卷积层上采用动态感知器对多通道图像特征细节进行提取，增强了弱通道的故障特征[174]；针对传统卷积神经网络数据处理存在的局限性，马立玲等对池化方法进行改进，提出一种基于空间金字塔池化和一维卷积神经相结合的电机故障诊断方法，解决了诊断过程中池化尺度失配问题[175]。相比其他网络，CNN 对输入数据平移不变性要求不高，而且可改进的方法比较多，但是在避免梯度消散、简化网络模型以及网络结构自适应优化等方面仍需进一步研究。

DBN 是 2006 年由 Hilton 等提出来的，该网络由多个受限制玻尔兹曼机（RBM）叠加组成，它结合无监督预训练和有监督微调进行贪婪式逐层训练[176]。其结构如图 1-11 所示。

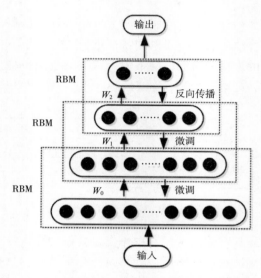

图 1-11　DBN 结构示意图

首先，利用无监督学习方式训练第一个 RBM 结构，其次，通过自下而上的方式，将前一个 RBM 输出作为下一个 RBM 结构输入，以此类推。多个 RBM 完成预训练之后，整个网络会获得一个相对较好的参数初始值，通过带有标签的数据对网络进行训练，使误差自上而下传播，通过对网络进行微调完成网络参数绝对优化。深度信念网络学习机制是重构底层特征、获取抽象化的表达方式，再基于数据获得其分布式特征，即以非线性运算方式做分布式表征处理。这种数据处理方法使得即使在样本数据量少的情况下，也能够挖掘出数据的关键特征，进而完成数据特征的高级提取与表达。

目前，越来越多的学者开始利用 DBN 对系统故障诊断进行研究，仲国强等采用三层 RBM 堆叠成的 DBN 对船舶柴油机故障进行诊断，结合有监督训练和无监督微调方法对网络进行训练，继而从样本数据中提取到深层次的故障特征[177]；魏乐等提出一种基于改进深度信念网络的轴承故障诊断方法，将高斯模型引入玻尔兹曼机模型中，提出高斯—伯努利受限玻尔兹曼机模型，解决传统 RBM 输入向量拟合效果差问题，同时引入深度学习 Dropout 技术来提高网络泛化能力，解决反向微调阶段收敛速度慢和容易陷入局部最优的问题[178]；胡永涛融合多重屏蔽经验模态分解和 DBN 研究了旋转设备的故障诊断问题[179]；针对滚动轴承微小故障诊断存在故障特征难以提取问题，He 等提出一种基于分数阶傅里叶变换和 DBN 的融合方法，首先将采集到的振动信号变换到分数域中，在此域中对信号进行滤波，然后将其送入 DBN 中实现故障特征提取与分类[180]；针对模拟电路故障诊断问题，Zhang 等利用 DBN 对时间响应信号进行特征提取，并建立最小二乘支持向量机的诊断模型，实现了滤波器故障诊断[181]；Shao 等提出了一种用于滚动轴承故障诊断的优化 DBN，对基于能量函数的约束玻尔兹曼机预训练后，采用随机梯度下降法对所有连接权值进行微调，提高了 DBN 的分类精度[182]。与其他网络相比，DBN 无须依赖太多的信号处理技术和诊断经验，具有很强的非线性数据处理能力，但是目前基于 DBN 的故障诊断研究整体还处于探索阶段，有关特征提取机理等问题需要进一步研究。

1988 年，Bourlard 等发现多层感知机具有自联想功能，而且可以实现数据压缩和降维，这是早期编码网络的雏形[183]。随着深度学习概念的提出，SAE 逐渐被用来学习和提取数据特征。与 DBN 相似，SAE 也是由一系列简单网络单元叠加起来的深层网络，将 DBN 网络中的 RBM 替换成 AE 就得到了 SAE，通过寻求最优参数（W, b）使得输出尽可能重构输入，在此过程中，隐层输出可以看作输入降维后的低维特征。其结构如图 1-12 所示。

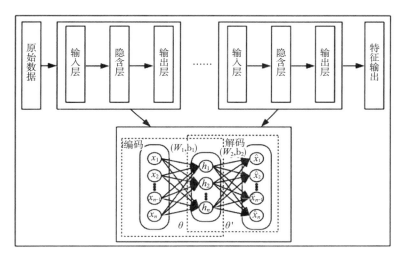

图 1-12　SAE 结构示意图

SAE 中每个 AE 单元的编码网络都可以将高维数据压缩为低维数据，解码网络可以将低维数据重构到原有的高维数据，在数据重构过程中，AE 网络学习到了数据的某些特征。SAE 的核心思想是将多个 AE 的编码网络层层堆叠形成 SAE 的隐层，利用前一个 AE 的编码层输出来训练下一个 AE 以完成 SAE 网络的预训练，从而实现故障信息的层层提取。该网络的训练也是使用贪婪逐层梯度下降算法实现的，通过最小化重构误差操作，最终实现原始数据本质的特征表示。

目前利用 SAE 对系统故障诊断进行研究取得了一些成果，为了提高变压器故障诊断的抗干扰性，许倩文等提出了一种基于栈式降噪自编码网络诊断方法，首先建立去噪自编码深度网络，然后采用逐层贪婪式训练算法对网络进行训练，以实现故障特征数据自适应提取与挖掘[184]；针对航空发动机故障诊断问题，崔建国等提出一种基于深度自编码网络诊断方法，采用无标签数据样本对网络预训练得到网络初始值，然后利用有标签的数据对网络进行训练，实现网络参数微调[185]；Sun 等提出一种基于稀疏自编码网络的异步电机故障诊断方法，运用稀疏自编码模型实现故障特征学习与优化，同时利用去噪自编码网络实现噪声干扰环境下特征提取，有效提高了网络的鲁棒性[186]；针对高压断路器故障诊断问题，陈欣昌等提出一种基于深度自编码网络的诊断方法，首先对机构振动信号进行小波包变换，计算振动信号时频子平面能量，以此作为故障特征量，其次利用深度自编码网络对故障特征进行提取并加以诊断[187]；于红梅结合深度自编码网络和模糊推理方法提出了一种用于齿轮箱的故障诊断方法，通过构建深度自编码网络和模糊推理系统，实现了故障的诊断和辨识[188]；周兴康等针对齿轮箱故障诊断问题，提出基于一维残差卷积自编码网络的诊断方法，通过对一维卷积层和自编码器进行集成，形成一维卷积自编码器，并引入残差学习机制对网络进行训练[189]；针对传统自编码器特征提取能力不足问题，Cui 等提出一种用于滚动轴承故障诊断的特征距离叠加自编码网络，通过利用 FD-SAE 对故障进行分类，可以有效提高网络特征提取能力和收敛速度[190]。由于 SAE 即便在小样本数据情况下也能很好地实现数据分类，其强大的特征提取能力和鲁棒性能在故障诊断领域具有很大优势，再加上该网络在去噪和滤波方面的优越性，使其具有很高的实际应用价值，但是该网络存在预训练操作，增加了算法实施的复杂度，而且对信息的相关性捕捉能力不足，因此在提高网络性能方面需要进一步研究。

1990 年，美国俄亥俄州立大学 Pollack 教授首次提出了递归神经网络（RNN），后来经过改良之后，在多个领域被广泛推广和应用[191]。与其他网络不同的是，RNN 网络在层间不同神经元之间也建立了连接，这就意味着神经元的输出在下一个时间戳可以直接作用到自身。简单地说，RNN 可以看作对同一神经网络多次赋值，第 i 层神经元在 t 时刻输入，除了包含 $i-1$ 层神经元在 t 时刻输出外，还包括自身在 $t-1$ 时刻的输出，具体结构如图 1-13 所示。

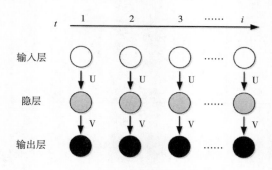

图 1-13　RNN 结构示意图

RNN 能够有效保存数据传递过程中信息，具有一定的记忆功能，适用于序列数据的处理和分析研究。大多数机械数据都是自然时间上的序列数据，包括长短时记忆（LSTM）和门控循环单元（GRU）在内的 RNN 模型都可以很好地处理机械序列数据[192]。近年来，很多学者已经开始利用 RNN 在系统故障诊断方面开展了探索性研究，针对旋转机械在线故障诊断问题，陈如清等提出了一种基于带偏差单元递归神经网络，并利用该网络从振动信号中提取出了系统的故障特征，实验表明改进之后的网络在收敛速度方面有很大的改进[193]；Talebi 等利用 RNN 建立风力发电机诊断模型，通过利用网络输出预测值与真实值之间残差，快速获得系统故障诊断结果[194]；针对回转窑故障特征难以提取问题，Ai 等构造了动态递归小波神经网络，利用小波函数代替神经网络激活函数，有效提高了故障识别精度和缩短了网络收敛时间[195]；针对异步电机匝间短路故障诊断问题，王旭红等提出了基于对角递归神经网络的诊断方法，建立两个对角递归神经网络并分别用于估算故障严重程度和短路的匝数，利用自适应动态学习算法训练网络，以确定最优的网络层数和隐层神经元个数[196]；周奇才等提出了改进栈式 RNN 模型，通过 GRU 解决了网络训练过程中梯度消失问题，在轴承故障诊断中验证了该模型的可靠性[197]；Zhang 等提出了一种基于波形熵的指标，并利用基于长短时记忆循环网络（LSTM-RNN）对轴承老化状态进行识别，同时完成了系统剩余寿命的准确预测[198]。RNN 具有稳定性好、计算精度高、收敛速度快和扩展性好等优势，特别是在模型预测方面有其他网络无法比拟的优势，使其在深度学习故障诊断中越来越受到重视，但是对 RNN 网络在训练过程中如何避免梯度消散和梯度爆炸问题发生需要进一步研究。

LSTM 是 1997 年 Hochreiter 和 Schmidhuber 提出的[199]，它是在 RNN 的基础上，在其隐含层中引入门结构单元，通过细化内部处理单元来控制信息的更新和存储，允许信息有选择地传递，弥补了 RNN 的不足，可以有效避免梯度消失和爆炸问题的发生。LSTM 的主要目标是建立长期依赖关系模型，提取与时间相关的时序特征，而这种特征提取方法尤其适合于故障诊断领域处理的时序序列[200]。LSTM 功能的实现主要通过三个门结构对记忆单元的控制。其中，输入门只要将临时状态信息输入记忆单元中；遗忘门主要控制上一时刻要被遗忘的信息；输出门负责控制是否将此时信息输出。其结构如图 1-14 所示。

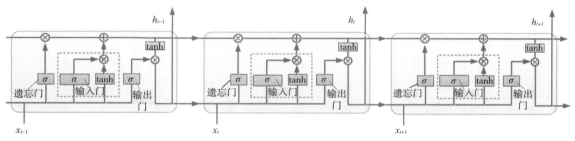

图 1-14　LSTM 结构图

目前，利用 LSTM 网络对系统故障进行诊断的研究有很多，王长华等对齿轮泵振动信号进行经验模态分解，然后设计一种双向长短时记忆网络从信号中挖掘和提取特征[201]；王玉玲等利用长短时记忆网络从燃气高压调压器的声发射信号中提取特征，实现了端到端的诊断[202]；针对传统 LSTM 网络中部分状态信息冗余问题的产生，范晓丹等将遗忘门和输出入门耦合在一起，提出了改进 LSTM 网络对油浸式变压器进行故障诊断，有效提高了诊断精度[203]；李莎莎等将 LSTM 与多头注意力机制相结合，利用 LSTM 捕获感应电机振动信号中的时序特征，用于系统故障[204]；李斌等提出一种基于蜣螂算法（DBO）优化的 LSTM 网络，利用变分模态分解方法提取到特征分量作为 DBO-LSTM 网络的输入，实现了系统的故障诊断[205]；徐敏等利用 LSTM 中记忆门和遗忘门获取故障数据的细微变化，实现旋转机械故障特征的深层次挖掘和提取[206]；吕悦等首先利用 CNN 对振动信号进行局部特征提取，然后利用 LSTM 网络获取振动信号时间维度上的特征，使特征更加具有时间依赖性[207]；针对时序信号的非平稳性和微小故障具有慢时变特性，冒泽慧等结合门控循环单元提出一种改进 LSTM 网络，对高速列车牵引系统微小渐变故障进行诊断[208]。作为 RNN 的变体，LSTM 能够有效捕捉长序列之间的语义关联，解决梯度消失和爆炸问题，改善 RNN 存在的长期依赖问题，在更长的序列特征提取方面表现性能更优，但是 LSTM 自身也存在一定的缺陷，如内部结构相对复杂，导致在同等算力下耗时较长、效率较低。

近年来，深度学习在故障诊断领域发展迅猛，产生了一系列重要研究成果，但是依然面临一些挑战。第一，大多数研究还处于"数据驱动、结果导向"的思维模式，单纯追求诊断准确率的提升而忽视了对网络本身的研究；第二，网络模型中一些重要参数，如层数、节点数等选择比较盲目，主要通过大量尝试的方式获取网络结构，目前有关网络结构自适应选择方面的研究比较少；第三，深度学习还处于"黑箱"阶段，大部分的应用都处于"输入数据，观察结果，反馈调参"的简单模式，网络模型内部训练过程虽然可以可视化，但是具体计算机制不是十分清楚，有关网络特征提取过程解释以及网络结构与故障机理之间的映射关系分析十分欠缺。在基于深度学习的复杂设备故障诊断研究中，如何解决网络结构设计和性能优化问题，是一个具有挑战性的方向。

1.4　基于数据驱动的故障诊断流程

故障诊断的目的在于能够在故障早期及时、准确识别故障，防止故障升级，避免灾难性事故发生，它不仅能够延长设备使用年限，而且能够节约维修费用，为设备长期安全运行提供保障。整个诊断过程包括三个环节：信号采集、特征提取和模式识别。其中，信号采集是先决条件，特征提取是关键因素，模式识别是目的。首先，利用数据采集装置对故障设备进行信号采集，其次，从采集到的数据中分析和提取故障的特征，最后，设计分类器模型在故障特征和故障类型之间建立映射关系。基于数据驱动的设备故障诊断流程如图 1-15 所示。

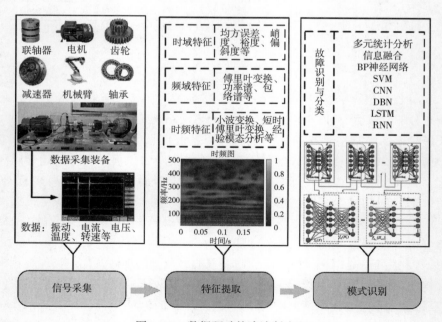

图 1-15　数据驱动故障诊断流程

1.4.1　信号采集

利用传感器技术获取表征设备运行状态，是机械故障诊断的先决条件。设备故障信息通常以动力学、振动学、声学、摩擦学和热力学等物理形式进行表征，因此，振动信号、声场信号、声发射信号、温度信号、电流信号、转速信号以及热感信号是常用于故障诊断研究的信号类型。一般而言，越来越多的研究采用设备的复合信号作为故障信息，以丰富故障的信息量。

1.4.2　特征提取

以信号处理技术为基础的特征提取是表征设备故障特征的主要途径，目前除了少部分深度学习网络可以直接利用采集的信号实现端到端的诊断以外，绝大部分的数据驱动方法都要进行形式或域的转换，以满足分类器对输入的要求。常用的特征提取方法主要包括时域信息、频域信息和时频信息，其中，对基于 CNN 的诊断方法而言，时频信息是经常被采用的。

1.4.3　模式识别

以提取到的信号特征为输入，采用神经网络对这些携带故障信息的特征进一步进行提取和分类，最终达到智能故障诊断和预测目的。目前人工智能诊断方法以深度学习为代表展开研究。对于特别复杂的系统，利用大模型甚至超大模型对隐藏在海量数据中的故障特征进行深层次挖掘和提取，减少了人工对诊断结果的影响，提升了诊断效率和精度。

第 2 章　信号采集与处理

如同人生病一样，设备发生故障时，对外会呈现一定的症状。有些故障产生的症状比较明显，能够被轻易观测到，如机身剧烈抖动，机体温度骤升，这类故障能够被有经验的工程师轻松解决；有些故障产生的症状不明显，不能轻易被肉眼捕捉到，如旋转设备轻微碰摩，电机匝间短路造成的电压、电流和扭矩变化等，这往往需要借助传感器通过采集设备相关信号进行分析才能得以诊断。在故障诊断领域，大多数研究主要聚焦在设备早期、不明显故障的识别和诊断问题上，因为这类问题更具有现实意义。因此，利用先进的传感器技术获取能够表征设备运行状态的数据是这类故障诊断的前提。

2.1　设备故障信号类型及采集方法

2.1.1　振动信号及其获取方法

振动是工业设备运行中常见的一种现象，它是由于设备运行过程中零部件状态值偏离了最初设计的指标导致内部发生机械性摩擦或碰撞而产生的一种能量转换形式。振动往往会影响设备运行精度，加剧零部件磨损，加快设备疲劳损坏；随着磨损和疲劳程度的加深，反过来会让设备振动更剧烈，如此恶性循环，直至设备发生故障和损坏。不同设备、同一设备不同位置以及同一设备不同程度的故障对外产生的振动信号是不一样的，因此，作为反映设备运行正常与否的信息载体，振动信号正越来越多地被应用于机械设备故障诊断中，如齿轮断齿故障、轴承侵蚀故障、转子不对中故障等。振动信号参数包括位移、速度和加速度，无论是哪一种形式的参量，传感器都将其转化为电压信号输入数据采集系统。根据测量的参量类型，振动传感器分为电涡流式位移传感器、惯性式速度传感器和压电式加速度传感器。

（1）电涡流式位移传感器

电涡流式位移传感器是一种根据电流涡流效应原理设计的有源非接触位移传感器，具有线性范围大、灵敏度高、频率范围宽和不受介质影响等优点，适用于设备轴向振动、径向振动、偏心度、轴心轨迹的测量以及轴承、电机换向器整流片动态监测。图 2-1 和图 2-2 是电涡流式位移传感器工作原理和外观结构图。

当高频电流通过线圈时会产生高频电磁场，该电磁场遇到金属板时会感应出涡流。根据楞次定律，涡流会产生一个与原线圈方向相反的交变磁场，这会抵消一部分线圈磁场能量，相应地改变线圈阻抗。线圈阻抗计算公式见式（2-1）。

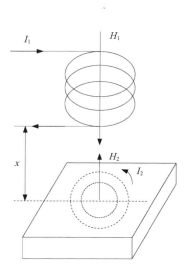

图 2-1　电涡流式位移传感器工作原理

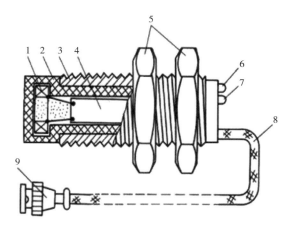

图 2-2　电涡流式位移传感器外观结构

1—电涡流线圈　2—探头壳体　3—壳体上的位置调节
4—印制线路板　5—夹持螺母　6—电源指示灯
7—阈值指示灯　8—输出屏蔽电缆线　9—电缆插头

$$Z = F(\mu, \ \sigma, \ r, \ x, \ I_1, \ \omega) \tag{2-1}$$

式中：Z 为线圈阻抗；μ 为磁导率；σ 为金属电导率；r 为线圈几何参数；x 为线圈到金属表面距离；I_1 为线圈激励电流；ω 为激励电流频率。

如果保持 μ、σ、r、x、I_1、ω 不变，那么距离 x 就成为影响阻抗 Z 的唯一变量，当设备发生振动时，线圈到设备之间距离（位移）x 发生变化，直接导致线圈阻抗 Z 值发生变化，最终以线圈两端电压 U_1 形式输出。

（2）惯性式速度传感器

速度传感器是一种以受测对象振动速度为测量目标，依据电磁感应原理设计的无源接触式传感器，常用于测量壳体的振动和轴的绝对振动等，具有稳定性好、抗干扰能力强等特点。由于它测量的信号是受测对象相对于大地或惯性空间的绝对运动，因此被称为惯性式传感器。

速度传感器的工作原理和结构分别如图 2-3 和图 2-4 所示。根据原理图可知，传感器中主要包括磁路系统、惯性质量块和弹簧阻尼。在传感器内部固定永磁体、惯性质量块（线圈组件），并用弹簧悬挂在壳体上。工作时，将传感器与设备紧密贴合，当设备发生振动时，线圈与磁铁相对运动，切割磁力线，线圈会产生感应电动势，且电动势大小与振动速度成正比，经过换算速度传感器可将被测对象速度信号转换为电压信号。

（3）压电式加速度传感器

压电式加速度传感器又称加速度计，属于无源惯性式传感器，主要利用压电效应原理将加速度信号转化为电信号。该传感器具有动态范围大、频率范围宽、坚固耐用等特点，是被广泛使用的振动信号传感器。

压电式加速度传感器的原理和外观结构分别如图 2-5 和图 2-6 所示。

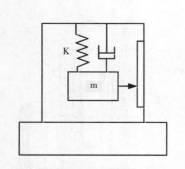

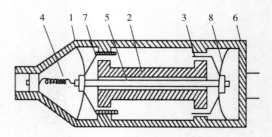

图 2-4　惯性式速度传感器外观结构

1—弹簧片　2—永久磁铁　3—阻尼器　4—引线

5—芯杆　6—外壳　7—线圈　8—弹簧片

图 2-3　惯性式速度传感器原理

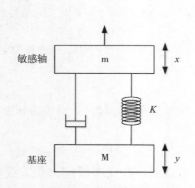

图 2-5　压电式加速度传感器原理

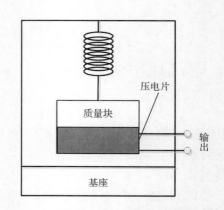

图 2-6　压电式加速度传感器外观结构

压电式加速度传感器可以看作一个由弹簧、质量块和阻尼构成的二阶系统，工作时将传感器与被测对象紧密贴合在一起，传感器受到振动冲击时，质量块在惯性作用下产生惯性力作用于压电片上，根据牛顿第二定律，惯性力与加速度关系见式（2-2）。

$$F = ma \tag{2-2}$$

式中：F 为惯性力；m 为质量块质量；a 为加速度。

当压电片受到惯性力 F 冲击时，由于压电效应会产生电荷 Q，其大小的计算见式（2-3）。

$$Q = cF = cma \tag{2-3}$$

式中：Q 为电荷；c 为压电常数。

根据式（2-3），对于一个确定型号的加速度传感器而言，通过压电片的压电效应在压电片上产生一个正比于加速度的电荷量，然后通过前置放大器放大以后输出给仪表进行显示。如果在放大器中加入积分电路，就可以获得对应的速度和位移信号。

在实际测量时，三种不同类型的振动传感器需要通过电缆与前置器配合构成传感器系统才能实现数据的采集。前置器内部装有电阻、电容、晶体管等的元件，与传感器线圈并联形成如图 2-7 所示的传感系统，其实物如图 2-8 所示。

振动传感器测量设备振动信号时，选择合理的安装方式很重要，一般有磁吸式、螺栓固定式和粘黏式三种，具体如图 2-9 所示。其中，磁吸式适用于不适合安装螺栓的机械设备信

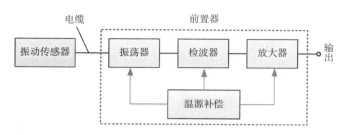

图 2-7　振动传感系统

图 2-8　振动传感器及前置器

号测量，它的最大特点是安装方便，且不会对设备产生破坏和污染；螺栓固定式是在受测体允许打孔的前提下最理想的安装方式，该方式能够承受很大的振动加速度，适合强冲击测量；粘黏式采用环氧树脂等黏合剂将传感器粘黏在设备上，该安装方式适合设备外表面振动数据的测量，但是会对设备造成污染。

（a）磁吸式安装　　　　　　（b）螺栓固定式安装　　　　　　（c）粘黏式安装

图 2-9　振动传感器常见的安装方式

2.1.2　温度信号及其获取方法

温度是反映设备健康状态的一个重要参数，很多生产工艺和流程中都要求监测设备的温度，如根据电机、齿轮箱等旋转设备的温度变化，判断设备的润滑情况。温度是衡量物体冷热程度的量，其本质是金属内部原子之间的相互碰撞产生，其值无法直接测量，需要借助某些物理量，如热胀冷缩或热电效应间接测量，而温度传感器正是利用这些间接测量获取温度信号的。

温度传感器分为接触式和非接触式，其中，接触式传感器一般为热电式传感器，其原理是利用传感器元件的电磁量随温度变化而变化的特性，从而将温度变化转化为电量的变化。在各种热电式传感器中，把温度量转换为电压和电阻量的方法最为常用。把温度转换为电压的传感器叫热电偶，把温度转换为电阻的传感器叫热电阻。

（1）热电偶测温传感器

热电偶测温传感器是基于热电效应原理进行测温的，将两种不同的导电材料组成一个闭合的回路，如果两端结点温度不同，则两种导体之间会产生电压，并在回路中产生电流。电压或电流的大小与两种导体的材质特性和结点温度有关，这一现象称为热电效应。根据热电效应将两种电极配制在一起即可组成热电偶。热电偶由两根不同材料的导体焊接在一起，其测温原理如图 2-10 所示。

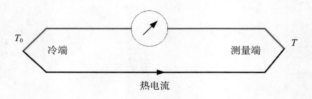

图 2-10　热电偶测温原理

结点的一端 T 为工作端（热端），用于温度测量，连接导线的另一结点 T_0 为自由端（冷端）。当 $T \neq T_0$ 时，仪表显示两种不同材料导体的电压差。热电偶的电压与导体材料和两端温度有关系，如果 T_0 保持不变，在热电偶材料确定的情况下，热电压 E 只是被测温度 T 的函数。当测量出热电压 E 时，温度 T 便可确定。

常用的热电偶由热电极、绝缘套管、保护套管和接线盒等部分组成，如图 2-11 所示。

①热电极：组成电极的两根热偶丝叫热电极，组成热电极的材料必须满足热电性能温度要求、不易被氧化或腐蚀、电导率高、电阻温度系数小等条件。

②绝缘套管：主要用来防止电极短路，可选材料包括塑料（用于 $60 \sim 80^{\circ}\mathrm{C}$）、玻璃（用于 $500^{\circ}\mathrm{C}$ 以下）、石英（$1000^{\circ}\mathrm{C}$ 以下）、陶瓷（$1400^{\circ}\mathrm{C}$ 以下）和纯氧化铝（$1600 \sim 1700^{\circ}\mathrm{C}$）。

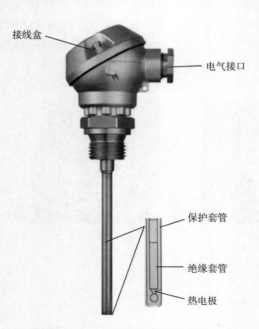

图 2-11　热电偶实例及结构图

③保护套管：主要用于防止热电极因机械化学因素破损，要求耐高温、耐腐蚀、较高的气密性和机械强度。

④接线盒：主要供连接热电偶和显示仪表用，通常由铝合金制成。

（2）热电阻测温传感器

热电阻测温传感器利用物质电阻率随温度变化而变化的特性，将温度变化转换为电阻的变化，最终以电量变化的形式反映温度值。热电阻传感器中的感温元件类型主要有热敏电阻和热电阻。用半导体热敏电阻作感温元件称为半导体温度传感器，用热电阻作感温元件称为热电阻温度传感器。因热敏电阻的电阻温度系数大、体积小、重量轻、热惰性小等优点，在温度测量中，特别是轴承、齿轮等旋转设备表面温度测量方面有广泛应用。

热敏电阻的材料通常将镍、锰、铜等氧化物按照一定比例进行混合压制而成，作为半导体测温计的检测元件。其电阻值和温度关系见式（2-4）。

$$R_T = R_{T_0} e^{B\left(\frac{1}{T} - \frac{1}{T_0}\right)} \tag{2-4}$$

式中：R_T 为温度 T 时的电阻值；R_{T_0} 为 T_0 时的电阻；B 为与半导体材料相关的常数。

半导体热敏电阻阻值随温度升高呈现非线性降低，因此测量范围有限，一般在 $-50 \sim 300℃$。热电阻温度传感器是根据导体电阻阻值随温度变化的性质进行测量的，它具有测量精度高、测温范围广等优点，一般测温范围在 $-200 \sim 500℃$。

（3）红外测温仪

自然界中任何物质，只要温度高于绝对零度都能往外辐射红外光，利用物质辐射的红外线来测量物质温度就是红外测温。根据玻尔兹曼定律，物体温度越高，对外辐射功率越大。只要测量出设备发射的辐射功率，就能确定它的温度，这就是红外测温的原理。红外测温装置原理如图 2-12 所示。它由光学系统、调制盘、红外检测元件、放大器和显示器等构成。

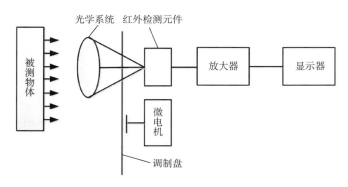

图 2-12　红外测温装置示意图

红外测温是一种非接触式测量方法，具有反应速度快、灵敏度高等优点，适合不可接触设备或构件的温度测量，比如转子、齿轮和钻头等高速旋转设备表面温度的测量。在设备温度测量中，热像仪发挥着重要作用，它是利用红外传感器采集设备红外辐射信号，通过对信号放大处理后，在显示器上呈现设备温度分布图形。常用的设备热像仪如图 2-13 所示。

热成像技术在设备故障诊断中的应用，主要是检测和分析反映在温度变化上的故障，如电机转子因卡滞导致的发热故障，齿轮因润滑不足导致的升温故障，电气设备触点接触不良的温度检测，机床齿轮箱热变形检测，电机铁芯发热及匝间短路故障点检测等。

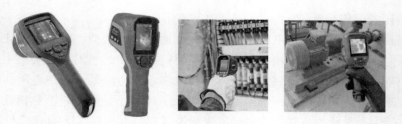

图 2-13　热像仪及其在设备温度测量中的应用

2.1.3　声发射信号及其获取方法

声发射技术（Acoustic Emission，AE）是一种评价材料或构件损伤程度的动态无损检测技术，其核心原理在于利用设备或结构在运行或受力时产生的微小弹性变形，以弹性波的形式释放出应变能的现象，因此，也被称为应力波发射。不同材料的声发射频率范围很大，从次声波到超声波，声波信号可以通过敏感的传感器捕捉，并传输到分析系统中进行解释和诊断。声发射源往往是损坏的源头，可以根据传感器捕捉到的声发射特点推断源头的状态，如损伤部位、严重程度等，这便是声发射诊断的基本原理，如图 2-14 所示。

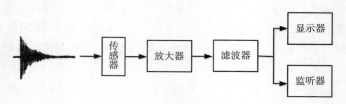

图 2-14　声发射检测原理图

声发射的能量是缺陷扩散时的多余能量，是在缺陷运行时或者运动受阻时释放出来的应力波脉冲。如果能量较大，人耳是能够捕捉到的。但是大部分轻微故障产生的声发射，人耳是听不到的，需要借助声发射仪进行检测。声信号经过介质传播到传感器，传感器感受到应力波冲击后将其转换为电信号，并把结果呈现在显示器上。声发射仪分为单通道、双通道和多通道。双通道声发射仪和多通道声发射仪除了具备单通道声发射仪的功能外，还具有缺陷定位功能，给大型构件检测带来了便利。声发射仪及采集系统如图 2-15 所示。

图 2-15　声发射及采集装置

声发射技术在工业设备状态监测中的应用有助于检测设备中的缺陷、故障和异常情况，如齿轮磨损、轴承裂纹、压力容器腐蚀、大型构件结构变形和疲劳。通过早期故障检测、实时监测、非侵入性等优势，提高了检测效率，降低了维修成本，确保了设备的安全运行。

2.1.4　扭矩信号及其获取方法

在设备故障诊断中，可以采集扭矩信号对设备健康状态进行分析。设备在运行过程中会承受较高的交变负荷，长期在高温、高压和强腐蚀环境下工作，设备的性能会逐渐下降，另外，设备在制造过程中产生的瑕疵和缺陷也会逐步扩展，这些问题如果得不到解决，必将导致设备的损坏。在设备性能下降的过程中，设备的扭矩一直发生变化，因此扭矩信号在一定程度上能够反映设备的状态。

应变片是测量扭矩信号的常用手段，它也被称作电阻应变计，是一个固定在基本片上的电阻丝，使用时将其贴在被测设备的表面，其结构如图 2-16 所示。当设备承受应力或扭矩时，应变片会产生形变，电阻丝长度和截面随之发生变化，其阻值也将随之变化。根据测量的电阻值，通过计算可以获取该部位的应力和扭矩。电阻丝在外力作用下发生形变，其阻值也会发生变化，这种现象称为电阻丝的应变效应。

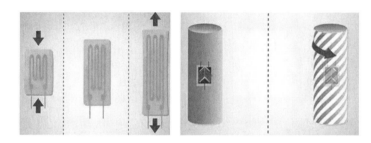

图 2-16　应变计贴片被压缩、拉伸和扭曲

电阻丝的电阻变化率 ΔR 与应变量 ε 之间呈线性关系，具体见式（2-5）。

$$\frac{\Delta R}{R} = (1 + 2\mu + \pi_L E)\varepsilon = K\varepsilon \tag{2-5}$$

式中：μ 为材料泊松比；E 为材料弹性模量；π_L 为压阻效应系数；K 为应变片灵敏系数。

获取电阻变化值之后，通过将具有相同应变特性的电阻应变计组成测量电桥，应变电阻的变化即可转换为电压信号的变化。目前，扭矩传感器被广泛应用到减速机、风机、泵、搅拌机和卷扬机等设备的负载扭矩的测量中，通过观察和分析设备扭矩变化可以对设备状态进行实时监测。工业设备监测用扭矩传感器及安装方式如图 2-17 所示。

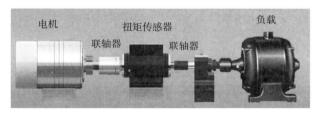

图 2-17　扭矩传感器及其安装方式

2.1.5 电流信号及其获取方法

对于机电设备，如电动机、变压器、发电机等，当其发生故障时，电流信号会发生变化。因此越来越多的研究把电流信号作为故障信号进行特征挖掘和提取。把电流信号作为故障信号进行诊断有很多优势，首先，电流采集是一种非侵入式手段，不会对系统本身造成任何损坏或影响；其次，信号获取方式简单易、操作且实时性强，有效提高了诊断的效率。另外，适用范围广，受周围环境影响小。电流传感器是一种采集电流信号的设备，它能够将待测电流信号按照一定规律转换为符合一定标准的电信号或其他所需形式信息输出。根据测量原理不同，主要可以分为分流器、电磁式电流互感器和电子式电流互感器。

分流器被用来测量直流电流，根据直流电流经过电阻时在其两端产生电压的原理制成。它实际上是一个阻值很小的电阻，当有电流通过时产生压降，供直流电流表显示。所谓分流是指分去一小部分电流去推动直流电流表指示，该小电流（mA）与大回路里的电流（A）的比例越小，电流表指示度数线性就越好，也越精确。直流电流表实际上是一个电压表，通常电流表和分流器是配套使用的；比如，100A 电流表配套的分流器阻值为 0.00075 欧，即 100A×0.00075 欧 = 75（mV）；50A 电流表配套的分流器阻值为 0.0015 欧，即 50A×0.0015 欧 = 75（mV）。实际中内置分流器的电流表如图 2-18 所示。

电磁式电流互感器是将一次侧大电流转化为二次侧小电流的仪器，它由闭合的铁芯和绕组构成，其中一次侧绕组匝数少，二次侧绕组匝数多，串联在被测电流中。工作时，二次侧始终是闭合的。其结构如图 2-19 所示。

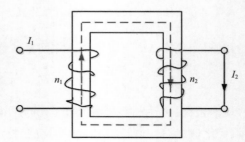

图 2-18　内置分流器的电流表　　　　　　图 2-19　电流互感器

类似于变压器，电流互感器是根据电磁感应原理进行工作的。假如一次侧绕组匝数 n_1 与二次侧绕组匝数 n_2 的比值为 K，即 $\frac{n_1}{n_2} = K$，则电流计算见式（2-6）。

$$I_2 = KI_1 \tag{2-6}$$

式中：I_1 为一次侧电流；I_2 为二次侧电流。由于 K 的值通常很小，可以看出经过电流互感器后，二次侧的电流值也非常小。

电子式电流互感器是利用霍尔效应原理制成的传感器，也被称为霍尔电流传感器。霍尔效应指的是当导体经过电流时，垂直于电流方向的磁场会引起材料内部电荷分布不均，由于电荷分布不均会在材料一侧产生电势差，即霍尔电压。霍尔传感器将电流信号转换为电压信号进行测量，其原理如图 2-20（a）所示。霍尔电流传感器通常由霍尔元件、信号调理电路和输出结构组成，其核心部件霍尔元件是一个对磁场敏感的探测器，能够捕捉到电流通过时产生的磁场。信号调理电路能够将霍尔元件输出的微弱信号进行放大。输出接口电路将处理后的信号转换为可供使用的电压信号。其结构如图 2-20（b）所示。

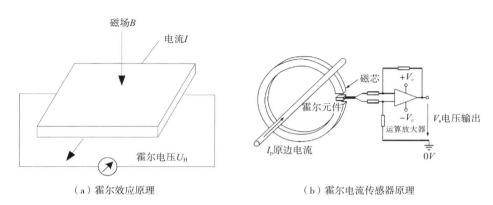

（a）霍尔效应原理　　　　　　　　（b）霍尔电流传感器原理

图 2-20　霍尔效应及霍尔电流传感器原理

在机电设备状态监测中，常用于测量电流信号的电流传感器如图 2-21 所示。

（a）电磁式电流传感器　　　　　　（b）霍尔电流传感器

图 2-21　常见的电流传感器

2.2　信号处理

在工业运行过程中采集到的数据容易受到噪声的污染，特别是当有用信号比较微弱时，很容易被噪声淹没，必须对原始数据进行降噪处理；另外，为了获取设备故障的多元信息，往往会采用多个传感器进行数据采集，多传感器信息融合也是必要的操作。因此，本书从降噪和信息融合两方面展开研究，对工业设备采集到的信号进行诊断前的处理。

2.2.1 降噪

有用信号以外的一切信号均被称为噪声。噪声会使有用信号改变或失去原有特征，当噪声信号能量大于有用信号能量时，有用信号就会被淹没。如果将被噪声污染的信号送入分类器会影响识别精度，因此在诊断之前必须将噪声信号进行剥离。

根据噪声来源不同，可以将噪声分为内部噪声和外部噪声两种。内部噪声主要是测量元器件本身因制造工艺或安装工艺缺陷产生的，比如元器件接触不良，接触表面形成二极管效应或接触电阻随温度、振动等影响发生变化导致信号传输特性变化；将发热元器件安置在对温度敏感的元器件旁边；将一些有轻微振动的元器件放在对振动敏感的元器件旁边等。外部噪声是由设备所在的电子环境和自然环境产生的，主要包括空间辐射噪声、线路串扰噪声和传输噪声。空间辐射噪声是指空间中电场强度或磁场强度变化在测量仪器上产生的感应电流；线路串扰噪声是周围电气设备释放的干扰信号通过电源或信号线等线路窜入测量仪器；传输噪声是信号在传输过程中由于传输介质的问题产生的，如接插件接触不良、信号线材质屏蔽能力不佳等。在设备信号采集中产生的噪声以外部噪声为主，对于外部噪声信号的滤除主要从硬件和软件两方面考虑。硬件方面，主要采用屏蔽和隔离，如对噪声源进行封闭或采用高通导磁材料制成磁场屏蔽罩对信号采集设备进行保护；软件方面，主要采用信号处理算法对噪声进行去除。本书涉及的降噪方法是软件方面。

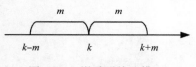

图 2-22　滑动平均法模型

（1）滑动平均法（Moving Average）

滑动平均法又称移动平均法，它是在简单平均数法的基础上，通过顺序逐期增减新旧数据求算移动平均值，以消除偶然变动因素[209]。滑动平均法的模型如图 2-22 所示。

模型的数学表达式见式（2-7）。

$$x(k) = \frac{1}{2m+1} \sum_{i=k-m}^{k+m} s(i) \qquad (2-7)$$

式中：$s(i)$ 为输入信号；$x(k)$ 为输出信号；k 为时间参数；$2m+1$ 为窗口长度。

下面以一个加随机噪声的正弦信号为例，利用滑动平均法进行降噪，其结果如图 2-23 所示。

```
clc
clear
N_window =3;%仿真数据窗口长度(最好为奇数)
t = 0:0.1:20;
A = cos(2 * pi * 0.3 * t)+0.1 * cos(2 * pi * 5 * t);
B=0.2 * randn(size(t));
B2 = movmean(A,N_window);
figure
plot(t,A+B,t,B2,t,A)
legend('X','denoising by moving average','cos(2 * pi * 0.3 * t)+0.1 * cos(2 * pi * 5 * t)');
title('X=cos(2 * pi * 0.3 * t)+0.1 * cos(2 * pi * 5 * t)+0.2 * randn(size(t))');
```

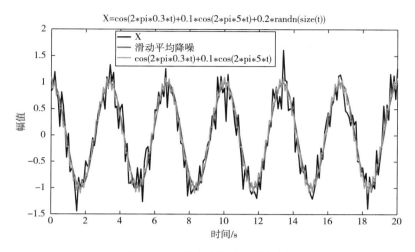

图 2-23　滑动平均法降噪实例

（2）Savitzky-Golay 法

Savitzky-Golay 法是 1964 年由 Savitzky 和 Golay 提出的，之后被广泛地运用于数据流的平滑降噪，它的本质是一种在时域内基于局域多项式，通过移动窗口利用最小二乘法进行最佳拟合的方法，这是一种直接处理来自时间域内数据平滑问题的方法，该方法最大的特点在于在滤除噪声的同时可以确保信号的形状、宽度不变[210]。Savitzky-Golay 法思想如下。

设滤波器窗口的宽度为 $n = 2m+1$，各测量点为 $x = (-m, -m+1, \cdots, 0, 1, \cdots, m-1, m)$，采用 $k-1$ 次多项式对窗口内的数据进行拟合，具体见式（2-8）。

$$y = a_0 + a_1 x + a_2 x^2 + \cdots + a_{k-1} x^{k-1} \tag{2-8}$$

式中：x 为待拟合数据；y 为拟合后的数据；a 为待求解的参数。

窗口宽度为 n，因此有 n 个类似上述的方程，构成 k 元线性方程组，见式（2-9），如果要使方程组有解，则 $n \geq k$，通过最小二乘法拟合确定参数 A。

$$\begin{bmatrix} y_{-m} \\ y_{-m+1} \\ \vdots \\ y_{m-1} \\ y_m \end{bmatrix} = \begin{bmatrix} 1 & x_{-m}(x_{-m})^2 & \cdots & (x_{-m})^{k-2}(x_{-m})^{k-1} \\ 1 & x_{-m+1}(x_{-m+1})^2 & \cdots & (x_{-m+1})^{k-2}(x_{-m+1})^{k-1} \\ & & \vdots & \\ 1 & x_{m-1}(x_{m-1})^2 & \cdots & (x_{m-1})^{k-2}(x_{m-1})^{k-1} \\ 1 & x_m(x_m)^2 & \cdots & (x_m)^{k-2}(x_m)^{k-1} \end{bmatrix} \begin{bmatrix} a_0 \\ a_1 \\ \vdots \\ a_{k-2} \\ a_{k-1} \end{bmatrix} + \begin{bmatrix} e_0 \\ e_1 \\ \vdots \\ e_{k-2} \\ e_{k-1} \end{bmatrix} \tag{2-9}$$

转换为矩阵的形式见式（2-10）。

$$Y_{(2m+1) \times 1} = X_{(2m+1) \times k} \cdot A_{k \times 1} + E_{(2m+1) \times 1} \tag{2-10}$$

A 的最小二乘解 $\hat{A}$ 见式（2-11）。

$$\hat{A} = (X^T \cdot X)^{-1} \cdot X^T \cdot Y \tag{2-11}$$

Y 的模型预测值 $\hat{Y}$ 见式（2-12）。

$$\hat{Y} = X \cdot \hat{A} = X \cdot (X^T \cdot X)^{-1} X^T \cdot Y \tag{2-12}$$

下面以一个加随机噪声的正弦信号为例，利用 Savitzky-Golay 算法进行降噪，其结果如图 2-24 所示。

```
clc
clear
N_window = 5;
t = 0:0.1:20;
A = cos(2 * pi * 0.3 * t)+cos(2 * pi * 0.5 * t)+0.4 * rand(size(t));
B = smooth_SG_hyh(A,5,3,1);
figure
plot(t,cos(2 * pi * 0.3 * t)+cos(2 * pi * 0.5 * t),t,A,t,B)
legend('cos(2 * pi * 0.3 * t)+cos(2 * pi * 0.5 * t)','cos(2 * pi * 0.3 * t)+0.3 * cos(2 * pi * 0.5 * t)+0.4 *
rand(size(t))','Savitzky- Golay');
title('X=cos(2 * pi * 0.3 * t)+cos(2 * pi * 0.5 * t)+0.4 * rand(size(t))');
```

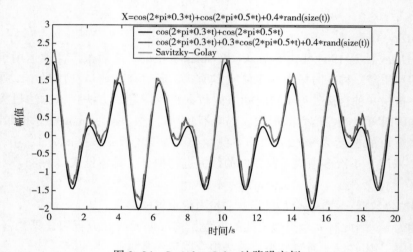

图 2-24　Savitzky-Golay 法降噪实例

（3）绝对中位差法（Median Absolute Deviation，MAD）

在采集到的信号中，如果噪声信号比有用信号大，则认为出现了离群值或反常值，反常值与附近其他数值差别很大。对于反常值的剔除可以采用绝对中位差法，它的思路是规定一个数据波动阈值，当数据超过这个阈值时，便视该数据为离群值[211]。绝对中位差定义的阈值为中位数绝对偏差 MAD，如果数据超过了 3 倍的 MAD，则认为是一个离群值。MAD 模型见式（2-13）。

$$MAD = median(|x_i - x_m|)　　　　　　(2-13)$$

式中：x_i 为第 i 个数据值；x_m 为数据集的中位值。

下面以一个包含异常噪声的正弦信号为例，利用绝对中位差法进行降噪，其结果如图 2-25 所示。

```
clc
clear
t = 0:0.01:10;
A = sin(3 * pi * t)+cos(2 * pi * t)+0.1 * rand(size(t));
Ri = randi(length(t),4,1);
A1 = A;
A1(Ri)= A(Ri) * 4;
figure
B = filloutliers(A1,'linear','movmedian',11);
plot(t,A1,t,B,t,sin(3 * pi * t)+cos(2 * pi * t))
legend('sin(3 * pi * t)+cos(2 * pi * t)+0.1 * rand(size(t))+离群值',' denoising by MAD','sin(3 * pi * t)+
cos(2 * pi * t)');
```

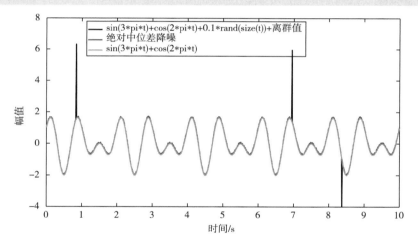

图 2-25　绝对中位差法降噪实例

（4）数字滤波器法（Digital Filter）

数字滤波的时域方法是将离散数据信号代入差分方程以实现噪声或虚假成分信号的抑制或过滤，从而将有用信号提取出来。典型数字滤波器包括有限脉冲响应滤波（Finite Impulse Response，FIR）和无限脉冲响应滤波（Infinite Impulse Response，IIR）两种。

FIR 的传递函数和差分方程分别见式（2-14）和式（2-15）。

$$H(z) = \sum_{n=0}^{N-1} h(n)z^{-n} \tag{2-14}$$

$$y(n) = \sum_{m=0}^{N-1} h(m)x(n-m) \tag{2-15}$$

IIR 的传递函数和差分方程分别见式（2-16）和式（2-17）。

$$H(z) = \frac{\sum_{k=0}^{M} b_k z^{-k}}{1 - \sum_{k=1}^{N} a_k z^{-k}} \tag{2-16}$$

$$y(n) = \sum_{k=1}^{N} a_k y(n-k) + \sum_{k=0}^{M} b_k x(n-k) \qquad (2-17)$$

无论是 FIR 还是 IIR 都可以对噪声进行滤除，但是两者有明显区别。首先，FIR 没有极点，因此 FIR 是无条件稳定的，而 IIR 则需要通过设计使极点位置必须在单位圆内，否则系统将不稳定。其次，IIR 可用较低的阶数获得较好的滤波效果，但是以相位的非线性为代价。相反，FIR 滤波器可以得到严格的线性相位，然而对于同样的滤波器设计指标，FIR 滤波器所要求的阶数可能比 IIR 滤波器高 5~10 倍。

下面以一个包含高斯白噪声的正弦信号为例，分别利用 FIR 和 IIR 滤波器进行降噪，其结果如图 2-26 所示。

```
clc
clear
fs=1000;% 采样频率
t=0:1/fs:2-1/fs;% 时间
singal0=sin(2*pi*3*t)+cos(2*pi*5*t);% 未加噪声的信号
SNR=15;% 信号信噪比
singal=awgn(singal0,SNR);% 在加入高斯白噪声
%% IIR 滤波（butterworth 滤波器）
fstop=20;% 低通截止频率
wn=fstop/(fs/2);% 归一化截止频率
N_IIR=5;% IIR 阶数
[b_iir,a_iir]=butter(N_IIR,wn)% IIR 滤波器参数
singal_iir=filter(b_iir,a_iir,singal);% IIR 滤波
%% FIR 滤波（hamming 窗）
N_FIR=15;% FIR 阶数
b_fir=fir1(N_IIR,wn)% FIR 滤波器参数
singal_fir=filter(b_fir,1,singal);% FIR 滤波
%% 输出比较
figure
subplot(3,1,1)
plot(t,singal)
title(' \fontsize{20}原始信号');
xlabel(' \fontsize{20}时间/s');
ylabel(' \fontsize{20}幅值');
grid on;
subplot(3,1,2)
plot(t,singal_iir)
title(' \fontsize{20}5 阶 IIR 滤波');
xlabel(' \fontsize{20}时间/s');
ylabel(' \fontsize{20}幅值(IIR)');
grid on;
```

```
subplot(3,1,3)
plot(t,singal_fir)
title(' \fontsize{20}15 阶 FIR 滤波');
xlabel(' \fontsize{20}时间/s');
ylabel(' \fontsize{20}幅值(FIR)');
grid on;
```

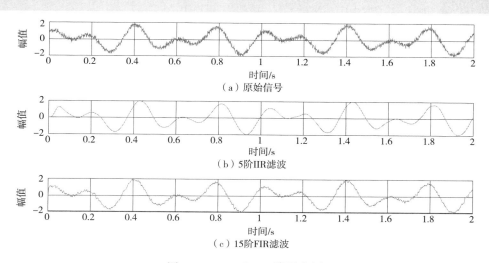

（a）原始信号

（b）5阶IIR滤波

（c）15阶FIR滤波

图 2-26　FIR 和 IIR 降噪实例

（5）小波（包）分析法［Wavelet（Packet）Analysis］

小波分析法就是一种建立在小波变换多分辨分析基础上的算法，其基本思想是根据噪声与信号在不同频带上的小波分解系数具有不同强度分布的特点，将各频带上的噪声对应的小波系数去除，保留原始信号的小波分解系数，然后对处理后的系数进行小波重构，得到纯净信号。其流程如图 2-27 所示。

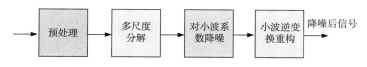

图 2-27　小波分析降噪流程示意图

任何一个包含噪声的随机非平稳信号都可以用以下模型表示，见式（2-18）。

$$F(t) = s(t) + e(t) \tag{2-18}$$

式中：$s(t)$ 为真实信号；$e(t)$ 为白噪声。

噪声 $e(t)$ 的均值为 0，方差为 σ^2。假设小波函数为 $\varphi(t)$，对噪声 $e(t)$ 进行小波变换，其结果见式（2-19）。

$$W_e(a, t) = \int_{-\infty}^{+\infty} e(u)\varphi_a(t - u)\,\mathrm{d}u \tag{2-19}$$

进一步可得到式（2-20）。

$$\mid W_e(a,\ t)\mid^2 = \int_{-\infty}^{+\infty}\int_{-\infty}^{+\infty} e(u)\varphi_a(t-u)e(v)\varphi_a(t-v)\mathrm{d}u\mathrm{d}v$$

$$= \int_{-\infty}^{+\infty}\int_{-\infty}^{+\infty} e(u)e(v)\varphi_a(t-u)\varphi_a(t-v)\mathrm{d}u\mathrm{d}v \qquad (2-20)$$

最终得到式（2-21）。

$$E\{\mid W_e(a,\ t)\mid^2\} = \int_{-\infty}^{+\infty}\int_{-\infty}^{+\infty} E\{e(u)e(v)\}\varphi_a(t-u)\varphi_a(t-v)\mathrm{d}u\mathrm{d}v$$

$$= \sigma^2\int_{-\infty}^{+\infty}\int_{-\infty}^{+\infty}\delta(u-v)\varphi_a(t-u)\varphi_a(t-v)\mathrm{d}u\mathrm{d}v$$

$$= \sigma^2\int_{-\infty}^{+\infty}\mid\varphi_a(t-u)\mid^2\mathrm{d}u = \frac{\sigma^2}{a}\parallel\varphi\parallel^2 \qquad (2-21)$$

对信号 $F(t)$ 去噪的目的就是要抑制噪声信号 $e(t)$，得到真实信号 $s(t)$。从式（2-21）可以看出噪声信号经过小波变换以后，其平均功率与尺度 a 成反比，因此可以利用噪声信号与小波变换后各尺度上多表现的不同特性，对测量信号进行降噪。

在小波分析降噪方法中，采用最多的是小波阈值降噪。它是一种非线性降噪方法，其基本原理为：正交小波分解具有时-频局部分解的能力，在进行信号处理时，小波分量表现的幅度较大，与噪声在高频部分的均匀变化正好形成明显的对比。经小波分解后，幅值比较大的小波系数绝大多数是有用信号，而幅值较小的小波系数一般都是噪声，即可以认为有用信号的小波变换系数要大于噪声的小波变换系数。阈值降噪法就是找到一个合适的阈值，保留大于阈值的小波系数，将小于阈值的小波系数做相应的处理，然后，根据处理后的小波系数还原出有用信号。常用的小波阈值降噪可分为给定阈值降噪和强制降噪，前者的阈值通过经验公式获得，可信度高；后者是将小波分解结构中的噪声小波系数（小波系数幅值较小的）全部设置为 0，该方法比较简单，且降噪后信号比较平滑，但是容易丢失一部分有用信号。

下面以一个包含噪声的正弦信号为例，利用小波分析法对信号进行降噪，其结果如图 2-28 所示。

```
clc
clear
Fs=100;
t=0:1/Fs:10;
x =cos(2*pi*0.5*t)+2*cos(2*pi*1*t)+4*sin(2*pi*2*t)+2*rand(size(t));
[c,l]=wavedec(x,3,'db7');%%3层小波分解,选择db7小波函数
c(l(2):end)=0;%对信号进行强制去噪处理
y=waverec(c,l,'db7');%对小波重构
%%给定的软阈值进行去噪处理并图示
[c,l]=wavedec(x,3,'db7');
%使用小波"db7"对信号x进行3层分解,分解的系数存到数组c中,各层分解后长度存到数组l中
ca3=appcoef(c,l,'db7',3);
%用小波"db7"分解系数[c,l]中提取第3层近似系数,为低频系数
cd1=detcoef(c,l,1);
%用小波"db7"分解系数[c,l]中提取第1层近似系数,为高频系数
```

```
cd2 = detcoef(c,1,2);
%用小波"db7"分解系数[c,1]中提取第 2 层近似系数,为高频系数
cd3 = detcoef(c,1,3);
%用小波"db7"分解系数[c,1]中提取第 3 层近似系数,为高频系数
sigma1 = median(abs(cd1))/0.6745;
sigma2 = median(abs(cd2))/0.6745;
sigma3 = median(abs(cd3))/0.6745;
%计算 sigma
d1 = thselect(cd1,'sqtwolog') * sigma1;
d2 = thselect(cd2,'sqtwolog') * sigma2;
d3 = thselect(cd3,'sqtwolog') * sigma3;
%应用 sqtwolog 规则计算各层阈值
cd1soft = wthresh(cd1,'s',d1);
cd2soft = wthresh(cd2,'s',d2);
cd3soft = wthresh(cd3,'s',d3);
%各层采用软阈值消噪
c2 = [ca3,cd3soft,cd2soft,cd1soft];
y2 = waverec(c2,1,'db7');
figure
subplot(3,2,1)
plot(t,x)
title('(a)含有噪声信号');
xlabel('时间/s')
ylabel('幅值')
grid on
set(gcf,'color','w')
set(gca,'fontsize',14.0)
subplot(3,2,2)
plot(c,'r')
title('(b)小波系数');
ylabel('幅值')
grid on
set(gcf,'color','w')
set(gca,'fontsize',14.0)
subplot(3,2,3)
plot(c,'r')
title('(c)强制去除噪声信号的小波系数');
ylabel('幅值')
grid on
set(gcf,'color','w')
set(gca,'fontsize',14.0)
```

```
subplot(3,2,4)
plot(c2,'r')
title('（d）采用软阈值对噪声信号小波系数进行去除');
ylabel('幅值')
grid on
set(gcf,'color','w')
set(gca,'fontsize',14.0)
subplot(3,2,5)
plot(t,y)
title('（e）经小波强制降噪之后的干净信号');
xlabel('时间/s')
ylabel('幅值')
grid on
set(gcf,'color','w')
set(gca,'fontsize',14.0)
subplot(3,2,6)
plot(t,y2)
title('（f）经小波软阈值降噪之后的干净信号');
xlabel('时间/s')
ylabel('幅值')
grid on
set(gcf,'color','w')
set(gca,'fontsize',14.0)
```

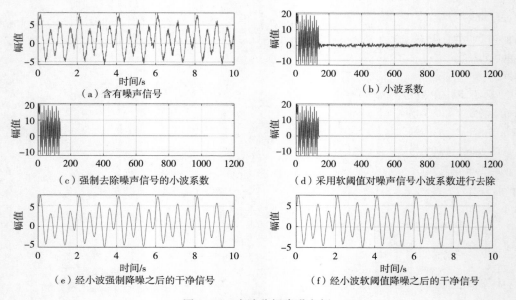

图 2-28　小波分析降噪实例

　　小波包分析是小波分析的推广形式，通过将小波变换过程中的滤波器和下采样操作同样地应用到不同的频带中，再对所有的频带进行分解，得到了比小波分析更加精细的分解结果。可以通过小波包分析将复杂的信号分解成具有不同频率分量、不同能量分布的子波。与小波变换相比，小波包分析在信号表示方面的表现能力更强。小波包降噪的原理与小波降噪基本相同，不同之处在于：小波包提供了一种更为复杂、更为灵活的分析手段，因为小波包分析对上一层的低频部分和高频部分同时实行分解，具有更加精确的局部分析能力。其主要步骤包括：对信号进行小波包分解，得到小波包系数；对小波包系数进行阈值处理，将低于阈值的小波包系数设置为 0，而保留高于阈值的小波包系数，从而达到降噪的目的；将处理后的小波包系数进行小波包逆变换，得到降噪后的信号。

　　下面以一个包含噪声的正弦信号为例，利用小波包降噪方法对信号进行处理，其结果如图 2-29 所示。

```
clc
clear
Fs=100;
t=0:1/Fs:10;
y=cos(2*pi*0.5*t)+2*cos(2*pi*1*t)+4*sin(2*pi*2*t);
x =cos(2*pi*0.5*t)+2*cos(2*pi*1*t)+4*sin(2*pi*2*t)+2*rand(size(t));
%绘制原始信号、含噪信号和去噪后的信号
figure
subplot(3,2,1)
plot(t,x)
title('(a)含有噪声信号');
xlabel('时间/s')
ylabel('幅值')
grid on
set(gcf,'color','w')
set(gca,'fontsize',20)
subplot(3,2,2)
plot(t,y)
title('(b)真实信号');
xlabel('时间/s')
ylabel('幅值')
grid on
set(gcf,'color','w')
set(gca,'fontsize',20)
subplot(3,2,3)
[thr,sorh,deepapp,crit]=ddencmp('den','wp',x);
[c1,treed,perf0,perfl2]=wpdencmp(x,sorh,3,'db7',crit,thr,deepapp);%%%%%%3层小波包,db7小波
函数
```

```matlab
plot(t,c1)
title(' (c)3 层小波包降噪') ;
xlabel(' 时间/s' )
ylabel(' 幅值' )
grid on
set( gcf,' color' ,' w' )
set( gca,' fontsize' ,20)
subplot(3,2,4)
[thr,sorh,deepapp,crit] = ddencmp(' den' ,' wp' , x);
[c1,treed,perf0,perfl2] = wpdencmp( x,sorh,4,' db7' ,crit,thr,deepapp) ;%%%4 层小波包,db7 小波函数
plot(t,c1)
title(' (d)4 层小波包降噪') ;
xlabel(' 时间/s' )
ylabel(' 幅值' )
grid on
set( gcf,' color' ,' w' )
set( gca,' fontsize' ,20)
subplot(3,2,5)
[thr,sorh,deepapp,crit] = ddencmp(' den' ,' wp' , x);
[c1,treed,perf0,perfl2] = wpdencmp( x,sorh,5,' db7' ,crit,thr,deepapp) ;%%%5 层小波包,db7 小波函数
plot(t,c1)
title(' (e)5 层小波包降噪') ;
xlabel(' 时间/s' )
ylabel(' 幅值' )
grid on
set( gcf,' color' ,' w' )
set( gca,' fontsize' ,20)
subplot(3,2,6)
[thr,sorh,deepapp,crit] = ddencmp(' den' ,' wp' , x);
[c1,treed,perf0,perfl2] = wpdencmp( x,sorh,7,' db7' ,crit,thr,deepapp) ;% %7 层小波包,db7 小波函数
plot(t,c1)
title(' (f) 7 层小波包降噪') ;
xlabel(' 时间/s' )
ylabel(' 幅值' )
grid on
set( gcf,' color' ,' w' )
set( gca,' fontsize' ,20)
```

2. 2. 2　信息融合

美国三军组织实验室理事联合会（Joint Directors of Laboratories，JDL）将信息融合定义

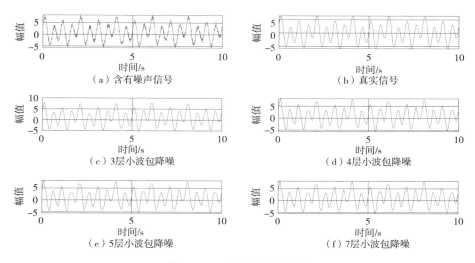

图 2-29　小波包降噪实例

为[212]：把来自许多传感器和信息源的数据进行联合、相关、组合和估计处理，以达到精准的位置估计和状态估计，以及对战场情况和威胁程度进行完整评价。上述定义适用于军事领域，而一般意义上的信息融合可以概括为：充分利用不同时间和空间的多传感器数据资源，采用计算机技术对按时间序列获得的多传感器观测数据进行分析、综合、支配和使用，获得对被测对象的一致性解释与描述，进而实现相应的决策和估计，使系统获得比它的各组成部分更充分的信息。根据这一定义，信息融合的三个特征可以总结为：①信息融合是多信息源、多层次的处理，每个层次代表信息的不同抽象程度；②信息融合过程包括数据检测、关联、估计与合并；③信息融合的输出包括低层次上的状态身份估计和高层次上的总战术态势估计。

信息融合充分利用多个信息源，通过对它们所提供信息的合理支配和使用，把多个信息源在空间或时间上的冗余或互补信息按照某种准则进行组合，以获得对被测对象的一致性解释或描述，从而使该信息系统获得的性能更优于各信息子集简单组合所构成的信息系统的性能。把多传感器信息融合技术应用于故障诊断系统中，可提高系统故障的诊断精度，并在一定程度上获得精确的状态估计，从而改善检测性能，增加诊断结果的置信度，同时能充分利用传感器资源，最大限度地发挥系统功能和提高信息资源的利用率。与单传感信息相比，多传感信息融合具有以下优点：首先，多传感信息融合可以获得更丰富的状态信息，提高了信息的准确性和全面性；其次，多传感信息融合可以对单传感信息的不确定性和局限性进行补偿，提高了容错能力；最后，多传感信息融合还可以提高系统可靠性，当部分传感器失效时，数据采集工作仍然可以正常进行。

信息融合是一种多级别、多层次的处理过程，按照信息融合处理层次可以将其分为数据级融合、特征级融合和决策级融合。三种信息融合方式如图 2-30 所示。

（1）数据级融合

数据级融合一般是对多源图像和原始信号波形进行直接融合，也称像素级融合。该方法操作简单，能够最大程度保留原始信息特征，基本上不会发生信息丢失或遗漏的现象，因此融合性能最好。常见的融合方式有加权平均法和信息拼接两类。

加权平均法是将同类传感器数据分别赋予权值，然后进行加权计算。以某齿轮 X、Y 和 Z

三个方向上采集到的振动数据为例，按照平均权重赋值方式进行融合，详见式（2-22）。

$$R = \frac{1}{3}(X + Y + Z) \tag{2-22}$$

其结果如图 2-31 所示。

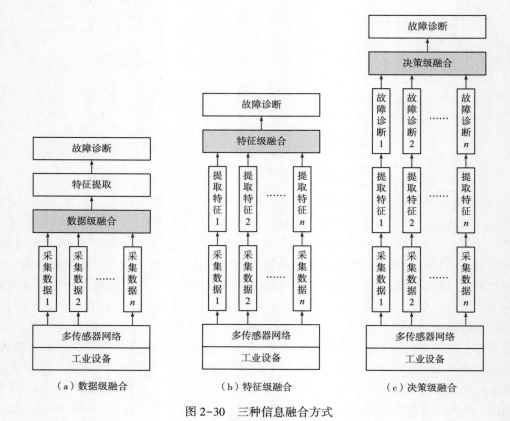

图 2-30　三种信息融合方式

```
clc
clear
A=csvread（'D：\data\signal. CSV'）;%读取数据
t=A（:,1）;
x_bad=A（:,2）;
y_bad=A（:,3）;
z_bad=A（:,4）;
r=1/3*（x_bad+y_bad+z_bad）;%%进行平均权值分配融合
figure
subplot（2,2,1）
plot（t,x_bad）
title（'X方向上的数据'）;
```

```
xlabel('时间/s');
ylabel('幅值');
grid on
set(gca,'fontsize',20);
subplot(2,2,2)
plot(t,y_bad)
title('Y 方向上的数据');
xlabel('时间/s');
ylabel('幅值');
grid on
set(gca,'fontsize',20);
subplot(2,2,3)
plot(t,z_bad)
title('Z 方向上的数据');
xlabel('时间/s');
ylabel('幅值');
grid on
set(gca,'fontsize',20);
subplot(2,2,4)
plot(t,r)
title('平均加权融合');
xlabel('时间/s');
ylabel('幅值');
set(gca,'fontsize',20);
```

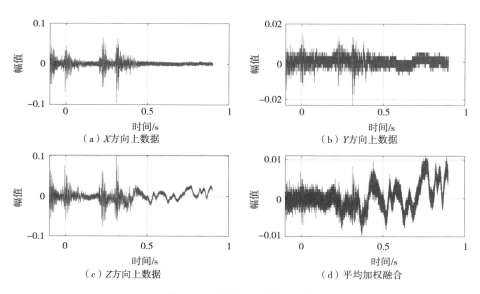

图 2-31　平均加权信息融合

对每个方向上的数据赋予相同的权重系数，往往忽略了不同维度数据占的权重往往是不相同的这一事实，因此该方法具有一定的主观性。根据不同维度数据的重要程度分别赋予不同权重系数可以有效降低平均权重赋值操作的主观性，其原理如下：

假如 $x_1(n)$，$x_2(n)$，$x_3(n)$，$\cdots$，$x_m(n)$ 是采集到的信号，两两信号的互相关函数见式（2-23）。

$$R_{x_i, x_j}(m) = \frac{1}{N-m} \sum_{i=1}^{N-m} x_i(n) x_j(n+m), \ m = 0, \ 1, \ 2, \ \cdots, \ k \tag{2-23}$$

信号的能量可以如式（2-24）所示。

$$E_{i, j} = \sum_{k=1}^{n} \left[R_{x_i, x_j}(k) \right]^2 \tag{2-24}$$

式中：$E_{i, j}$ 为某信号经过两两互相关操作之后的能量。

第 i 个传感器的能量可以如式（2-25）所示。

$$E_i = \sum_{j=1, \ i=j}^{n} E_{i, j} \tag{2-25}$$

按照能量进行权重系数进行分配，即如式（2-26）、式（2-27）所示。

$$p_1 : p_2 : \cdots : p_n = E_1 : E_2 : \cdots : E_n \tag{2-26}$$

$$p_1 + p_2 + \cdots + p_n = 1 \tag{2-27}$$

因此融合之后的信号见式（2-28）。

$$\hat{X} = p_1 X_1 + p_2 X_2 + \cdots + p_n X_n \tag{2-28}$$

采用互相关函数权值分配对某齿轮 X，Y 和 Z 三个方向上的数据进行融合，其结果如图 2-32 所示。

```
clc
clear
A=csvread('D:\data\a.CSV');
t=A(:,1);
x_bad=A(:,2);
y_bad=A(:,3);
z_bad=A(:,4);
%%%%%%%%%% 相关函数加权法融合
    c1=xcorr(x_bad,y_bad);
    d1=sum(c1.^2);
    c2=xcorr(x_bad,z_bad);
    d2=sum(c2.^2);
    c3=xcorr(y_bad,z_bad);
    d3=sum(c3.^2);
    e1=d1+d2;
    e2=d1+d3;
    e3=d2+d3;
    p1=e1/(e1+e2+e3);
```

```
    p2=e2/(e1+e2+e3);
    p3=e3/(e1+e2+e3);
r=p1*x_bad+p2*y_bad+p3*z_bad;
figure
subplot(2,2,1)
plot(t,x_bad)
title('X方向上的数据');
xlabel('时间/s');
ylabel('幅值');
grid on
set(gca,'fontsize',20);
subplot(2,2,2)
plot(t,y_bad)
title('Y方向上的数据');
xlabel('时间/s');
ylabel('幅值');
grid on
set(gca,'fontsize',20);
subplot(2,2,3)
plot(t,z_bad1(:,N))
title('Z方向上的数据');
xlabel('时间/s');
ylabel('幅值');
grid on
set(gca,'fontsize',20);
subplot(2,2,4)
plot(t,v)
title('基于互相关函数权值分配融合');
xlabel('时间/s');
ylabel('幅值');
grid on
set(gca,'fontsize',20);
```

除了加权求和的信息融合方式，信息拼接的方式也是经常采用的手段，该方法的原理是将不同类型的传感器信息按照一定窗口大小进行截断，然后再进行重新拼接。下面以某齿轮 X、Y 和 Z 方向上的振动数据为例，以拼接方式进行数据融合。具体结果如图 2-33 所示。

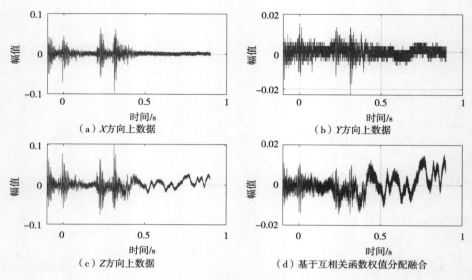

图 2-32 基于互相关函数权值分配融合

```
clc
clear
A=xlsread('D:\CSV_1.csv');%%读取 X,Y,Z 方向数据
figure
subplot(2,2,1)
plot(A(:,1),A(:,2))
title(' X 方向上的数据');
xlabel(' 时间/s');
ylabel(' 幅值');
set(gca,' fontsize' ,20);
subplot(2,2,2)
plot(A(:,1),A(:,3))
title(' Y 方向上的数据');
xlabel(' 时间/s');
ylabel(' 幅值');
set(gca,' fontsize' ,20);
subplot(2,2,3)
plot(A(:,1),A(:,4));
title(' Z 方向上的数据');
xlabel(' 时间/s');
ylabel(' 幅值');
set(gca,' fontsize' ,20);
N=50000;%%截取窗口大小
subplot(2,2,4)
```

```
plot(A(1:N,1),A(1:N,2),'r')
hold on
plot(A(N+1:2*N,1),A(1:N,3),'b')
hold on
plot(A(2*N+1:3*N,1),A(1:N,4),'g')
title('以拼接方式进行融合');
xlabel('时间/s');
ylabel('幅值');
set(gcf,'color','w');
set(gca,'fontsize',20);
```

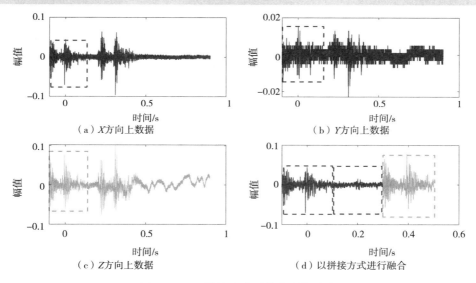

图 2-33　以拼接方式对数据进行融合

　　上述的几种方式融合是直接对一维时域信号进行直接融合，而在设备故障诊断中，有时候需要将一维时域信号转换为二维灰度图进行分析，如果此时对多传感器信息进行融合的话，还可以利用 RGB 对三个方向数据进行融合。RGB 色彩图是工业界颜色标准，是通过对红（R）、绿（G）、蓝（B）三个颜色通道变化以及相互之间叠加得到各式颜色图形。如果获得设备 X、Y 和 Z 三个方向数据的灰度图，分别将其视为 RGB 三个方向通道信息，即可将三个方向信息融合为一张 RGB 色彩图。

　　下面以某齿轮 X、Y 和 Z 方向振动信号为例，获取三个方向上的连续小波变换（CWT）灰度图之后，利用 RGB 对图像进行融合，其结果如图 2-34 所示。

```
img(:,:,1)= imread('D:\X.jpg');
img(:,:,2)= imread(D:\Y.jpg);
img(:,:,3)= imread(D:\Z.jpg);
```

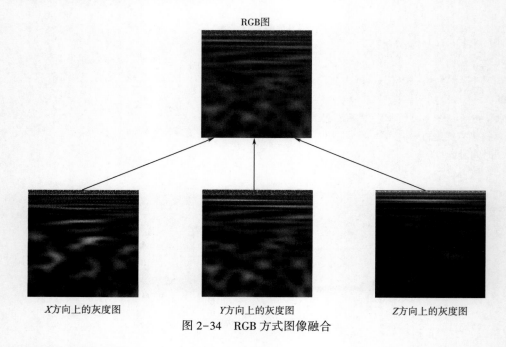

RGB图

X方向上的灰度图　　　　Y方向上的灰度图　　　　Z方向上的灰度图

图 2-34　RGB 方式图像融合

（2）特征级融合

特征级融合是从各个传感器信息中提取原始数据特征，然后进行综合分析和处理。这种数据融合方法的优点在于通过对原始数据进行压缩、提取，抽象出的数据特征的维度有所降低，这样有利于稀释数据量，减轻分类器的计算负载。特征融合的前提是要获取信号的特征，目前常用的数据特征指标有时域特征值和频域特征值。时域特征可以分为有量纲指标和无量纲指标两种，其中有量纲指标具有直观物理意义，是常用的特征指标，主要包括：平均值、峰值、均方根值、峭度、标准差、偏度等。由于受外界环境影响，有量纲指标在反映设备运行状态时会造成不稳定判断，相比之下，无量纲指标能够消除扰动因素的影响，其主要包括：峰值指标、峭度指标、斜度指标等。

假如一组时域信号为 $x_i(i = 1, 2, 3, \cdots, n)$，则常见的时域特征如下，具体见式（2-29）~式（2-41）。

①均值（Mean）：

$$\bar{X} = \frac{1}{N} \sum_{i=1}^{N} x_i \tag{2-29}$$

②均方根值（rms）：

$$X_{\mathrm{rms}} = \sqrt{\frac{1}{N} \sum_{i=1}^{N} (x_i)^2} \tag{2-30}$$

③方差值（Variance）：

$$X_{\mathrm{var}} = \sqrt{\frac{1}{N-1} \sum_{i=1}^{N} (x_i - \bar{X})^2} \tag{2-31}$$

④平方根幅值（Square Root Amplitude）：

$$X_{\mathrm{sra}} = \left(\frac{1}{N} \sum_{i=1}^{N} |x_i|^{\frac{1}{2}} \right)^2 \tag{2-32}$$

⑤绝对平均值（Absolute Average）：

$$X_{\mathrm{aa}} = \frac{1}{N} \sum_{i=1}^{N} |x_i| \tag{2-33}$$

⑥最大值和最小值（Maximum and Minimum）：

$$X_{\max} = \max(x_i) , \quad X_{\min} = \min(x_i) \tag{2-34}$$

⑦峰值（Peak）：

$$X_{\mathrm{peak}} = \max |x_i| \tag{2-35}$$

⑧峭度（Kurtosis）：

$$X_{\mathrm{kurt}} = \frac{N \sum\limits_{i=1}^{N} (x_i - \bar{X})^4}{\left[\sum\limits_{i=1}^{N} (x_i - \bar{X})^2 \right]^2} \tag{2-36}$$

⑨偏斜度（Skewness）：

$$X_{\mathrm{skew}} = \frac{1}{N} \sum_{i=1}^{N} (x_i - \bar{X})^3 \bigg/ \left[\sqrt{\frac{1}{N} \sum_{i=1}^{N} (x_i - \bar{X})^2} \right]^3 \tag{2-37}$$

⑩峰值因子（Peak Factor）：

$$I_{\mathrm{p}} = \frac{X_{\mathrm{peak}}}{X_{\mathrm{rms}}} \tag{2-38}$$

⑪脉冲因子（Pulse Factor）：

$$C_{\mathrm{f}} = \frac{X_{\mathrm{peak}}}{|\bar{X}|} \tag{2-39}$$

⑫裕度因子（Clearance Factor）：

$$C_{\mathrm{e}} = \frac{X_{\mathrm{peak}}}{X_{\mathrm{rms}}^2} \tag{2-40}$$

⑬波形因子（Waveform Factor）：

$$S_{\mathrm{f}} = \frac{X_{\mathrm{rms}}}{|\bar{X}|} \tag{2-41}$$

频域分析方法是对信号进行傅里叶变换后，得到频谱图中频率成分以及各个频率段内幅值大小，蕴含的特征信息更丰富。假如 $x_i(i = 1, 2, 3, \cdots, n)$ 经傅里叶变换之后对应的频域内信号为 $s_i(i = 1, 2, 3, \cdots, n)$，$f_i$ 为对应的频率。频域特征如下，具体详见式（2-42）～式（2-44）。

①重心频率（Frequency Center）：

$$f_{\mathrm{fc}} = \sum_{i=1}^{N} s_i \cdot f_i \bigg/ \sum_{i=1}^{N} s_i \tag{2-42}$$

②均方根频率（RMS Variance Frequency）：

$$f_{\mathrm{rmsf}} = \sqrt{\sum_{i=1}^{N} f_i^2 \cdot s_i \bigg/ \sum_{i=1}^{N} s_i} \tag{2-43}$$

③频率标准差（Root Variance Frequency）：

$$f_{rvf} = \sqrt{f_{rmsf}^2 - f_{fc}^2}\tag{2-44}$$

获取以上特征指标以后，将这些指标组成一维向量，然后对不同传感信息的特征指标进行求和或加权求和计算，以实现特征的融合，最终获得的融合特征是向量。该向量是多元信息特征的高度抽象，蕴含丰富的状态信息，最后通过设计分类器即可实现特征的识别与分类。整个流程如图 2-35 所示。

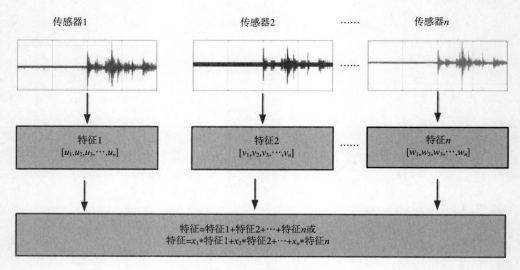

图 2-35　特征级融合

（3）决策级融合

决策级融合是一种高层次的数据融合，其原理是在各传感器已经完成自决策基础上，根据一定准则和每个传感器的决策可信度进行综合评判，最终给出一个综合的、全面的评估结果。常用的决策级融合方法包括 D-S 证据理论、贝叶斯理论、模糊推理和卡尔曼滤波等。

①D-S 证据理论[213]：D-S 证据理论实质是在同一识别框内将不同证据体通过其证据组合规则合成一个新的证据体的过程。设 $\Theta = \{\theta_1, \theta_2, \cdots, \theta_l\}$ 为一识别框架，其中元素 θ_1，θ_2，$\cdots$，θ_l 之间两两互斥。将包含 Θ 中所有子集的总集称为识别框架 Θ 的幂集，记作 2^{Θ}。幂集 2^{Θ} 中的元素称为焦元。

定义 1：设函数 $m: 2^{\Theta} \to [0, 1]$ 与幂集 2^{Θ} 中的每一个子集一一对应，且满足式 (2-45)。

$$\begin{cases} m(\phi) = 0 \\ \sum\limits_{A \subseteq \Theta} m(A) = 1, \; A \neq \phi \end{cases}\tag{2-45}$$

则称 m 为该识别框架 Θ 上的基本概率分配（Basic Probability Assignment，BPA）。

定义 2：在识别框架 Θ 上，$Bel: 2^{\Theta} \to [0, 1]$ 且满足式 (2-46)。

$$Bel(A) = \sum\limits_{B \subseteq A} m(B)\tag{2-46}$$

称 $Bel(A)$ 为命题 A 的信任函数，并用其对命题 A 的信任程度。

定义 3：在识别框架 Θ 上，$Pl: 2^{\Theta} \to [0, 1]$ 且满足式 (2-47)。

$$Pl(A) = 1 - Bel(\overline{A}) \tag{2-47}$$

称 $Pl(A)$ 为命题 A 的似然函数或不可驳斥函数，其用来度量否定命题 A 的信任程度。根据式（2-47），命题 A 的似然函数计算公式如式（2-48）所示。

$$Pl(A) = 1 - \sum_{A \cap B = \phi} m(B) = \sum_{A \cap B \neq \phi} m(B) \tag{2-48}$$

D-S 证据理论指出，存在 n（$n>2$）证据体时，可以按照式（2-49）所示的规则进行组合。

$$m(A) = m_1 \oplus m_2 \oplus \cdots \oplus m_n = \begin{cases} 0, & A = \phi \\ \\ \dfrac{\displaystyle\sum_{\substack{A_1, A_2, \cdots, A_n \subset \Theta \\ A_1 \cap A_2, \cdots, A_n = A}} m_1(A_1) m_2(A_2) \cdots m_n(A_n)}{1 - K}, & A \neq \phi \\ \\ K = \displaystyle\sum_{\substack{A_1, A_2, \cdots, A_n \subset \Theta \\ A_1 \cap A_2, \cdots, A_n = A}} m_1(A_1) m_2(A_2) \cdots m_n(A_n) \end{cases} \tag{2-49}$$

基于 D-S 证据理论的数据融合原理如图 2-36 所示，即由 n 个传感器分别选择某一种诊断方法，最后利用证据组合规则对 n 个判断结果进行综合决策。

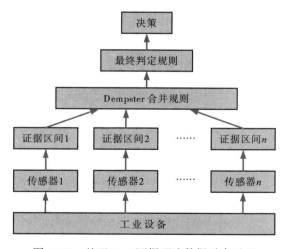

图 2-36　基于 D-S 证据理论数据融合过程

②贝叶斯理论[214]：贝叶斯理论是 1963 年英国统计学家贝叶斯提出的一种概率规则，概率论的原理为：当一个未知量 θ 可视为随机变量，使用概率分布描述它的状态，并将不同类型的条件概率或条件概率密度函数互相关联。该方法将可用数据和先验信息结合起来，以获得可用于推断的后验信息，其定理可以表示为如下形式。

对于离散型随机变量而言，如果 A_1，A_2，$\cdots$，A_n 是完整的事件组，B 是任意事件，且 $p(B) > 0$，则可得式（2-50）。

$$\begin{cases} p(B \cap A_i) = p(B)p(A_i|B) = p(A_i)p(B|A_i) \\ p(B) = \sum_{i=1}^{n} p(A_i)p(B|A_i) \end{cases} \qquad (2-50)$$

进一步可得式（2-51）。

$$p(A_i|B) = \frac{p(A_i)p(B|A_i)}{\sum_{i=1}^{n} p(A_i)p(B|A_i)} \qquad (2-51)$$

式中：$p(A_i)$ 为先验概率，是在事件 A_i 以往的经验信息下，对参数的初始不确定性所做出的估计如果试验过程产生了事件 B，则信息 $p(B|A_i)$ 有助于根据以前的经验确定统计推断的有效性，条件概率 $p(A_i|B)$ 为后验概率。

假设随机变量 X，θ 的联合概率密度为 $f(x, \theta)$，对于连续型随机变量，可得到式（2-52）。

$$\pi(\theta|X) = \frac{\pi(\theta)l(X|\theta)}{\int_\Theta \pi(\theta)l(X|\theta)\,\mathrm{d}\theta} \qquad (2-52)$$

式中：Θ 为参数空间；$\pi(\theta)$ 为参数 θ 的先验密度函数，是获得样本信息 X 前对参数 θ 的主观描述；$l(X|\theta)$ 为对样本信息 X 进行描述的似然函数；$\pi(\theta|X)$ 为参数 θ 的后验分布，是先验信息和试验信息融合的结果。贝叶斯推理融合方法过程如图 2-37 所示。

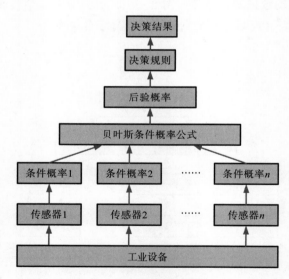

图 2-37　贝叶斯推理融合过程

③模糊理论[215]：在多传感器数据采集系统中，由于受传感器精度、外部环境等因素影响，系统具有不确定性和模糊性，而模糊集理论能够很好地处理这类模糊信息融合问题。1965 年，美国计算机与控制专家 L. A. 扎德（L. A. Zadeh）教授提出了模糊集的概念，它的思想为：把经典集合中的隶属关系加以扩充，使元素对"集合"的隶属程度由只能取 0 和 1

这两个值，推广到单位区间［0，1］的取值，从而实现定量刻画模糊性对象。对于模糊集合而言，它与经典集合的根本区别在于一个元素既可以属于又可以不属于一个模糊集合，即界限是模糊的。给定论域 U，U 到［0，1］区间的任一映射 μ_A，见式（2-53）。

$$\mu_A: U \to [0, 1] \quad \mu \to \mu_A(\mu) \tag{2-53}$$

对于 $\mu \in U$，函数值 $\mu_A(\mu)$ 称为 μ 对于 A 的隶属度。

一般地，论域上 U 的模糊子集 A 由隶属度 μ_A 来表征，$\mu_A(\mu)$ 的大小反映了 μ 对于模糊子集 A 的隶属程度。如果 $\mu_A(\mu)$ 接近 1，则表示 μ 属于 A 的程度高；如果 $\mu_A(\mu)$ 接近 0，则表示 μ 属于 A 的程度低。模糊理论中的隶属函数是刻画模糊集的最基本概念，是模糊集理论及其应用研究最基本的工具。

目前，模糊理论已经被引入多传感器数据融合中，利用该理论解决多传感信息融合问题，能够克服传统方法计算量大和结果冲突等缺陷。利用模糊理论进行综合评判的思想是：利用模糊线性变换原理和最大隶属度原则，考虑与被评价事件相关的各个因素，对其做出合理的综合评价，其过程如下。

假设与事件相关的因素有 m 个，记作 $U = \{u_1, u_2, \cdots, u_n\}$，其称为因素集。假设所有可能出现的评语有 n 个，记作 $V = \{v_1, v_2, \cdots, v_n\}$，其称为评语集。

步骤 1：单因素评价。

对因素集 U 中的单个因素，$u_i(i = 1, 2, \cdots, m)$ 作为单因素评价，确定该事件对 $v_i(i = 1, 2, \cdots, n)$ 的隶属度 r_{ij}，得到第 i 个因素 u_i 的单因素评价集 $r_{ij} = (r_{i1}, r_{i2}, \cdots, r_{in})$，它是评语集 V 上的模糊子集。

步骤 2：构造模糊综合评价矩阵。

把以上 m 个单因素评价集作为行，得的一个综合评价矩阵 R，见式（2-54）。

$$R = \begin{bmatrix} r_{11} & r_{12} & \cdots & r_{1n} \\ r_{21} & r_{22} & \cdots & r_{2n} \\ & & \vdots & \\ r_{m1} & r_{m2} & \cdots & r_{mn} \end{bmatrix} \tag{2-54}$$

步骤 3：确定因素重要程度模糊集。

根据各因素对事物影响程度，在论域 U 上给出各个因素重要程度模糊子集 $A = (a_1, a_2, \cdots, a_n)$，其中 a_i 为因素 $u_i(i = 1, 2, \cdots, m)$ 在总评价中的影响大小的度量，在一定程度上代表由单因素 u_i 评定等级的能力。

步骤 4：建立综合评价模型，求出模糊综合评价集。

当综合评判矩阵 R 和因素重要程度模糊子集 A 确定以后，通过 R 作模糊线性变换，把 A 变为评语集 V 上的模糊子集，见式（2-55）。

$$B = A \cdot R = (b_1, b_2, \cdots, b_n) \tag{2-55}$$

式中：B 为评语集 V 上的模糊综合评价表，b_j 为等级 v_j 对综合评判所得模糊评价集 B 的隶属度。式（2-55）称为综合评价模型。

步骤 5：综合评判。

根据最大隶属度原则，选择模糊综合评价集 $B = (b_1, b_2, \cdots, b_n)$ 中最大的 b_j 所对应的等级 v_j 做出综合评判结果。

在基于模糊理论的数据融合方法中，通过引入隶属度函数概念，对传感器采集的数据进行模糊化处理，利用模糊综合评判标准把多传感信息融合问题转化为模糊综合评判过程，其具体过程如图 2-38 所示。

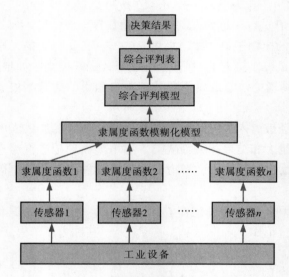

图 2-38　模糊理论数据融合过程

④卡尔曼滤波[216]：卡尔曼滤波是 1960 年匈牙利数学家 Kalman 提出的一种最优化自回归数据处理方法，它以时域分析为基础，选用状态空间来表述系统，以最小均方误差进行递归计算，无须依赖庞大的历史数据，对存储空间的要求较低。

设 t_k 时刻的被估计状态 X_k 受系统噪声序列 W_{k-1} 驱动，驱动机理可以由式（2-56）进行描述。

$$X_k = \boldsymbol{\Phi}_{k,\,k-1}X_{k-1} + \boldsymbol{\Gamma}_{k-1}W_{k-1} \tag{2-56}$$

对 X_k 的量测满足线性关系，量测方程见式（2-57）。

$$Z_k = \boldsymbol{H}_kX_k + V_k \tag{2-57}$$

式中：$\boldsymbol{\Phi}_{k,\,k-1}$ 为 t_{k-1} 时刻到 t_k 时刻的一步转移矩阵；$\boldsymbol{\Gamma}_{k-1}$ 为系统噪声驱动阵；$\boldsymbol{H}_k$ 为量测阵；V_k 为量测噪声序列；W_k 为系统激励噪声序列。

V_k 和 W_k 需同时满足式（2-58）。

$$E(W_k) = 0,\ \mathrm{Cov}[W_k,\ W_j] = E[W_kW_j^{\mathrm{T}}] = Q_k\delta_{kj}$$
$$E(V_k) = 0,\ \mathrm{Cov}[V_k,\ V_j] = E[V_kV_j^{\mathrm{T}}] = R_k\delta_{kj} \tag{2-58}$$
$$\mathrm{Cov}[W_k,\ V_j] = E[W_kV_j^{\mathrm{T}}] = 0$$

式中：$\boldsymbol{Q}_k$ 为噪声序列方差阵，一般视为非负定阵；R_k 为量测噪声序列，一般视为正定阵。

满足以上条件，那么 $\boldsymbol{X}_k$ 的估计 $\hat{X}_k$ 可按照以下方程求解。

状态的一步预测，见式（2-59）。

$$\hat{X}_{k\,|k-1} = \boldsymbol{\Phi}_{k,\,k-1}\hat{X}_{k-1} \tag{2-59}$$

状态估计，见式（2-60）。

$$\hat{X}_k = \hat{X}_{k|k-1} + K_k(Z_k - H_k\hat{X}_{k|k-1}) \tag{2-60}$$

滤波增益,见式(2-61)。

$$K_k = P_{k|k-1}H_k^{\mathrm{T}}(H_kP_{k|k-1}H_k^{\mathrm{T}} + R_k)^{-1} \tag{2-61}$$

一步预测均方误差,见式(2-62)。

$$P_{k|k-1} = \boldsymbol{\Phi}_{k,\,k-1}P_{k-1}\boldsymbol{\Phi}_{k,\,k-1}^{\mathrm{T}} + \boldsymbol{\Gamma}_{k-1}Q_{k-1}\boldsymbol{\Gamma}_{k-1}^{\mathrm{T}} \tag{2-62}$$

估计均方误差,见式(2-63)。

$$P_k = (I - K_kH_k)P_{k|k-1}(I - K_kH_k)^{\mathrm{T}} + K_kR_kK_k^{\mathrm{T}} \tag{2-63}$$

只要给定初始值 $\hat{X}_0$ 和 P_0,根据 k 时刻的量测 Z_k,就可以递推计算得到 k 时刻的状态估计 $X_k(k = 1, 2, \cdots)$。具体算法流程如图 2-39 所示。

卡尔曼滤波包括预测和修正两部分,其中,预测包括当前状态预测和误差协方差预测,修正是对预测状态的更新,包括卡尔曼滤波增益的更新,利用它对状态值与协方差进行修正,构建一种线性递归模型。

利用卡尔曼滤波对信息进行融合时,若干个子滤波器和一个主滤波器采用卡尔曼滤波器算法,各子滤波器独立进行时间更新和观测更新,以实现最优估计的输出,具体模型如图 2-40 所示。

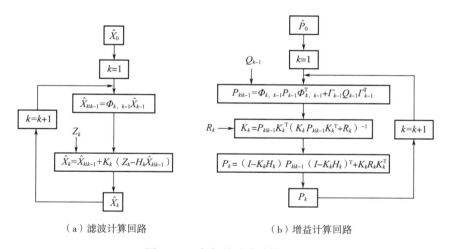

（a）滤波计算回路　　　　　　　　　（b）增益计算回路

图 2-39　卡尔曼滤波计算流程

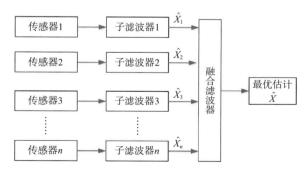

图 2-40　卡尔曼滤波融合模型

以上是目前三种主流信息融合方法，每种方法都有自己的优缺点。其中，尽管数据级融合中的信息损失最小，但是传感器类型必须是同类的，且目前的融合方法在理论上缺乏可解释性。特征级融合可以将高维数据集压缩到具有代表性的小规模数据集信息，但是不同的特征选择和提取仍然依赖于主观经验和领域知识。决策级融合虽然可以处理异类信息，容错性较强，但是信息损失量很大，性能相对性较差。

上述三种信息融合方式的优缺点对比见表 2-1。

表 2-1　不同信息融合的优缺点

性能指标	数据级融合	特征级融合	决策级融合
传感器类型	同类	同类/异类	同类/异类
处理信息量	最大	中等	最小
信息损失	最小	中等	最大
容错能力	最差	中等	最好
算法难度	最难	中等	最易
抗干扰性能	最差	中等	最好
融合性能	最好	中等	最差

第3章 特征选择与提取

故障特征选择和提取是设备故障诊断的关键，能否获取到反映系统故障信息的理想特征将直接关系到模式识别的准确性和可靠性。以信号处理技术为基础的特征选择和提取是故障信息表征的主要途径，目前故障特征提取的主要方法包括时域分析、频域分析、时频域分析和基于Volterra核的非线性频谱分析。时域分析主要以统计特征分析为主，研究信号关键特征的时域分布；频域分析以傅里叶变换为基础，分析信号幅频特性分布；时频域分析是研究信号在时域和频域上的特征分布，是一种更广泛的特征提取方法，尤其适合于非平稳信号中出现的瞬态特征成分分析；基于Volterra核的非线性频谱分析是对系统加入特殊形式的输入信号，获取输出信号，由输入和输出估计出系统的非线性频谱，该频谱能够代表系统的整体特性，也称为非线性传递谱。

3.1 时域分析

时域分析是对传感器采集到的原始信号构成和关键特征在时间坐标轴上进行描述。时域分析比较直观，并且易于理解，通过对信号振幅、形状等特征进行分析可以直观地反映设备当前的运行状态。在对时域信号进行分析时，除了 2.2.2 章节中提到的均值、峰值、方差等13 个一维指标以外，还包括以下几种二维特征指标。

3.1.1 马尔可夫转移场

马尔可夫转移场（Markov Transition Field，MTF）是基于马尔可夫转移矩阵的一种时间序列图像编码方法。该方法将时间推移看成是一个马尔可夫过程，即在已知目前状态的条件下，它未来的演变不依赖于它以往的演变，由此构造马尔可夫转移矩阵，进而拓展为马尔可夫转移场，实现图像编码。对于一个时间序列 $X = (x_t, t = 1, 2, \cdots, T)$，具体编码过程如下：

步骤 1：将时间序列信号 $X(t)$ 分成 Q 个分位箱，每个分位箱内的数据量相同。

步骤 2：将时间序列中每一个数据更改为其对应的分位箱的序号。

步骤 3：构造转移矩阵 W（ω_{ij} 表示分位箱 i 转移到分位箱 j 的概率）详见式（3-1）。

$$W = \begin{bmatrix} \omega_{11} & \omega_{12} & \cdots & \omega_{1Q} \\ \omega_{21} & \omega_{22} & \cdots & \omega_{2Q} \\ \vdots & & \ddots & \vdots \\ \omega_{Q1} & \omega_{Q2} & \cdots & \omega_{QQ} \end{bmatrix} \tag{3-1}$$

步骤 4：构造马尔可夫转移场 M，详见式（3-2）。

$$M = \begin{bmatrix} \omega_{ij}|x_1 \in q_i, x_1 \in q_j & \cdots & \omega_{ij}|x_1 \in q_i, x_N \in q_j \\ \omega_{ij}|x_2 \in q_i, x_1 \in q_j & \cdots & \omega_{ij}|x_2 \in q_i, x_1 \in q_j \\ \vdots & \ddots & \vdots \\ \omega_{ij}|x_N \in q_i, x_1 \in q_j & \cdots & \omega_{ij}|x_N \in q_i, x_1 \in q_j \end{bmatrix} \tag{3-2}$$

通过上述步骤，MTF 可以将时间序列转换为具有时间相关性的二维图像，以电机振动信号为例，其对应的 MTF 特征如图 3-1 所示。

```
clc
clear
s= xlsread('D:\电机数据 \CSV_3.csv');
t=s(1:1000,1);
X1= s(1:1000,2);
m = length(X1);
%数据初始化[0,1]
X = (X1-min(X1))/(max(X1)-min(X1));
%%构造转移矩阵 W
N = length(X);
%分出 Q 个分位箱(按照个数),从小往大:1、2、3、4
Q = 4;
% X_Q 把每个元素标记为分为箱 1、2、3、4,
X_Q = ones(1,N);
j = 0;
%初始化 k
k = ones(1,Q+1);
for i = 2 :Q+1
    %循环计算小于 j 的数据个数,达到阈值时跳出循环
    while( sum(X < j)< N * (i-1)/ Q)
        j = j + 0.0001;
    end
    %记录每一个分位箱的阈值
    k(i)= j;
    %将原先的数据向量变成对应的分位箱次序向量
    X_Q(find(X < k(i)& X > k(i-1)))= i-1;
end
%%计算马尔可夫矩阵
sum_14 = 0;
sum_13 = 0;
sum_24 = 0;
sum_12 = 0;
sum_23 = 0;
sum_34 = 0;
sum_11 = 0;
sum_22 = 0;
sum_33 = 0;
sum_44 = 0;
```

```
sum_21 = 0;
sum_32 = 0;
sum_43 = 0;
sum_31 = 0;
sum_42 = 0;
sum_41 = 0;
for i = 1:N-1
    switch(X_Q(i)-X_Q(i+1))
        case-3
    sum_14 = sum_14 + 1;
        case-2
            switch(X_Q(i))
                case 1
                    sum_13 = sum_13 + 1;
                case 2
                    sum_24 = sum_24 +1;
            end
        case-1
            switch(X_Q(i))
                case 1
                    sum_12 = sum_12 + 1;
                case 2
                    sum_23 = sum_23 + 1;
                case 3
                    sum_34 = sum_34 + 1;
            end
        case 0
            switch(X_Q(i))
                case 1
                    sum_11 = sum_11 + 1;
                case 2
                    sum_22 = sum_22 + 1;
                case 3
                    sum_33 = sum_33 + 1;
                case 4
                    sum_44 = sum_44 + 1;
            end
        case 1
            switch(X_Q(i))
                case 2
                    sum_21 = sum_21 + 1;
```

```
                case 3
                    sum_32 = sum_32 + 1;
                case 4
                    sum_43 = sum_43 + 1;
            end
        case 2
            switch(X_Q(i))
                case 3
                    sum_31 = sum_31 + 1;
                case 4
                    sum_42 = sum_42 + 1;
            end
        case 3
            sum_41 = sum_41 + 1;
    end
end
W = [sum_11 sum_12 sum_13 sum_14;
    sum_21 sum_22 sum_23 sum_24;
    sum_31 sum_32 sum_33 sum_34;
    sum_41 sum_42 sum_43 sum_44];
W = W. /repmat(sum(W),[4,1])
M = zeros(N,N);
for i = 1:N
    for j = 1:N
        M(i,j)= W(X_Q(i),X_Q(j));
    end
end
figure(1)
plot(t,X1)
set(gca,'FontSize',20,'YDir','normal');
xlabel('时间/s','FontSize',20);
ylabel('振幅','FontSize',20);
figure(2)
imagesc(M)
set(gca,'FontSize',20,'YDir','normal');
colorbar
```

从图 3-1 可以看出，马尔科夫转移场将时间序列可视化，转换为特征明显的二维图像。通过建立每个分位箱与时间步长之间的依赖关系，保留信号在不同时间间隔内的相关性。MTF 图像中不同颜色代表分位箱之间转移概率大小，如果分类器采用深度学习网络，如卷积神经网络，则有利于分类器识别。

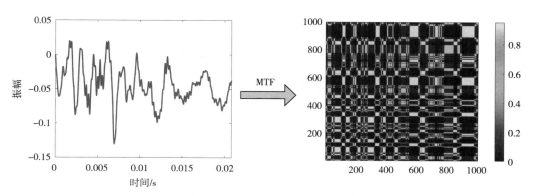

图 3-1　马尔可夫转移场变换实例

3.1.2　格拉姆角场

格拉姆角场（Gramian Angular Field，GAF）是结合坐标变换和格拉姆矩阵的相关知识，实现将时间序列变换成图像的一种编码方法。格拉姆矩阵由两两向量的内积组成，可以保存时间序列的时间依赖性，却不能有效地区分价值信息和高斯噪声。因此，在进行格拉姆矩阵变换之前，时间序列需要进行空间变换，普遍的方法是将笛卡尔坐标系转换成极坐标系（半径、角度）。

对于一个时间序列 $X = (x_t, \ t = 1, \ 2, \ \cdots, \ T)$，其具体图像编码过程如下：

步骤 1：对时间序列进行归一化，详见式（3-3）。

$$x_i = \frac{[x_i - \max(X)] + [x_i - \min(X)]}{\max(X) - \min(X)} \tag{3-3}$$

步骤 2：将步骤 1 得到的数据进行极坐标变换，得到每一个数据点对应的半径和角度，详见式（3-4）。

$$\begin{cases} \phi = \arccos(\tilde{x}_i), \ -1 \leqslant \tilde{x}_i \leqslant 1, \ \tilde{x}_i \in \tilde{X} \\ r = \dfrac{t_i}{N}, \ t_i \in \mathrm{N} \end{cases} \tag{3-4}$$

步骤 3：利用和角关系和差角关系，得到对应的 GASF 图和 GADF 图，可见式（3-5）。

$$\mathrm{GASF} = [\cos(\phi_i + \phi_j)] = \tilde{X}' \cdot \tilde{X} - \sqrt{I - \tilde{X}^2}' \cdot \sqrt{I - \tilde{X}^2}$$
$$\mathrm{GADF} = [\sin(\phi_i - \phi_j)] = \sqrt{I - \tilde{X}^2}' \cdot \tilde{X} - \tilde{X}' \cdot \sqrt{I - \tilde{X}^2} \tag{3-5}$$

下面以电机振动信号为例，其对应的 GASF 和 GADF 特征如图 3-2 所示。

```
clc
clear
s = xlsread('D:\电机数据\CSV_3.csv');
t=s(1:1000,1)';
X1= s(1:1000,2)';
%将数据归一化[1,-1]
X= ((X1-max(X1))+ (X1-min(X1)))/(max(X1)-min(X1));
%求极坐标
fai = acos(X);
```

```
%生成 GASF/GADF
GASF = X' * X−sqrt(1−X.^2)' * sqrt(1−X.^2);
GADF = sqrt(1−X.^2)' * X + X' * sqrt(1−X.^2);
%%显示图(热力图)
figure(1)
plot(t,X1)
set(gca,'FontSize',20,'YDir','normal');
xlabel('时间/s','FontSize',20);
ylabel('振幅','FontSize',20); figure(1);
figure(2)
imagesc(GASF)
title('GASF')
set(gca,'FontSize',20,'YDir','normal')
colorbar
figure(3)
imagesc(GADF)
title('GADF');
set(gca,'FontSize',20,'YDir','normal');
colorbar
```

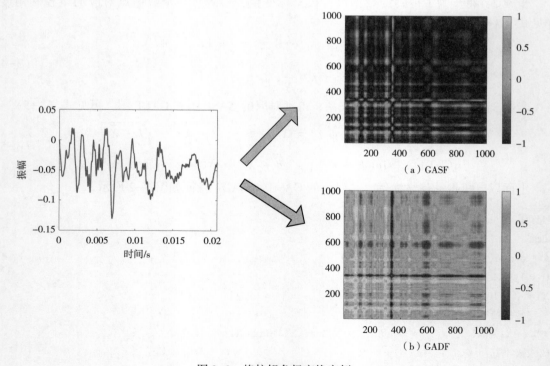

图 3-2　格拉姆角场变换实例

3.1.3　递归图

递归图（Recurrence plots，RP）是将时间序列的时域空间变换到相空间，从而将时域中的每个点 x_i 变换成相空间的对应状态 $\vec{S}_i$；接着计算每两个状态（向量）之间的距离（向量范数）；然后进行阈值二值化，得到递归图中对应两个状态之间的特征。

RP 可用一系列递归矩阵来表示，详见式（3-6）。

$$\boldsymbol{R}_{i,j}(\varepsilon) = \Theta(\varepsilon - \|\vec{s}_l - \vec{s}_j\|),\ i,j = 1,\ \cdots,\ N \tag{3-6}$$

式中：$\boldsymbol{R}_{i,j}$ 为 $N \times N$ 的方阵；ε 为距离阈值，使得 $\boldsymbol{R}_{i,j} \in \{0,\ 1\}$；$\Theta(\cdot)$ 为 Heaviside 函数。

其算法流程为：

步骤 1：由时间序列得到相空间状态集。

步骤 2：计算每两个状态之间的距离（向量范数）。

步骤 3：进行阈值二值化，得到递归图矩阵。

下面以电机振动信号为例，其对应的 RP 特征如图 3-3 所示。

```
clc
clear
s= xlsread('D:\电机数据\CSV_3.csv');
t=s(1:1000,1)';
X1= s(1:1000,2)';
X = (X1-min(X1))/(max(X1)-min(X1));
N = length(X);
%%生成RP
%转换为相空间,第一个元素为高度,第二个元素为下一个位置的高度。
S = [X(1:end-1)',X(2:end)'];
%参数设置
% etheta = 0;
for i = 1:N-1
    for j = 1:N-1
%           R(i,j)= theta(etheta-sum((S(i,:)-S(j,:)).^2));
        R(i,j)= sum((S(i,:)-S(j,:)).^2);
    end
end
R = (R-min(min(R)))/(max(max(R))-min(min(R))) * 4;
%%显示图(热力图)
figure(1)
plot(t,X1)
set(gca,'FontSize',20,'YDir','normal');
xlabel('时间/s','FontSize',20);
ylabel('振幅','FontSize',20); figure(1);
figure(2)
imagesc(R)
```

```
title( ' RP' ) ;
set( gca, ' FontSize' ,20, ' YDir' , ' normal' ) ;
colorbar
```

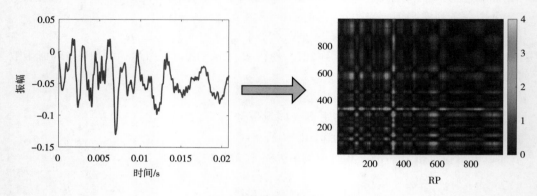

图 3-3　递归图变换实例

3.1.4　图形差分场

图形差分场（Motif Difference Field，MDF）的思想是：给定一个时间序列 $X = (x_t,\ t = 1,\ 2,\ \cdots,\ T)$，假设需要得到的图像数量为 n（$1 < n < N$），再设定不同步长 d [$1 \leqslant d \leqslant d_{max}$，$d_{max} = (N-1) / (n-1)$]，不同长度 s [$s = 1,\ 2,\ 3,\ \cdots,\ N - (n-1)d$] 的时间窗口，以此多次提取时间序列原始图像的某一段，经过组合变换获得 n 个图像。具体过程如下：

步骤 1：根据时间序列 X，得到如图式（3-7）所示的图形集。
$$M_d^n = \{M_{d,s}^n,\ s = 1,\ 2,\ 3,\ \cdots,\ T - (n-1)d\} \tag{3-7}$$
式中：$M_{d,s}^n = [x_t,\ t = s,\ s+d,\ s+2d,\ \cdots,\ s+(n-1)d]$，$s$ 相当于一个时间窗口，d 相当于步长，t 相当于移动窗口。

步骤 2：得到如式（3-8）所示的图形差分集。
$$dM_d^n = \{dM_{d,s}^n,\ s = 1,\ 2,\ 3,\ \cdots,\ T - (n-1)d\} \tag{3-8}$$
式中：$dM_{d,s}^n = [x_{s+d} - x_s,\ x_{s+2d} - x_{s+d},\ \cdots,\ x_{s+(n-1)d} - x_{s+(n-2)d}]$，共有 $(n-1) \times d_{max}$ 个图形。

步骤 3：定义新序列 $I_{d,s}^n$，通过补零操作使得序列长度一致，详见式（3-9）。
$$I_{d,s}^n = \begin{cases} dM_{d,s}^n, & 1 \leqslant s \leqslant N - (n-1)d \\ 0, & N - (n-1)d < s \leqslant N - (n-1) \end{cases} \tag{3-9}$$

步骤 4：定义图形差分场，详见式（3-10）；
$$\mathrm{MDF}^n = \{I_1^n,\ I_2^n,\ \cdots,\ I_{d_{max}}^n\} \tag{3-10}$$
式中：I_d^n 为步长 d 对应的（$n-1$）个序列集，这样图形差分场可以生成对应的（$n-1$）个通道图像。

步骤 5：针对第 i 个通道，定义图像数组如式（3-11）所示。
$$G_i^n = [\ \vec{I}_1^n(i),\ \vec{I}_2^n(i),\ \cdots,\ \vec{I}_d^n(i),\ \cdots \vec{I}_{d_{max}}^n(i)]N \tag{3-11}$$

式中：$\overrightarrow{I}_d^n(i) = [\overrightarrow{I}_{d,1}^n(i)$, $\overrightarrow{I}_{d,2}^n(i)$, $\cdots$, $\overrightarrow{I}_{d,T-n+1}^n(i)]N$, $1 \leqslant i \leqslant n-1$

步骤 6：填补 G_i^n 中的零元素，定义 MDF 图像的每一个通道，详见式（3-12）。

$$IMG_i^n = G_i^n + K^n \odot G_i'^n \tag{3-12}$$

式中：$K_{d,s}^n = \begin{cases} 0, & 1 \leqslant s \leqslant N-(n-1)d \\ 1, & N-(n-1)d < s < N-(n-1) \end{cases}$，$G_i'^n$ 是由 G_i^n 旋转而来。

下面以电机振动信号为例，其对应的 MDF 特征如图 3-4 所示。

```
clc
clear
s = xlsread('D:\电机数据\CSV_3.csv');
t=s(1:1000,1);
X1 = s(1:1000,2);
X = (X1-min(X1))/(max(X1)-min(X1));
m = length(X);
%%%%%%%%%%% MDF %%%%%%%%%%%%%%%%%
n = 4; %图数量
%根据设置的图数量,循环生成
%根据图数量,生成窗口步长序列 1:dMax
dMax = floor((m-1)/(n-1));
%循环生成图集和差分图集
for d = 1 :dMax
    s = 1:m-(n-1)*d;
    for j = 1:n
        M(:,d,j)= zeros(m-n+1,1);
        M(1:length(s),d,j)= X(s+(j-1)*d);
        if j > 1
            %生成差分图集
            dM(:,d,j-1)= M(:,d,j)-M(:,d,j-1);
            K(:,d,j-1)= ones(m-n+1,1);
            K(1:length(s),d,j-1)= 0;
        end
    end
end
%生成图形差分场
MDF = dM;
G = MDF;
IMG = G + K.* rot90(rot90(G));
%%显示图(热力图)
for i = 1:n-1
    im(i)= figure(i);
```

```
        imagesc( IMG( : , : ,i) )
        title( [ ' 第' ,num2str( i ) ,' 幅图' ] ) ;
        set( gca ,' FontSize' ,20 ,' YDir' ,' normal' )
        colorbar
saveas( im( i ) , [ ' MDF_1( n=' ,num2str( n ) ,' )第' ,num2str( i ) ,' 张图 . bmp' ] ) ;
end
figure( n )
plot( t ,X1 )
set( gca ,' FontSize' ,20 ,' YDir' ,' normal' ) ;
xlabel( ' 时间/s' ,' FontSize' ,20 ) ;
ylabel( ' 振幅' ,' FontSize' ,20 ) ;
```

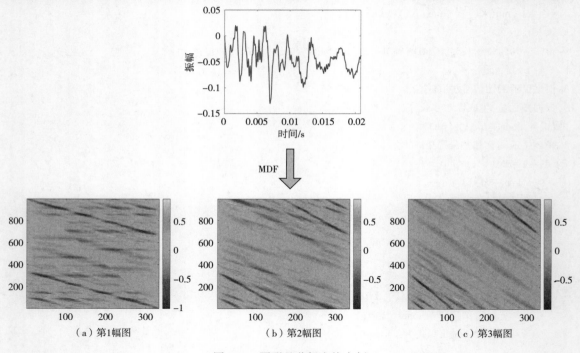

图 3-4 图形差分场变换实例

3.1.5 相对位置矩阵

相对位置矩阵（Relative Position Matrix，RPM）包含了原始时间序列的冗余特征，使转换后的图像中类间和类内的相似度信息更容易被捕捉。对于一个时间序列 $X = (x_t, t = 1, 2, \cdots, T)$，可以通过以下步骤得到 RPM 图。

步骤 1：针对原始时间序列，通过以下 z 分值标准化的方法得到一个标准正态分布 Z，详见式（3-13）。

$$z_t = \frac{x_t - \mu}{\sigma}, \ t = 1, 2, \cdots, N \tag{3-13}$$

式中：μ 为 X 的平均值，σ 为 X 的标准差。

步骤 2：采用分段聚合近似方法，选取一个合适的缩减因子 k，生成一个新的平滑时间序列 $\widetilde{X}$，将维度 N 降低至 m，详见式（3-14）。

$$\widetilde{x}_i = \begin{cases} \dfrac{1}{k}\displaystyle\sum_{j=k\times(i-1)+1}^{k\times i} z_j, \ i=1,\ 2,\ \cdots,\ m, \ \left\lceil\dfrac{N}{k}\right\rceil - \left\lceil\dfrac{N}{k}\right\rceil = 0 \\[2em] \begin{cases} \dfrac{1}{k}\displaystyle\sum_{j=k\times(i-1)+1}^{k\times i} z_j, \ i=1,\ 2,\ \cdots,\ m-1 \\[1.5em] \dfrac{1}{N-k\times(m-1)}\displaystyle\sum_{j=k\times(m-1)+1}^{N} z_j \end{cases}, \ \left\lceil\dfrac{N}{k}\right\rceil - \left\lceil\dfrac{N}{k}\right\rceil > 0 \end{cases} \tag{3-14}$$

$$m = \left\lceil\dfrac{N}{k}\right\rceil$$

通过计算分段常数的平均值进行降维，可以保持原始时间序列的进行趋势，最终新的平滑时间序列 $\widetilde{X}$ 的长度为 m。

步骤 3：计算两个时间戳之间的相对位置，将预处理后的时间序列转换为二维矩阵 $\boldsymbol{M}$，详见式（3-15）。

$$\boldsymbol{M} = \begin{bmatrix} \widetilde{x}_1 - \widetilde{x}_1 & \widetilde{x}_2 - \widetilde{x}_1 & \cdots & \widetilde{x}_m - \widetilde{x}_1 \\ \widetilde{x}_1 - \widetilde{x}_2 & \widetilde{x}_2 - \widetilde{x}_2 & \cdots & \widetilde{x}_m - \widetilde{x}_2 \\ \vdots & \vdots & \ddots & \vdots \\ \widetilde{x}_1 - \widetilde{x}_m & \widetilde{x}_2 - \widetilde{x}_m & \cdots & \widetilde{x}_m - \widetilde{x}_m \end{bmatrix} \tag{3-15}$$

改矩阵表征了时间序列中每两个时间戳之间的相对位置关系，其每一行和每一列都以某一个时间戳为参考，进一步表征整个序列的信息。

步骤 4：将 $\boldsymbol{M}$ 进行归一化，最终得到相对位移矩阵 $\boldsymbol{F}$，详见式（3-16）。

$$\boldsymbol{F} = \frac{\boldsymbol{M} - \min(\boldsymbol{M})}{\max(\boldsymbol{M}) - \min(\boldsymbol{M})} \times 255 \tag{3-16}$$

下面以电机振动信号为例，其对应的 RPM 特征如图 3-5 所示。

```
clc
clear
s = xlsread('D:\电机故障\CSV.csv');
t=s(1:1000,1)';
X = s(1:1000,2)';
mu = mean(X);
sigma = sqrt(var(X));
Z = (X-mu)/sigma;
k = 2;
N = length(X);
m = ceil(N/k);
if ceil(N/k)-floor(N/k)==0
    for i = 1:m
```

```
        X2(i)= 1/k * sum(Z(k*(i-1)+1:k*i));
    end
else
    for i = 1:m-1
        X2(i)= 1/k * sum(Z(k*(i-1)+1:k*i));
    end
    X2(m)= 1/(N-k*(m-1)) * sum(Z(k*(m-1)+1:N));
end
M = repmat(X2,m,1)-repmat(X2',1,m);
F = (M-min(M(:)))/(max(M(:)))-min(M(:)) * 255;
figure(1)
imagesc(F)
title('RPM');
set(gca,'FontSize',20,'YDir','normal');
colorbar
figure(2)
plot(t,X)
set(gca,'FontSize',20,'YDir','normal');
xlabel('时间/s','FontSize',20);
ylabel('振幅','FontSize',20);
```

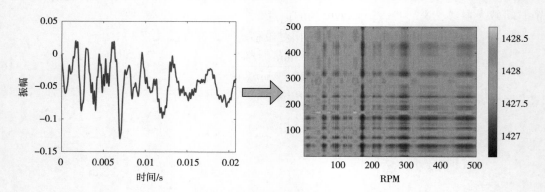

图 3-5 相对位置矩阵变换实例

3.2 频域分析

时域分析虽然能够提取信号的关键特征，但是它提取到的特征信息有限，不能准确刻画信号的频率特性。频域分析能够在频域上描述和提取信号特征，其更加全面体现信息的基本特性，因此被广泛采用。频域分析是以傅里叶变换（Fourier Transform，FT）为基础，先后衍生了快速傅里叶变换（Fast Fourier Transform，FFT）、功率谱估计、倒频谱分析和包络谱分析等。

3.2.1　傅里叶变换

傅里叶变换是将一个在实数域上满足绝对可积条件的任意函数展开成一个标准函数的加权求和，其变换过程见式（3-17）。

$$X(j\omega) = \int_{-\infty}^{+\infty} x(t)\,e^{-j\omega t}\,dt \tag{3-17}$$

其逆变换见式（3-18）。

$$x(t) = \frac{1}{2\pi} \int_{-\infty}^{+\infty} X(j\omega)\,e^{j\omega t}\,d\omega \tag{3-18}$$

为了能够在计算机上实现信号的频域分析，往往对时域信号进行离散化处理，具体如式（3-19）所示。

$$X(k) = \sum_{n=0}^{N-1} x(n)\,e^{-j\frac{2\pi}{N}nk} \tag{3-19}$$

其逆变换见式（3-20）。

$$x(n) = \frac{1}{N} \sum_{k=0}^{N-1} X(k)\,e^{j\frac{2\pi}{N}nk} \tag{3-20}$$

从上述公式可以看出，时域信号经过傅里叶变换之后，时间信号转换了频率信号，展现出了信号各个频率成分分布的情况。下面以一个标准正弦信号和一个电机振动信号为例，其傅里叶变换结果分别如图 3-6、图 3-7 所示。

```
clc
clear
Fs = 1000;%采样率
T = 1/Fs;%采样间隔
L = 1000;%信号长度
t = (0:L-1) * T;%时间向量
x = 2 * sin(2 * pi * 30 * t)+4 * sin(2 * pi * 40 * t)+8 * sin(2 * pi * 60 * t); % 频率分别为 30Hz\40Hz\60Hz
的合成信号
Y=fft(x);%对原始信号进行傅里叶变换
P2=abs(Y/L);
P1 = P2(1:L/2+1);%单侧谱
f = Fs * (0:L-1)/L;
f1 = Fs * (0:(L/2))/L;%横坐标坐标变换
%信号频谱图
figure
subplot(2,1,1)
plot(t,x)
title('2 * sin(2 * pi * 30 * t)+4 * sin(2 * pi * 40 * t)+8 * sin(2 * pi * 60 * t)');
xlabel('时间/s','FontSize',20);
```

```
ylabel（'振幅'，'FontSize'，20）;
set（gca，'FontSize'，20，'YDir'，'normal'）;
subplot（2，1，2）
plot（f1，P1）
title（'FFT'）;
xlabel（'频率/Hz)'）;
ylabel（'幅值'）;
set（gca，'FontSize'，20，'YDir'，'normal'）;
s = xlsread（'D:\电机数据 \CSV_3. csv'）;
t=s（1:1000,1）;
x= s（1:1000,2）;
Y=fft（x）;%对原始信号进行傅里叶变换
L=1000;
Fs=4000;
P2=abs（Y/L）;
P1 = P2（1:L/2+1）;%单侧谱
f = Fs * （0:L-1）/L;
f1 = Fs * （0:（L/2））/L;%横坐标坐标变换
%信号频谱图
figure
subplot（2，1，1）
plot（t，x）
title（'时域信号'）;
xlabel（'时间/s'，'FontSize'，20）;
ylabel（'振幅'，'FontSize'，20）;
set（gca，'FontSize'，20，'YDir'，'normal'）;
subplot（2，1，2）
plot（f1，P1）
title（'FFT'）;
xlabel（'频率/Hz)'）;
ylabel（'幅值'）;
set（gca，'FontSize'，20，'YDir'，'normal'）;
```

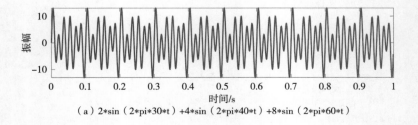

（a）2*sin（2*pi*30*t）+4*sin（2*pi*40*t）+8*sin（2*pi*60*t）

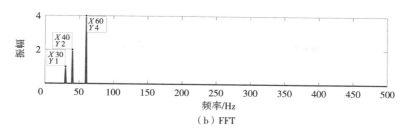

（b）FFT

图 3-6 随机正弦信号 FFT 变换实例

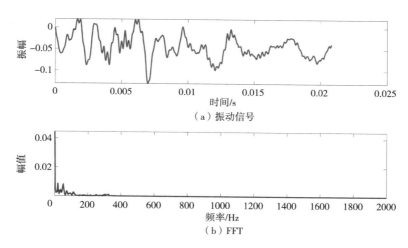

（a）振动信号

（b）FFT

图 3-7 某电机振动信号 FFT 变换实例

3.2.2 功率谱估计

功率谱反映了信号的功率随频率变化的分布，它包括经典功率谱估计和现代功率谱估计。人们最初采用经典功率谱估计，但是经典功率谱估计采用周期图法时假定数据窗以外的数据全为零，采用自相关法时又假定自相关函数为零，这些假定与实际不符，导致分辨率降低和谱估计不稳定。在现代功率谱估计方法中，基于参数建模的 AR 模型功率谱估计能弥补这一缺陷，改善了功率谱估计的频率分辨率。AR 功率谱估计思想为：先对时间序列信号建立 AR 模型，再用模型系数计算信号的自功率谱，具体步骤如下。

步骤 1：建立一个有白噪声的序列 $u(n)$ 就可以产生平稳信号序列 $x(n)$ 的系统 $H(z)$。

步骤 2：由已知的序列 $x(n)$ 或其自相关函数 $r_x(m)$ 估计出系统 $H(z)$ 的参数。

步骤 3：根据 $H(z)$ 的参数估计序列 $x(n)$ 的功率谱 $\hat{P}_x(k)$。

AR 模型的一般表达式见式（3-21）。

$$x(n) = u(n) - \sum_{k=1}^{N} a_k x[n-k] \tag{3-21}$$

式中：$x(n)$ 为自回归时间序列；$u(n)$ 为具有零均值、方差为 σ_B^2 的正态分布的有限带宽白噪声；N 为模型的阶次。

根据自功率谱的定义，利用传递函数可求出信号的单边谱，详见式（3-22）。

$$G_{y}(f) = \frac{2T_{s}\sigma_{B}^{2}}{\left| 1 + \sum_{k=1}^{N} a_{k}e^{-2\pi ikT_{s}} \right|^{2}} \tag{3-22}$$

式中：$f \in [0, f_{s}/2]$；$T_{s} = 1/f_{s}$，f_{s} 为采样频率。

下面以正弦信号和电机振动信号为例，分别利用经典功率谱估计和现代功率谱估计方法对其进行转换，其结果分别如图 3-8、图 3-9 所示。

```
clc
clear
Fs=1000;
n=0:1/Fs:1;
xn=cos(2*pi*50*n)+2*cos(2*pi*150*n)+randn(size(n));
nfft=1024;
window=boxcar(100); %矩形窗
window1=hamming(100); % Harmming 窗
noverlap=20; %数据无重叠
range=' onesided' ; %频率间隔为[0 Fs/2]，只计算一半的频率
[Pxx1,f]=pwelch(xn,window,noverlap,nfft,Fs,range);
[Pxx2,f]=pwelch(xn,window1,noverlap,nfft,Fs,range);
[Pxx3,f]=pyulear(xn,35,nfft,Fs,range);
[Pxx4,f]=pmtm(xn,5,nfft,Fs,range);
[Pxx5,f]=pmusic(xn,6,nfft,Fs,range);
[Pxx6,f]=peig(xn,6,nfft,Fs,range);
[Pxx7,f]=pburg(xn,30,nfft,Fs,range);
[Pxx8,f]=periodogram(xn,[ ],nfft,Fs,range);
plot_Pxx1=10*log10(Pxx1);%将计算出的功率谱通过换算成分贝单位
plot_Pxx2=10*log10(Pxx2);
plot_Pxx3=10*log10(Pxx3);
plot_Pxx4=10*log10(Pxx4);
plot_Pxx5=10*log10(Pxx5);
plot_Pxx6=10*log10(Pxx6);
plot_Pxx7=10*log10(Pxx7);
plot_Pxx8=10*log10(Pxx8);
figure(1)
subplot(2,4,1)
plot(f,plot_Pxx1);
title(' Welch 方法-矩形窗' );
xlabel(' 频率/Hz' );ylabel(' 功率谱/dB' );
set(gca,'FontSize' ,14,'YDir' ,'normal' );
subplot(2,4,2)
plot(f,plot_Pxx2);
```

```matlab
title('Welch 方法— Hamming 窗');
xlabel('频率/Hz');ylabel('功率谱/dB');
set(gca,'FontSize',14,'YDir','normal')
subplot(2,4,3)
plot(f,plot_Pxx3);
title('pyulear 方法');
xlabel('频率/Hz');ylabel('功率谱/dB');
set(gca,'FontSize',14,'YDir','normal');
subplot(2,4,4)
plot(f,plot_Pxx4);
title('pmtm 方法');
xlabel('频率/Hz');ylabel('功率谱/dB');
set(gca,'FontSize',14,'YDir','normal');
subplot(2,4,5)
plot(f,plot_Pxx5);
title('pmusic 方法');
xlabel('频率/Hz');ylabel('功率谱/dB');
set(gca,'FontSize',14,'YDir','normal')
subplot(2,4,6)
plot(f,plot_Pxx6);
title('peig 方法');
xlabel('频率/Hz');ylabel('功率谱/dB');
set(gca,'FontSize',14,'YDir','normal')
subplot(2,4,7)
plot(f,plot_Pxx7);
title('pburg 方法');
xlabel('频率/Hz');ylabel('功率谱/dB');
set(gca,'FontSize',14,'YDir','normal')
subplot(2,4,8)
plot(f,plot_Pxx8);
title('periodogram 方法');
xlabel('频率/Hz');ylabel('功率谱/dB');
set(gca,'FontSize',14,'YDir','normal')
%%%%%% 以电机振动信号为例
s = xlsread('D:\电机数据\CSV_3.csv');
xn= s(1:1000,2);
nfft=1024;
window=boxcar(100);  % 矩形窗
window1=hamming(100);  % Harmming 窗
noverlap=20;  % 数据无重叠
range='onesided';  % 频率间隔为[0 Fs/2],只计算一半的频率
```

```
[Pxx1,f]=pwelch(xn,window,noverlap,nfft,Fs,range);
[Pxx2,f]=pwelch(xn,window1,noverlap,nfft,Fs,range);
[Pxx3,f]=pyulear(xn,35,nfft,Fs,range);
[Pxx4,f]=pmtm(xn,5,nfft,Fs,range);
[Pxx5,f]=pmusic(xn,6,nfft,Fs,range);
[Pxx6,f]=peig(xn,6,nfft,Fs,range);
[Pxx7,f]=pburg(xn,30,nfft,Fs,range);
[Pxx8,f]=periodogram(xn,[],nfft,Fs,range);
plot_Pxx1=10*log10(Pxx1);%将计算出的功率谱通过换算成分贝单位
plot_Pxx2=10*log10(Pxx2);
plot_Pxx3=10*log10(Pxx3);
plot_Pxx4=10*log10(Pxx4);
plot_Pxx5=10*log10(Pxx5);
plot_Pxx6=10*log10(Pxx6);
plot_Pxx7=10*log10(Pxx7);
plot_Pxx8=10*log10(Pxx8);
figure(2)
subplot(2,4,1)
plot(f,plot_Pxx1);
title('Welch 方法-矩形窗');
xlabel('频率/Hz');ylabel('功率谱/dB');
set(gca,'FontSize',14,'YDir','normal');
subplot(2,4,2)
plot(f,plot_Pxx2);
title('Welch 方法— Hamming 窗');
xlabel('频率/Hz');ylabel('功率谱/dB');
set(gca,'FontSize',14,'YDir','normal');
subplot(2,4,3)
plot(f,plot_Pxx3);
title('pyulear 方法');
xlabel('频率/Hz');ylabel('功率谱/dB');
set(gca,'FontSize',14,'YDir','normal');
subplot(2,4,4)
plot(f,plot_Pxx4);
title('pmtm 方法');
xlabel('频率/Hz');ylabel('功率谱/dB');
set(gca,'FontSize',14,'YDir','normal');
subplot(2,4,5)
plot(f,plot_Pxx5);
title('pmusic 方法');
xlabel('频率/Hz');ylabel('功率谱/dB');
```

```
set( gca,' FontSize' ,14,' YDir' ,' normal' );
subplot( 2,4,6 )
plot( f,plot_Pxx6 );
title(' peig 方法' );
xlabel(' 频率/Hz' );ylabel(' 功率谱/dB' );
set( gca,' FontSize' ,14,' YDir' ,' normal' );
subplot( 2,4,7 )
plot( f,plot_Pxx7 );
title(' pburg 方法' );
xlabel(' 频率/Hz' );ylabel(' 功率谱/dB' );
set( gca,' FontSize' ,14,' YDir' ,' normal' )
subplot( 2,4,8 )
plot( f,plot_Pxx8 );
title(' periodogram 方法' );
xlabel(' 频率/Hz' );ylabel(' 功率谱/dB' );
set( gca,' FontSize' ,14,' YDir' ,' normal' );
```

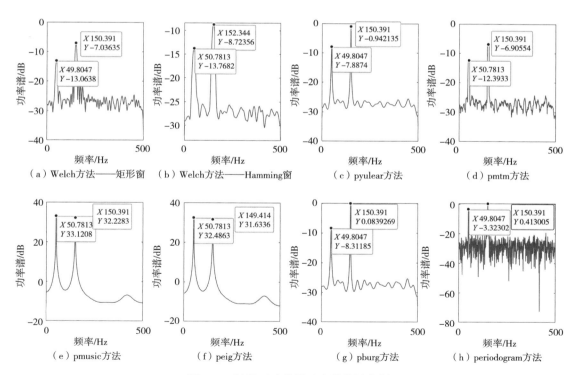

图 3-8　随机正弦信号功率谱估计实例

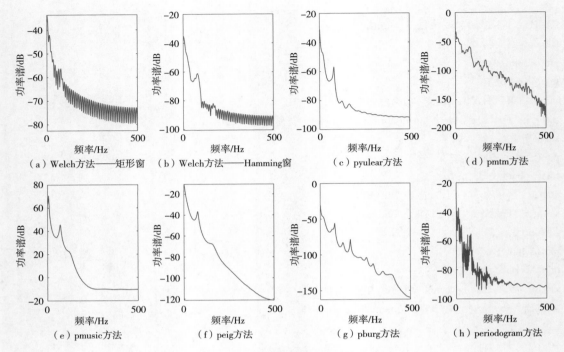

图 3-9　某电机振动信号功率谱估计实例

3.2.3　倒频谱分析

倒频谱可以分析复杂频谱图上的周期结构，分离和提取在密集调频信号中的周期成分，对于具有同族谐频、异族谐频和多成分边频等复杂信号的分析非常有效。倒频谱变换是频域信号的傅里叶积分变换的再变换。时域信号经过傅里叶积分变换可转换为频率函数或功率谱密度函数，如果频谱图上呈现出复杂的周期结构而难以分辨时，对功率谱密度取对数再进行一次傅里叶积分变换，可以使周期结构呈便于识别的谱线形式。第二次傅里叶变换的平方就是倒功率谱，即"对数功率谱的功率谱"。倒功率谱的开方即称幅值倒频谱，简称倒频谱。

简而言之，倒频谱分析技术是将时域振动信号的功率谱对数化，然后进行逆傅里叶变化后得到的倒频谱能够分析原频谱图上肉眼难以识别的周期信号特征，能将原来频谱图上成族的变频带谱线简化为单根谱线。倒频谱的水平轴为"倒频率"的伪时间，垂直轴为对应倒频率的幅值，其计算见式（3-23）~式（3-25）。

$$X(f) = \mathrm{FFT}\big[\,X(t)\,\big] \tag{3-23}$$

$$S_{xx}(f) = X^2(f) \tag{3-24}$$

$$C_{xx}(t) = \mathrm{FFT}^{-1}\big[\,10\lg S_{xx}(f)\,\big] \tag{3-25}$$

式中：$X(t)$ 为时域信号；$S_{xx}(f)$ 为信号的功率谱；$C_{xx}(t)$ 为信号的倒频谱。

下面以正弦信号为例，利用倒频谱分析方法对其进行转换，其结果如图 3-10 所示。

```
clc
clear
fs = 1000;
nfft = 1000;
x = 0:1/fs:5;
y1=10*cos(2*pi*5*x)+7*cos(2*pi*10*x)+4*cos(2*pi*20*x)+0.5*randn(size(x));
y2=30*cos(2*pi*50*x)+20*cos(2*pi*100*x)+40*cos(2*pi*250*x)+1*randn(size(x));
for i = 1:length(x)
    y(i)= y1(i)*y2(i);
end
subplot(3,1,1)
plot(x,y);title('调制信号');
xlabel('时间/s');
ylabel('幅值');
set(gca,'FontSize',20,'YDir','normal');
t = 0:1/fs:(nfft-1)/fs;
nn = 1:nfft;
subplot(3,1,2)
ft = fft(y,nfft);
Y = abs(ft);
plot(0:nfft/2-1,((Y(1:nfft/2))));
title('傅里叶变换');
xlabel('频率/Hz')
ylabel('幅值');xlim([0 300]);
set(gca,'FontSize',20,'YDir','normal');
subplot(3,1,3)
z=real(ifft(log(abs(fft(y).^2))));%%倒频谱计算
plot(t(nn),abs(z(nn)));
title('倒频谱');ylim([0 0.3]);
xlabel('时间/s');
ylabel('幅值');
set(gca,'FontSize',20,'YDir','normal');
```

　　从图 3-10 可以看出，圈红圈出有三个峰值，对应的横坐标分别是 0.05s、0.1s 和 0.2s，其对应的频率分别为 20Hz、10Hz 和 5Hz，这正是调制信号的低频分量，而这些低频分量在傅里叶变换中以边频带形式出现，肉眼不易识别，而在倒频谱中能轻易观测到，这正是倒频谱的意义。

　　以某齿轮振动信号为例，对时域信号进行倒频谱转换，其结果如图 3-11 所示。

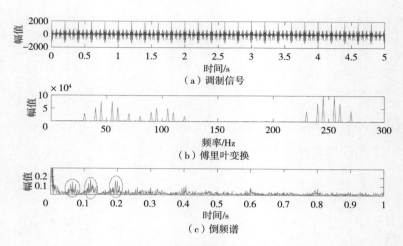

图 3-10 随机正弦信号倒频谱转换实例

```
clc
clear
s = xlsread('D:\齿轮数据\CSV_1.csv');
nfft=1000;
y= s(1:nfft,2);
t=s(1:nfft,1);
subplot(3,1,1)
plot(t,y);
title('齿轮振动信号');
xlabel('时间/s');
ylabel('幅值');
set(gca,'FontSize',20,'YDir','normal');
nn = 1:nfft;
subplot(3,1,2)
ft = fft(y,nfft);
Y = abs(ft);
plot(0:nfft/2-1,((Y(1:nfft/2))));
title('傅里叶变换');
xlabel('频率/Hz');
ylabel('幅值');xlim([0 300]);
set(gca,'FontSize',20,'YDir','normal');
subplot(3,1,3)
z=real(ifft(log(abs(fft(y.^2)))));%%倒频谱计算
plot(t(nn),abs(z(nn)));
title('倒频谱');ylim([0 0.3]);
xlabel('时间/s');
```

```
ylabel('幅值');
set(gca,'FontSize',20,'YDir','normal');
```

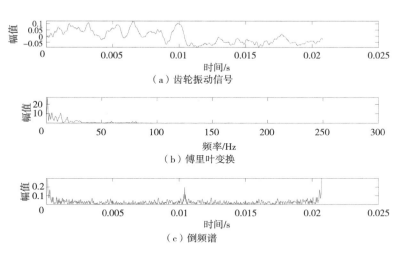

（a）齿轮振动信号

（b）傅里叶变换

（c）倒频谱

图 3-11　某齿轮振动信号倒频谱转换实例

3.2.4　包络谱分析

包络谱分析又称共振解调技术，能够实现共振频率中故障频率的解调，它能够对设备振动信号的边频带进行有效识别，找到调制信号的特征。在机械设备零部件损伤检测中，包络谱分析经常被人们用来进行轴承和齿轮故障诊断。在求信号包络谱过程中，首先要获得信号的包络线，而希尔伯特变换（Hilbert Transform）是常用的包络线提取方法之一，信号的包络线求出以后，对其进行傅里叶变换就可以得到 Hilbert 包络谱。下面介绍一下 Hilbert 包络谱求解原理。

步骤 1：将信号 $x(t)$ 和 $\dfrac{1}{\pi t}$ 做卷积计算，见式（3-26）。

$$\hat{x}(t) = H[x(t)] = x(t) \times \frac{1}{\pi t} = \frac{1}{\pi} \int_{-\infty}^{+\infty} \frac{x(t)}{t - \tau} \mathrm{d}\tau \tag{3-26}$$

步骤 2：构建复合信号，求取信号的模值，见式（3-27）。

$$z(t) = x(t) + \mathrm{j}\hat{x}(t) = a(t) \exp[\mathrm{j}\theta(t)] \tag{3-27}$$

式中：$a(t)$ 为瞬时振幅，且 $a(t) = \sqrt{x^2 + \hat{x}^2}$；$\theta(t)$ 为瞬时相位，且 $\theta(t) = \arctan\left(\dfrac{\hat{x}}{x}\right)$。

步骤 3：计算信号的包络频谱，见式（3-28）。

$$h(\omega, t) = \int_{-\infty}^{+\infty} \sqrt{x^2(t) + \hat{x}^2(t)} \exp(-\mathrm{j}2\pi\omega t) \mathrm{d}t \tag{3-28}$$

下面以某调制信号为例，利用 Hilbert Transform 对时域信号的包络谱进行计算，其结果如图 3-12 所示。

```matlab
clc
clear
fs = 10000;
t = 0:1/fs:0.1;
x = (1+cos(2*pi*50*t)).*cos(2*pi*1000*t);
y1 = hilbert(x);
env = abs(y1);%%希尔伯特变换求包络线
N = length(t);
k = abs(fft(x,N));%%对原始信号进行傅里叶变换
p = abs(fft(env,N));%%%%对包络线进行傅里叶变换,求包络谱
figure
subplot(2,2,1)
plot(t,x)
title('调制信号');
xlabel('时间/s');
ylabel('幅值');
set(gca,'FontSize',20,'YDir','normal');
subplot(2,2,2)
plot((0:N/2-1)/N*fs,k(1:N/2))
title('原始信号傅里叶变换');
xlabel('频率/Hz');
ylabel('幅值');
set(gca,'FontSize',20,'YDir','normal');
subplot(2,2,3)
plot_param = {'Color',[0.6 0.1 0.2],'Linewidth',2};
plot(t,x)
hold on
plot(t,[-1;1]*env,plot_param{:})%绘制出上下包络线
title('包络线');
xlabel('时间/s');
ylabel('幅值');
set(gca,'FontSize',20,'YDir','normal');
subplot(2,2,4)
plot((0:N/2-1)/N*fs,p(1:N/2))
title('包络谱');
xlabel('频率/Hz');
ylabel('幅值');
set(gca,'FontSize',20,'YDir','normal');
```

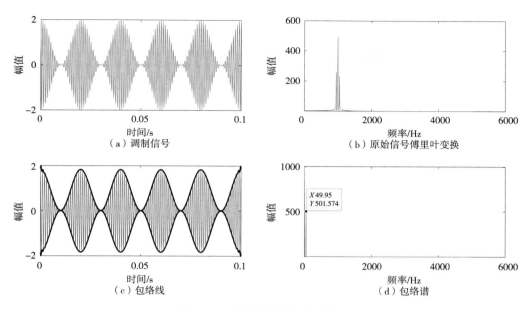

图 3-12　某调制信号包络谱提取

下面以某轴承振动信号为例，利用 Hilbert Transform 对时域信号的包络谱进行计算，其结果如图 3-13 所示。

```
clc
clear
s = xlsread('D:轴承\滚动体故障\CSV_2.csv');
fs=2000;
nfft=1000;
x= s(1:nfft,2)';
t=s(1:nfft,1)';
y1= hilbert(x);
env = abs(y1);%%希尔伯特变换求包络线
N=length(t);
k=abs(fft(x,N));%%对原始信号进行傅里叶变换
p=abs(fft(env,N));%%%对包络线进行傅里叶变换,求包络谱
figure
subplot(2,2,1)
plot(t,x)
title('轴承振动信号');
xlabel('时间/s');
ylabel('幅值');
set(gca,'FontSize',20,'YDir','normal');
subplot(2,2,2)
plot((0:N/2-1)/N * fs,k(1:N/2))
```

```
title('原始信号傅里叶变换');
xlabel('频率/Hz');
ylabel('幅值');
set(gca,'FontSize',20,'YDir','normal');
subplot(2,2,3)
plot_param = {'Color',[0.6 0.1 0.2],'Linewidth',2};
plot(t,x)
hold on
plot(t,[-1;1] * env,plot_param{:})%绘制出上下包络线
title('包络线');
xlabel('时间/s');
ylabel('幅值');
set(gca,'FontSize',20,'YDir','normal')
subplot(2,2,4)
plot((0:N/2-1)/N * fs,p(1:N/2))
title('包络谱');
xlabel('频率/Hz');
ylabel('幅值');
set(gca,'FontSize',20,'YDir','normal');
```

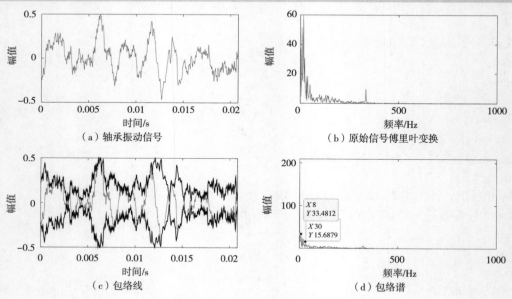

图 3-13　某轴承振动信号包络谱提取

3.3　时频域分析

对于设备的故障信号，除了需要获取信号的频域信息之外，对于非平稳信号（如振动信

号）而言，还需要分析信号的瞬态频域信息，即随时间动态变化的频域信息，这就需要对信息进行时频域分析。时频域分析提供了时间域和频率域的联合分布信息，清楚描述了信号频率随时间变化的关系，弥补了傅里叶变换无法反映变化的频率信息的缺陷。另外，在设备故障诊断研究中，由于信号的时频变换的投影图是二维图，作为深度学习网络的输入，时频信息备受青睐。常用的时频域分析方法包括短时傅里叶变换（Short Time Fourier Transform，STFT）、连续小波变换（Continue Wavelet Transform，CWT）、维格纳准概率分布（Wigner-Ville Distribution，WVD）时频分布和希尔伯特黄变换（Hilbert-Huang Transform，HHT）等。

3.3.1 短时傅里叶变换

短时傅里叶变换又称窗口傅里叶变换，其实质是信号在进行傅里叶变换之前增加了一个时域限定的窗函数 $h(t)$，加窗后使得变换为时间 t 附近的很小时间上的局部谱，窗函数在整个时间轴上平移，分别计算每个窗口的傅里叶变换，形成不同时间窗口对应的频域信息，然后拼接起来，进而实现频谱在整个时间域内的全局化。

假设非平稳信号在一定短时间内是平稳的，窗口函数 $h(t)$ 在信号上进行移动，对信号进行逐段转换。STFT 的数学表达式见式（3-29）。

$$\text{STFT}(t, \omega) = \int_{-\infty}^{+\infty} f(t)h(t-\tau)\mathrm{e}^{-\mathrm{j}\omega t}\mathrm{d}t \tag{3-29}$$

式中：$f(t)$ 为变换前的时域信号；$h(t-\tau)$ 为窗函数；τ 为窗函数中心。

常见的窗函数有矩形窗、汉宁窗、海明窗和布莱克曼窗等，具体表达式如下：

矩形窗时域及频域形式，见式（3-30）。

$$w(n) = R_N(n) = \begin{cases} 1, & 0 \leqslant n \leqslant N-1 \\ 0, & \text{其他} \end{cases}$$

$$W(\omega) = W_R(\omega) = \frac{\sin(\omega N/2)}{\sin(\omega/2)}\mathrm{e}^{-\mathrm{j}\frac{N-1}{2}\omega} \tag{3-30}$$

汉宁窗时域及频域形式，见式（3-31）。

$$w(n) = \left[0.5 - 0.5\cos\left(\frac{2\pi n}{N}\right)\right]R_N(n)$$

$$W(\omega) = 0.5W_R(\omega) + 0.25\left[W_R\left(\omega - \frac{2\pi}{N}\right) + W_R\left(\omega + \frac{2\pi}{N}\right)\right] \tag{3-31}$$

海明窗时域及频域形式，见式（3-32）。

$$w(n) = \left[0.54 - 0.46\cos\left(\frac{2\pi n}{N}\right)\right]R_N(n)$$

$$W(\omega) = 0.54W_R(\omega) + 0.23\left[W_R\left(\omega - \frac{2\pi}{N}\right) + W_R\left(\omega + \frac{2\pi}{N}\right)\right] \tag{3-32}$$

布莱克曼窗时域及频域形式，见式（3-33）。

$$w(n) = \left[0.42 - 0.5\cos\left(\frac{2\pi n}{N}\right) + 0.08\cos\left(\frac{4\pi n}{N}\right)\right]R_N(n)$$

$$W(\omega) = 0.42W_{\mathrm{R}}(\omega) + 0.25\left[W_{\mathrm{R}}\left(\omega - \frac{2\pi}{N}\right) + W_{\mathrm{R}}\left(\omega + \frac{2\pi}{N}\right)\right] +$$

$$0.04\left[W_{\mathrm{R}}\left(\omega - \frac{4\pi}{N}\right) + W_{\mathrm{R}}\left(\omega + \frac{4\pi}{N}\right)\right] \quad (3-33)$$

选择窗函数时,应使窗函数频谱的主瓣宽度尽量窄,以获得高的频率分辨能力;旁瓣衰减应尽量大,以减少频谱拖尾,但通常都不能同时满足这两个要求。各种窗的差别主要在于集中于主瓣的能量和分散在所有旁瓣的能量之比。窗的选择取决于分析的目标和被分析信号的类型。一般来说,有效噪声频带越宽,频率分辨能力越差,越难以分清有相同幅值的邻近频率。选择性(即分辨出强分量频率邻近的弱分量的能力)的提高与旁瓣的衰减率有关。通常,有效噪声带宽窄的窗,其旁瓣的衰减率较低,因此窗的选择是在二者中取折中。四种常见的窗函数参数如表 3-1 所示。

表 3-1　四种常见窗函数的参数

窗函数名称	第一旁瓣衰减 A	主瓣带宽 B	旁瓣峰值衰减 D
矩形窗	−13	$4\pi/N$	−6
汉宁窗	−32	$8\pi/N$	−18
海明窗	−41	$8\pi/N$	−6
布莱克曼窗	−58	$12\pi/N$	−48

下面以某正弦信号和轴承振动信号为例,利用 STFT 分别对其进行转换,其结果如图 3-14 和图 3-15 所示。

```
clc
clear
fs = 10e6;
n = 10000;
f1 = 1e4; f2 = 5e4; f3 =7e4; f4 = 10e4;
t = (0:n-1)'/fs;
sig1 = cos(2 * pi * f1 * t);
sig2 = cos(2 * pi * f2 * t);
sig3 = cos(2 * pi * f3 * t);
sig4 = cos(2 * pi * f4 * t);
sig = [sig1; sig2; sig3; sig4];
t1 = [(0:n-1)'/fs;(n:2 * n-1)'/fs;(2 * n:3 * n-1)'/fs;(3 * n:4 * n-1)'/fs];
window = 2048;
noverlap = window/2;
f_len = window/2 + 1;
f = linspace(0,150e3,f_len);%%限制显现区域,去除不重要信息
```

```matlab
[s,f,t] = spectrogram(sig,window,noverlap ,f,fs);%% STFT 变换,默认海明窗
Y=fft(sig);%对原始信号进行傅里叶变换
L=4 * n;%% 采样点数
P2=abs(Y/L);
P1 = P2(1:L/2+1); %单侧谱
f1 = fs * (0:(L/2))/L; %横坐标坐标变换
figure
subplot(2,2,1)
plot(t1,sig);xlabel('时间/s'); ylabel('幅值');
title('原始信号')
set(gca,'FontSize',20,'YDir','normal');
subplot(2,2,2)
plot(f1(1:500),P1(1:500));xlabel('频率/Hz'); ylabel('幅值');
title('傅里叶变换');
set(gca,'FontSize',20,'YDir','normal');
subplot(2,2,3)
mesh(t,f,20 * log10((abs(s))));xlabel('时间/s'); ylabel('频率/Hz');zlabel('幅值/dB');
colorbar;
title('STFT 时频三维图');
set(gca,'FontSize',20,'YDir','normal');
subplot(2,2,4)
imagesc(t,f,20 * log10((abs(s))));xlabel('时间/s'); ylabel('频率/Hz');
colorbar;
title('STFT 时频二维投影图');
set(gca,'FontSize',20,'YDir','normal');
%%%%%%%%%%%%%%%%%%以轴承振动信号为例
sig = xlsread('D:\轴承故障\CSV_2.csv');
fs=2000;
nfft=10000;
x= sig(1:nfft,2)';
t1=sig(1:nfft,1)';
window = 2048;
noverlap = window/2;
[s,f,t] = spectrogram(x,window,noverlap,nfft,fs);%% STFT 变换,默认海明窗
Y=fft(x);%对原始信号进行傅里叶变换
L=nfft;%% 采样点数
P2=abs(Y/L);
P1 = P2(1:L/2+1); %单侧谱
f1 = fs * (0:(L/2))/L; %横坐标坐标变换
figure
```

```
subplot(2,2,1)
plot(t1,x);xlabel('时间/s'); ylabel('幅值');
title('轴承振动信号');
set(gca,'FontSize',20,'YDir','normal');
subplot(2,2,2)
plot(f1(1:500),P1(1:500));xlabel('频率/Hz'); ylabel('幅值');
title('傅里叶变换');
set(gca,'FontSize',20,'YDir','normal');
subplot(2,2,3)
mesh(t,f,20*log10((abs(s))));xlabel('时间/s'); ylabel('频率/Hz');zlabel('幅值/dB');
colorbar;
title('STFT 时频三维图');
set(gca,'FontSize',20,'YDir','normal');
subplot(2,2,4)
imagesc(t,f,20*log10((abs(s))));xlabel('时间/s'); ylabel('频率/Hz');
colorbar;
title('STFT 时频二维投影图');
set(gca,'FontSize',20,'YDir','normal');
```

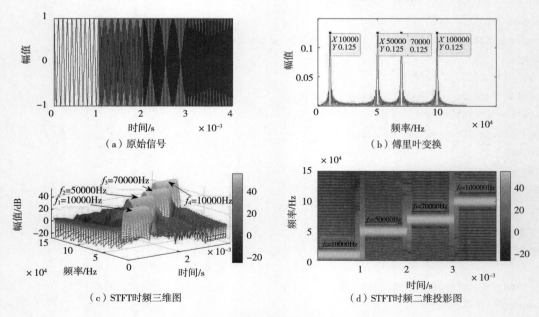

图 3-14　某正弦信号 STFT 变换

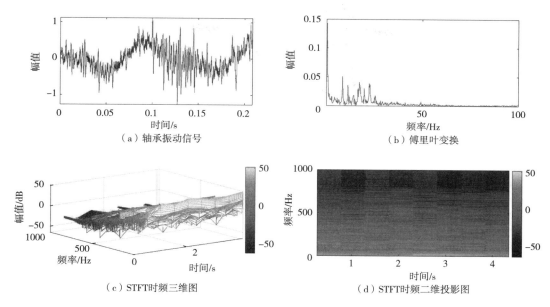

（a）轴承振动信号　　　　　（b）傅里叶变换

（c）STFT时频三维图　　　　（d）STFT时频二维投影图

图 3-15　某轴承振动信号 STFT 变换

3.3.2　连续小波变换

对于 STFT 而言，其存在以下弊端：首先，STFT 的窗口长是固定的，导致无论是低频还是高频其时域分辨率和频域分辨率是不可调的。这与希望的低频信号要具有低的时域分辨率和高的频域分辨率，高频信号要具有高的时域分辨率和低的频域分辨率不符合。其次，选择一个合适的窗宽十分困难。为了实现动态调整分辨率，我们引入小波函数系来表示信号，即：

设函数 $\psi \in L^2(R) \cap L^1(R)$，并且 $\hat{\psi}(0) = 0$，由 ψ 经伸缩和平移得到小波函数，见式（3-34）。

$$\psi_{a,b}(t) = \frac{1}{\sqrt{a}}\psi\left(\frac{t-b}{a}\right) a,\ b \in R,\ a \neq 0 \tag{3-34}$$

式中：$\psi_{a,b}(t)$ 为连续小波；a 为伸缩因子，其作用是改变连续小波的形状；b 为平移因子，其作用是改变连续小波的位移。

对于信号 $f \in L^2(R)$，其连续小波变换可以定义为如式（3-35）所示。

$$\mathrm{CWT}(a,\ b) = <f,\ \psi_{a,b}> = \frac{1}{\sqrt{a}}\int f(t)\psi^*\left(\frac{t-b}{a}\right)\mathrm{d}t \tag{3-35}$$

式中：ψ^* 为 ψ 复共轭；$<f,\ \psi_{a,b}>$ 为内积。

CWT 中的小波函数，具有紧支撑性，时域平移等同于分窗，使得 CWT 既能筛选频率，也能筛选时间。小波函数在改变频率的时候，是通过"缩放"实现的，这使得小波函数在改变频率的同时，改变了窗长。因此不同的频率，具有不同的时间和频率分辨率，实现了分辨率动态可调。

下面以某正弦信号和轴承振动信号为例，利用 CWT 分别对其进行转换，其结果如图 3-16 和图 3-17 所示。

```
clc
clear
fs = 2e3;
n = 300;
f1 = 1e2; f2 = 3e2; f3 =5e2; f4 = 7e2;
t= (0:n-1)'/fs;
sig1 = cos(2*pi*f1*t);
sig2 = cos(2*pi*f2*t);
sig3 = cos(2*pi*f3*t);
sig4 = cos(2*pi*f4*t);
sig = [sig1;sig2;sig3;sig4];
t1=[(0:n-1)'/fs;(n:2*n-1)'/fs;(2*n:3*n-1)'/fs;(3*n:4*n-1)'/fs];
wavename='cmor2-3';%%母小波函数';
totalscal=4*n;
Fc=centfrq(wavename);%小波的中心频率
c=2*Fc*totalscal;
scals=c./(1:totalscal);
f=scal2frq(scals,wavename,1/fs);%将尺度转换为频率
coefs=cwt(sig,scals,wavename);%求连续小波系数
Y=fft(sig);%对原始信号进行傅里叶变换
L=4*n;%%采样点数
P2=abs(Y/L);
P1= P2(1:L/2+1);%单侧谱
ff = fs*(0:(L/2))/L;%横坐标坐标变换
figure
subplot(2,2,1)
plot(t1,sig);xlabel('时间/s'); ylabel('幅值');
title('原始信号');
set(gca,'FontSize',20,'YDir','normal');
subplot(2,2,2)
plot(ff,P1);xlabel('频率/Hz'); ylabel('幅值');
title('傅里叶变换');
set(gca,'FontSize',20,'YDir','normal');
subplot(2,2,3)
mesh(t1,f,20*log10(abs(coefs)));xlabel('时间/s'); ylabel('频率/Hz');zlabel('幅值/dB');
colorbar;
title('CWT 时频三维图');
set(gca,'FontSize',20,'YDir','normal');
subplot(2,2,4)
imagesc(t1,f,20*log10(abs(coefs)));xlabel('时间/s'); ylabel('频率/Hz');
colorbar;
```

```
title(' CWT 时频二维投影图' );
set( gca,' FontSize' ,20,' YDir' ,' normal' );
%%%%%%%%%%%%%%%%%%%%%%%%%%%%% 以轴承振动信号为例
sig = xlsread(' D:\轴承故障\CSV_2. csv' );
fs=2000;
nfft=1000;
x= sig(1:nfft,2)' ;
t=sig(1:nfft,1)' ;
wavename=' cmor2-3' ;%% 母小波函数' ;
totalscal=nfft;
Fc=centfrq( wavename); % 小波的中心频率
c=2 * Fc * totalscal;
scals=c. /(1:totalscal);
f=scal2frq( scals,wavename,1/fs); % 将尺度转换为频率
coefs=cwt( x,scals,wavename); % 求连续小波系数
Y=fft( x);% 对原始信号进行傅里叶变换
L=nfft;%% 采样点数
P2=abs( Y/L);
P1 = P2(1:L/2+1); % 单侧谱
ff = fs * (0:(L/2))/L; % 横坐标坐标变换
figure
subplot(2,2,1)
plot(t,x);xlabel(' 时间/s' ); ylabel(' 幅值' );
title(' 轴承振动信号' );
set( gca,' FontSize' ,20,' YDir' ,' normal' );
subplot(2,2,2)
plot( ff,P1);xlabel(' 频率/Hz' ); ylabel(' 幅值' );
title(' 傅里叶变换' );
set( gca,' FontSize' ,20,' YDir' ,' normal' );
subplot(2,2,3)
mesh(t,f,20 * log10( abs( coefs)));xlabel(' 时间/s' ); ylabel(' 频率/Hz' );zlabel(' 幅值/dB' );
colorbar;
title(' CWT 时频三维图' );
set( gca,' FontSize' ,20,' YDir' ,' normal' );
subplot(2,2,4)
imagesc(t,f,20 * log10( abs( coefs)));xlabel(' 时间/s' ); ylabel(' 频率/Hz' );
colorbar;
title(' CWT 时频二维投影图' );
set( gca,' FontSize' ,20,' YDir' ,' normal' );
```

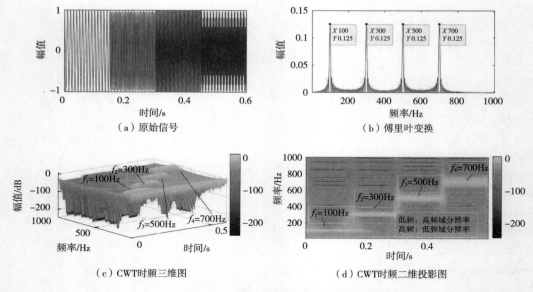

（a）原始信号　　　　　　　　（b）傅里叶变换

（c）CWT时频三维图　　　　　　（d）CWT时频二维投影图

图 3-16　某正弦信号 CWT 变换

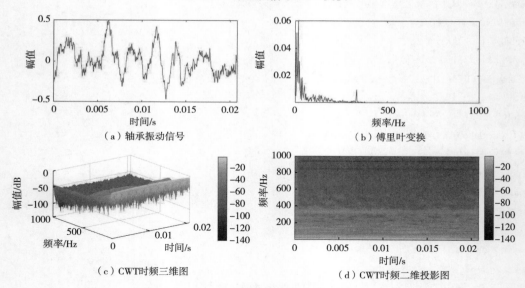

（a）轴承振动信号　　　　　　　（b）傅里叶变换

（c）CWT时频三维图　　　　　　（d）CWT时频二维投影图

图 3-17　轴承振动信号 CWT 变换

3.3.3　维格纳准概率分布

1932 年，Wigner 提出了 Wigner 分布，最初应用于量子力学的研究。1948 年，Ville 将其引入信号分析领域，称为 Wigner-Ville 分布，简称为 WVD。WVD 是分析非平稳时变信号的重要工具，在一定程度上解决了短时傅里叶变换存在的问题。WVD 的物理意义明确，它可被看作信号能量在时域和频域中的分布。

首先，对于非平稳信号 $x(t)$，定义其瞬时自相关函数，见式（3-36）。

$$r_x(t,\ \tau) = x\left(t + \frac{\tau}{2}\right)x^*\left(t - \frac{\tau}{2}\right)$$

（3-36）

信号的 WVD 就是瞬时自相关函数 $r_x(t, \tau)$ 关于变量 τ 的傅里叶变换，即信号 $x(t)$ 的 WVD 表达式如式（3-37）所示。

$$\text{WVD}_x(t, f) = \int_{-\infty}^{+\infty} x^*\left(t - \frac{\tau}{2}\right) x\left(t + \frac{\tau}{2}\right) e^{-j2\pi f \tau} d\tau \tag{3-37}$$

假设有一个多分量信号为：$z(t) = x_1(t) + x_2(t)$，则根据 WVD 的定义可以得到式（3-38）

$$\text{WVD}_x(t, f) = \int_{-\infty}^{+\infty} \left[x_1\left(t + \frac{\tau}{2}\right) + x_2\left(t + \frac{\tau}{2}\right) \right] \cdot \left[x_1\left(t - \frac{\tau}{2}\right) + x_2\left(t - \frac{\tau}{2}\right) \right] * e^{-j2\pi f \tau} d\tau$$

$$= \text{WVD}_{x_1}(t, f) + \text{WVD}_{x_2}(t, f) + \text{WVD}_{x_1 x_2}(t, f) + \text{WVD}_{x_2 x_1}(t, f) \tag{3-38}$$

式（3-38）中的前两项是信号自主项，它是由每个信号的自身分量之间的相关产生的，而后两项，就是交叉项，是由不同信号分量之间的相互作用造成的。相对于 STFT，WVD 对正弦信号和线性调频信号具有良好的时频聚集度，但是对于多分量线性调频信号，其时频图中会出现交叉项，交叉项的存在影响了它的时频分辨率，不利于信号检测，因此，如何减小交叉项就成了 WVD 性能改进的主要目标。

WVD 是在全时间轴上用能量表示信号的特征，但在实际工作中，都是选取有限长的数据进行分析，这就相当于对原始信号施加一个随时间轴滑动的窗函数。因此，通过对变量加窗函数可以减小交叉项带来的负面影响，改进后的 WVD 称为伪 WVD。伪 WVD 的定义如式（3-39）所示。

$$\text{PWVD}_x(t, f) = \int_{-\infty}^{+\infty} x^*\left(t - \frac{\tau}{2}\right) x\left(t + \frac{\tau}{2}\right) h(\tau) e^{-j2\pi f \tau} d\tau \tag{3-39}$$

式中：$h(\tau)$ 为窗函数。

加窗之后只有当信号某点的左右部分在窗内存在重叠部分，该点的 WVD 分布才非零，因此 WVD 可以很好地抑制在时间方向的交叉项，并且通过控制窗函数的宽度，可以调节交叉项的抑制程度。

下面以某跳频信号和轴承振动信号为例，利用 WVD/PWVD 分别对其进行转换，其结果如图 3-18 和图 3-19 所示。

```
clc
clear
%%产生跳频信号
N=200;
n=0:3*N-1;
fs = 8e4;
ts=1/fs;
delta_f=8000;
f1=4e3;
f2=f1+delta_f;
f3=f2+delta_f;
y1=cos(2*pi*f1*ts*n).*[ones(1,N),zeros(1,N*2)];
y2=cos(2*pi*f2*ts*n).*[zeros(1,N),ones(1,N),zeros(1,N)];
y3=cos(2*pi*f3*ts*n).*[zeros(1,N*2),ones(1,N)];
sig  =y1+y2+y3;
```

```
sig=sig';
sig1=hilbert(sig);%%进行信号解析
[tfr1,t,f]=tfrwv(sig1);%%%WVD
[tfr2,t,f]=tfrpwv(sig1);%%%PWVD
t=ts*n;
Y=fft(sig);%对原始信号进行傅里叶变换
L=length(n);%%采样点数
P2=abs(Y/L);
P1 = P2(1:L/2+1);%单侧谱
ff = fs*(0:(L/2))/L;%横坐标坐标变换
figure
subplot(2,2,1)
plot(t,sig);xlabel('时间/s');ylabel('幅值');
title('原始信号');
set(gca,'FontSize',20,'YDir','normal');
subplot(2,2,2)
plot(ff,P1);xlabel('频率/Hz');ylabel('幅值');
title('傅里叶变换');
set(gca,'FontSize',20,'YDir','normal');
subplot(2,2,3)
imagesc(t,fs*f,20*log10(abs(tfr1)));xlabel('时间/s');ylabel('频率/Hz');
colorbar;
title('WVD时频二维投影图');
set(gca,'FontSize',20,'YDir','normal');
subplot(2,2,4)
imagesc(t,fs*f,20*log10(abs(tfr2)));xlabel('时间/s');ylabel('频率/Hz');
colorbar;
title('PWVD时频二维投影图');
set(gca,'FontSize',20,'YDir','normal');
%%%%%%%%%%%%%%%%%%%%%%%以轴承振动信号为例
sig = xlsread('D:\轴承故障\CSV_2.csv');
fs=2000;
nfft=1000;
x= sig(1:nfft,2)';
t1=sig(1:nfft,1)';
sig=x';
sig1=hilbert(sig);%%进行信号解析
[tfr1,t,f]=tfrwv(sig1);%%%WVD
[tfr2,t,f]=tfrpwv(sig1);%%%PWVD
Y=fft(sig);%对原始信号进行傅里叶变换
L=length(x);%%采样点数
```

```
P2=abs(Y/L);
P1 = P2(1:L/2+1);%单侧谱
ff = fs*(0:(L/2))/L;%横坐标坐标变换
figure
subplot(2,2,1)
plot(t1,x);xlabel('时间/s');ylabel('幅值');
title('轴承振动信号');
set(gca,'FontSize',20,'YDir','normal');
subplot(2,2,2)
plot(ff,P1);xlabel('频率/Hz');ylabel('幅值');
title('傅里叶变换');
set(gca,'FontSize',20,'YDir','normal');
subplot(2,2,3)
imagesc(t1,fs*f,20*log10(abs(tfr1)));xlabel('时间/s');ylabel('频率/Hz');
colorbar;
title('WVD 时频二维投影图');
set(gca,'FontSize',20,'YDir','normal');
subplot(2,2,4)
imagesc(t1,fs*f,20*log10(abs(tfr2)));xlabel('时间/s');ylabel('频率/Hz');
colorbar;
title('PWVD 时频二维投影图');
set(gca,'FontSize',20,'YDir','normal');
```

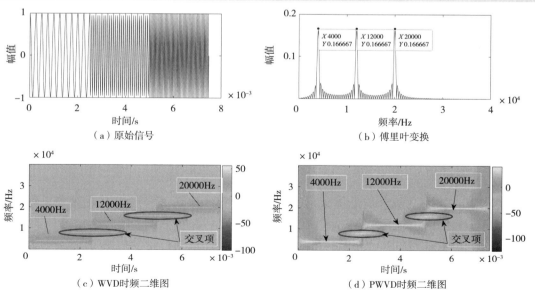

图 3-18　跳频信号 WVD/PWVD 变换

从图 3-18 可以看出，原始信号由三种不同频率组成，分别是 4000Hz，12000Hz 和

20000Hz，通过 WVD 变换之后，这三处频率点的能量比较集中，相对于 STFT 时频图，WVD 时频图在关键频率点处的分辨率较高（线条较细）。但是在两辆关键频率点能量带之间，还出现了两条能量集中带，这是两条交叉项产生的能量带。采用 PWVD 对其进行改进，得到的时频图的关键频点处的能量带更加聚集（线条更细且亮），而且交叉项的能量带在时间域上变短了，这足以说明 PWD 在消除交叉项方面的有效性。

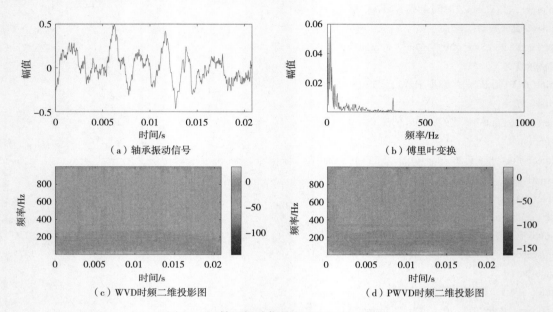

图 3-19 轴承振动信号 WVD/PWVD 变换

3.3.4 希尔伯特黄变换

Hibert-Huang 变换能够根据信号本身的局部特征自适应地将信号分解成若干个固有模态函数，它能够从根本上解决采用基函数拼凑信号带来的基函数选取困难、恒定多分辨率和能量泄露问题，更适合非线性非平稳信号的处理。Hibert-Huang 变换是经验模态分解（Empirical Mode Decomposition，EMD）和 Hilbert 时频谱的统称。首先，将信号利用 EMD 方法分解为若干个固有模态函数（Intrinsic Mode Function，IMF），然后对每个 IMF 分量进行 Hilbert 变换，最终得到信号瞬时频率和瞬时幅值，进而得到信号的时频信息。具体过程如下：

①确定 $x(t)$ 的极大值和极小值，通过三次采样拟合得到上、下包络线，并求出包络线的平均值 $m_1(t)$。

②得到第一个分量 $h_1(t) = x(t) - m_1(t)$，检查其是否满足模态分量的两个条件，即 $h_1(t)$ 上、下包络线均值恒为 0 和 $h_1(t)$ 的极大值与过 0 点数量相差不超过 1 个。如果不满足，重复操作上述步骤，直至得到满足 IMF 条件的模态分量 $c_1(t)$。

③用原始信号减去第一个模态分量，得到信号 $r_1(t) = x(t) - c_1(t)$，将 $r_1(t)$ 当作新的原始信号，重复上述操作，直至筛选条件 $SD = \sum_{t=0}^{T=0} \frac{[h_{1(k-1)} - h_{1k}]^2}{h_{1(k-1)}^2}$ 小于预设值时，经验模态分

解结束。此时原始信号就分解若干个 IMF 分量和一个残余信号，详见式（3-40）。

$$x(t) = \sum_{i=1}^{n} c_i + r_n \tag{3-40}$$

④对每个 IMF 分量 $c_i(t)$ 求 Hibert 变换，详见式（3-41）。

$$\hat{c}_i(t) = \frac{1}{\pi} \int_{-\infty}^{+\infty} \frac{c_i(\tau)}{t - \tau} \mathrm{d}\tau \tag{3-41}$$

构造解析信号 $z_i(t) = c_i(t) + \hat{c}_i(t)j = a_i(t)\mathrm{e}^{\mathrm{j}\phi_i(t)}$，其中，$a_i(t)$ 为瞬时幅值函数，$\phi_i(t)$ 为瞬时相位函数。忽略残差 r_n，可得到如式（3-42）所示表达式。

$$x(t) = \mathrm{Re} \sum_{i=1}^{n} a_i(t) \mathrm{e}^{\mathrm{j}\phi_i(t)} = \mathrm{Re} \sum_{i=1}^{n} a_i(t) \mathrm{e}^{\mathrm{j}\int \omega_i(t)\mathrm{d}t} \tag{3-42}$$

⑤计算瞬时频率，详见式（3-43）。

$$f_i(t) = \frac{1}{2\pi} \omega_i(t) = \frac{1}{2\pi} \frac{\mathrm{d}\phi_i(t)}{\mathrm{d}t} \tag{3-43}$$

⑥对式（3-42）展开得到 Hilbert 谱，详见式（3-44）。

$$H(\omega,\ t) = \mathrm{Re} \sum_{i=1}^{n} a_i(t) \mathrm{e}^{\mathrm{j}\int \omega_i(t)\mathrm{d}t} \tag{3-44}$$

⑦对 Hilbert 谱在时间上求积分可得 Hilbert 边际谱，详见式（3-45）。

$$H(\omega) = \int_{0}^{T} H(\omega,\ t)\mathrm{d}t \tag{3-45}$$

对信号进行 HHT 操作之后，得到的时频图可以显示幅值随时间和频率变换情况，相对于其他时频变换，其具有自适应分解的显著优势，在脑电信号、地震波、振动信号和遥感图像等处理分析方面具有广阔前景。

下面以某跳频信号和轴承振动信号为例，利用 HHT 对其进行转换，分解出的 IMF 和 Hilbert 时频图分别如图 3-20～图 3-23 所示。

```
clc
clear
fs=2e3;
n=300;
f1=1e2;f2=3e2;f3=5e2;f4=7e2;
t=(0:n-1)'/fs;
sig1=cos(2*pi*f1*t);
sig2=cos(2*pi*f2*t);
sig3=cos(2*pi*f3*t);
sig4=cos(2*pi*f4*t);
sig=[sig1;sig2;sig3;sig4];
t1=[(0:n-1)'/fs;(n:2*n-1)'/fs;(2*n:3*n-1)'/fs;(3*n:4*n-1)'/fs];
imf=emd(sig);%%%EMD 分解
figure
subplot(4,1,1)
```

```
plot(t1,sig);xlabel('时间/s');ylabel('幅值');
title('(a)原始信号')
set(gca,'FontSize',20,'YDir','normal')
subplot(4,1,2)
plot(t1,imf(:,1));xlabel('时间/s');ylabel('幅值');
title('(b)IMF1')
set(gca,'FontSize',20,'YDir','normal')
subplot(4,1,3)
plot(t1,imf(:,2));xlabel('时间/s');ylabel('幅值');
title('(c)IMF2')
set(gca,'FontSize',20,'YDir','normal')
subplot(4,1,4)
plot(t1,imf(:,3));xlabel('时间/s');ylabel('幅值');
title('(d)IMF3')
set(gca,'FontSize',20,'YDir','normal')
Y=fft(sig);%对原始信号进行傅里叶变换
L=4*n;%%采样点数
P2=abs(Y/L);
P1=P2(1:L/2+1);%单侧谱
ff=fs*(0:(L/2))/L;%横坐标坐标变换
[hs,w,t]=hht(imf,fs);
figure
subplot(2,2,1)
plot(t1,sig);xlabel('时间/s');ylabel('幅值');
title('(a)原始信号')
set(gca,'FontSize',20,'YDir','normal')
subplot(2,2,2)
plot(ff,P1);xlabel('频率/Hz');ylabel('幅值');
title('(b)傅里叶变换')
set(gca,'FontSize',20,'YDir','normal')
subplot(2,2,3)
mesh(t,w,abs(hs));xlabel('时间/s');ylabel('频率/Hz');zlabel('幅值');
colorbar;
title('(c)Hilbert 时频三维图')
set(gca,'FontSize',20,'YDir','normal')
subplot(2,2,4)
imagesc(t,w,abs(hs));xlabel('时间/s');ylabel('频率/Hz');
colorbar;
title('(d) Hilbert 时频二维投影图')
set(gca,'FontSize',20,'YDir','normal')
%%%%%%%%%以轴承振动信号为例
```

```
sig =xlsread('D:轴承故障\ CSV_2.csv');
fs=2000;
nfft=2000;
t1=sig(1:nfft,1)';
x=sig(1:nfft,2)';
sig=x;
imf=emd(sig);%%%EMD 分解
figure
subplot(4,1,1)
plot(t1,sig);xlabel('时间/s');ylabel('幅值');
title('(a)原始信号')
set(gca,'FontSize',20,'YDir','normal')
subplot(4,1,2)
plot(t1,imf(:,1));xlabel('时间/s');ylabel('幅值');
title('(b)IMF1')
set(gca,'FontSize',20,'YDir','normal')
subplot(4,1,3)
plot(t1,imf(:,2));xlabel('时间/s');ylabel('幅值');
title('(c)IMF2')
set(gca,'FontSize',20,'YDir','normal')
subplot(4,1,4)
plot(t1,imf(:,3));xlabel('时间/s');ylabel('幅值');
title('(d)IMF1')
set(gca,'FontSize',20,'YDir','normal')
Y=fft(sig);%对原始信号进行傅里叶变换
L=length(x);%%采样点数
P2=abs(Y/L);
P1=P2(1:L/2+1);%单侧谱
ff=fs*(0:(L/2))/L;%横坐标坐标变换
[hs,w,t]=hht(imf,fs);
figure
subplot(2,2,1)
plot(t1,sig);xlabel('时间/s');ylabel('幅值');
title('(a)原始信号')
set(gca,'FontSize',20,'YDir','normal')
subplot(2,2,2)
plot(ff,P1);xlabel('频率/Hz');ylabel('幅值');
title('(b)傅里叶变换')
set(gca,'FontSize',20,'YDir','normal')
subplot(2,2,3)
mesh(t,w,abs(hs));xlabel('时间/s');ylabel('频率/Hz');zlabel('幅值');
```

```
colorbar;
title('（c）Hilbert 时频三维图')
set( gca,'FontSize',20, 'YDir', 'normal')
subplot(2,2,4)
imagesc(t, w, abs(hs));xlabel('时间/s');ylabel('频率/Hz');
colorbar;
title('（d）Hilbert 时频二维投影图')
set( gca,'FontSize',20, 'YDir', 'normal')
```

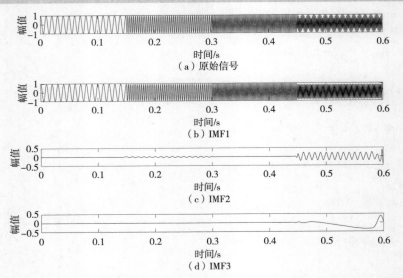

图 3-20　跳频信号 EMD 分解（前 3 个 IMF）

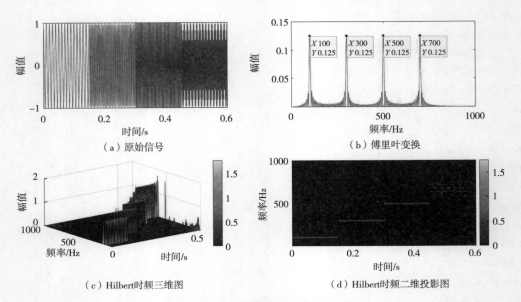

图 3-21　跳频信号的 Hilbert 时频图

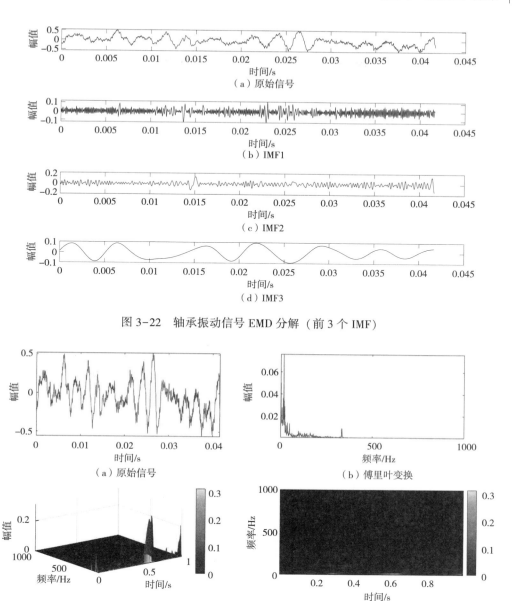

图 3-22　轴承振动信号 EMD 分解（前 3 个 IMF）

图 3-23　轴承振动信号的 Hilbert 时频图

3.4　基于 Volterra 核的非线性频谱分析

基于 Volterra 核的非线性频谱，是对 Volterra 时域核取多维傅里叶变换获得被测对象的非线性传递谱描述。相对于信号谱，非线性频谱从系统输入和输出两方面考虑，描述了系统整体的传递特性，而且实验也表明当系统状态模式变化时会引起非线性频谱变化，因此可用基于 Volterra 核的非线性频谱对设备故障信号进行分析。目前，非线性传递谱模型主要包括广义频率响应函数（Generalized Frequency Response Function，GFRF）和非线性输出频率响应函数（Nonlinear Output Frequency Response Function，NOFRF）。

对于任意连续的时不变非线性动态系统，系统可以用 Volterra 级数完全描述，详见式（3-46）、式（3-47）。

$$y(t) = \sum_{n=1}^{\infty} y_n(t) \tag{3-46}$$

$$y_n(t) = \int_{-\infty}^{\infty} \int_{-\infty}^{\infty} \cdots \int_{-\infty}^{\infty} h_n(\tau_1, \tau_2, \cdots, \tau_n) \prod_{i=1}^{n} u(t - \tau_i) d\tau_i \tag{3-47}$$

式中：$y(t) \in R$ 为系统输出；$y_n(t) \in R$ 为系统 n 阶输出；$h_n(\tau_1, \tau_2, \cdots, \tau_n)$ 为系统的 n 阶 Volterra 核；$u(t) \in R$ 为系统输入。

对 n 阶 Volterra 核 $h_n(\tau_1, \tau_2, \cdots, \tau_n)$ 进行多维傅里叶变换，可得式（3-48）。

$$H_n(j\omega_1, j\omega_2, \cdots, j\omega_n) = \int_{-\infty}^{\infty} \cdots \int_{-\infty}^{\infty} h_n(\tau_1, \tau_2, \cdots, \tau_n) e^{-j(\omega_1\tau_1 + \omega_2\tau_2 + \cdots + \omega_n\tau_n)} \prod_{i=1}^{n} d\tau_i \tag{3-48}$$

式中：$H_n(j\omega_1, j\omega_2, \cdots, j\omega_n)$ 为 n 阶 Volterra 频域核，又被称为 n 阶广义频率响应函数。

非线性系统的频域输出可以用 GFRF 表示，详见式（3-49）、式（3-50）。

$$Y(j\omega) = \sum_{n=1}^{\infty} Y_n(j\omega) \tag{3-49}$$

$$Y_n(j\omega) = \frac{1}{(2\pi)^{n-1}} \int_{-\infty}^{\infty} \cdots \int_{-\infty}^{\infty} H_n(j\omega - j\omega_1 - \cdots - j\omega_{n-1}, j\omega_1, \cdots, j\omega_{n-1}) \times$$
$$U(j\omega - j\omega_1 - \cdots - j\omega_{n-1}) U(j\omega_1) \cdots U(j\omega_{n-1}) d\omega_1 \cdots d\omega_{n-1} \tag{3-50}$$

式中：$Y(j\omega)$ 为系统频域输出；$Y_n(j\omega)$ 为系统 n 阶频域输出；$U(\cdot)$ 为输入频谱。

目前，有关 GFRF 频谱的计算主要采用辨识的方法。辨识方法包括参数辨识和非参数辨识，其中，参数辨识主要根据非线性系统的微分方程模型或者非线性自回归模型，通过分解相关项和迭代运算来达到辨识的目的[217-218]。以非线性微分方程模型为例，利用参数辨识估算 GFRF 核，其过程如下：

在连续的非线性系统中，一大类非线性系统的微分方程模型可描述为如式（3-51）所示。

$$\sum_{m=1}^{M} \sum_{p=0}^{m} \sum_{l_1, l_{p+q}=0}^{L} c_{p,q}(l_1, \cdots, l_{p+q}) \prod_{i=1}^{p} D^{l_i} y(t) \prod_{i=p+1}^{p+q} D^{l_i} u(t) = 0 \tag{3-51}$$

式中：D 为微分算子；l_i 为微分的阶次；$c_{p,q}(\cdot)$ 为模型的系数。

根据相关研究[219]，第 n 阶不对称 Volterra 频域核可表示为如式（3-52）所示。

$$H_n^{asym}(j\omega_1, \cdots, j\omega_n) = -\frac{H_{n_u}(j\omega_1, \cdots, j\omega_n) + H_{n_{uy}}(j\omega_1, \cdots, j\omega_n) + H_{n_y}(j\omega_1, \cdots, j\omega_n)}{\sum_{l_1=0}^{L} c_{1,0}(l_1)(j\omega_1 + \cdots + j\omega_n)^{l_1}} \tag{3-52}$$

对于 $H_{n_u}(\cdot)$ 可按照式（3-53）进行计算，即

$$H_{n_u}(j\omega_1, \cdots, j\omega_n) = \sum_{l_1, l_n=0}^{L} c_{0,n}(l_1, \cdots, l_n) \prod_{i=1}^{n} (j\omega_i)^{l_i} \tag{3-53}$$

$H_{n_{uy}}(\cdot)$ 和 $H_{n_y}(\cdot)$ 可以通过迭代方式来计算，即可得到式（3-54）、式（3-55）。

$$H_{n_{uy}}(\mathrm{j}\omega_1,\ \cdots,\ \mathrm{j}\omega_n) = \sum_{q=1}^{n-1} \sum_{p=1}^{n-q} \sum_{l_1,\ l_n=0}^{L} c_{p,\ q}(l_1,\ \cdots,\ l_{p+q}) H_{n-q,\ p}(\mathrm{j}\omega_1,\ \cdots,\ \mathrm{j}\omega_{n-q}) \prod_{i=n-q+1}^{p+q} (\mathrm{j}\omega_i)^{l_i}$$

$$(3-54)$$

$$H_{n_y}(\mathrm{j}\omega_1,\ \cdots,\ \mathrm{j}\omega_n) = \sum_{p=2}^{n} \sum_{l_1,\ l_n=0}^{L} c_{p,\ 0}(l_1,\ \cdots,\ l_p) H_{n,\ p}(\mathrm{j}\omega_1,\ \cdots,\ \mathrm{j}\omega_n) \qquad (3-55)$$

$H_{n,\ p}(\cdot)$ 可按照式（3-56）迭代产生：

$$\begin{cases} H_{n,\ p}^{asym}(\mathrm{j}\omega_1,\ \cdots,\ \mathrm{j}\omega_n) = \sum_{i=1}^{n-p+1} H_i(\mathrm{j}\omega_1,\ \cdots,\ \mathrm{j}\omega_n) H_{n-i,\ p-1}(\mathrm{j}\omega_{i+1},\ \cdots,\ \mathrm{j}\omega_n)(\mathrm{j}\omega_1 + \cdots + \mathrm{j}\omega_i)^{l_p} \\[2mm] H_{n,\ 1}^{asym}(\mathrm{j}\omega_1,\ \cdots,\ \mathrm{j}\omega_n) = H_n(\mathrm{j}\omega_1,\ \cdots,\ \mathrm{j}\omega_n)(\mathrm{j}\omega_1 + \cdots + \mathrm{j}\omega_n)^{l_1} \end{cases}$$

$$(3-56)$$

将式（3-53）~式（3-56）代入式（3-52）可求得 $H_n^{asym}(\cdot)$。从求解过程可以看出，参数辨识方法的优点是可以通过迭代的方式估算出任意阶次的 GFRF，但是其辨识的精度依赖非线性系统数学模型的准确度，因此，该方法适合数学模型已知且准确建立的系统。

非参数辨识无须建立非线性系统的数学模型，仅利用系统的输入和输出，通过建立辨识模型获取系统的 Volterra 时域核。其过程如下：

定义 k 时刻 Volterra 系统的输入观测矩阵为如式（3-57）所示。

$$\boldsymbol{U} = [u(k),\ u(k+1),\ \cdots,\ u(k+N-1)]^{\mathrm{T}} \qquad (3-57)$$

式（3-57）中变量表达式如式（3-58）所示。

$$\boldsymbol{u}(k) = [u(k),\ u(k-1),\ \cdots,\ u(k-M+1),$$
$$u^2(k),\ u(k)u(k-1),\ \cdots,\ u^2(k-M+1),\ \cdots,\ u^N(k-M+1)]^{\mathrm{T}} \qquad (3-58)$$

输出观测向量如式（3-59）所示。

$$\boldsymbol{Y} = [y(k),\ y(k+1),\ \cdots,\ y(k+N-1)]^{\mathrm{T}} \qquad (3-59)$$

定义 Volterra 时域核的核向量，详见式（3-60）。

$$\boldsymbol{H} = [h_1(0),\ \cdots,\ h_1(M-1),\ h_2(0,\ 0),\ h_2(0,\ 1),\ \cdots,\ h_N(M-1,\ \cdots,\ M-1)]^{\mathrm{T}}$$

$$(3-60)$$

因此，系统的 Volterra 模型输出用式（3-61）所示。

$$\boldsymbol{Y} = \boldsymbol{U}\boldsymbol{H} + e(k) \qquad (3-61)$$

式中：$e(k)$ 为残差。

求解式（3-61）中的 $\boldsymbol{H}$，其实质是最小二乘参数估计问题。由于 $\boldsymbol{H}$ 中的待辨识参数随着记忆长度 M 和阶次 N 成指数型增长，N 阶 Volterra 时域核需要待估计参数的个数为 $\sum_{n=1}^{N} M^n$，所以 Volterra 级数模型辨识具有维数灾难问题，如果利用成批辨识方法进行估算，导致完成一次辨识 Volterra 时域核需要大量的观测数据，且运算量非常大。与成批辨识方法相比，自适应辨识以迭代计算方式实现，具有计算量小的特点，适合在线辨识估算。目前用的最多的是最小均方算法（LMS），基于 LMS 的 Volterra 核自适应辨识算法详见式（3-62）。

$$\boldsymbol{H}_V(k+1) = \boldsymbol{H}_V(k) + \mu\varepsilon(k)\boldsymbol{U}_V(k) \qquad (3-62)$$

式中：$\varepsilon(k) = d(k) - y(k)$ 为残差；$d(k)$ 为期望输出；μ 为学习因子，控制算法的稳定性及收敛速度。

获取系统 Volterra 时域核后，通过多维傅里叶变换计算系统的 GFRF。

GFRF 是线性系统频率响应函数在非线性系统上的扩展，反映了系统固有的物理属性，但是 GFRF 是多维函数，其维数等于阶数，特别是三阶以上 GFRF 在可视化和计算方面显得很困难。为了简化计算，Lang 在 GFRF 模型基础上提出 NOFRF，NOFRF 可以看作线性系统频率响应函数在非线性系统中的另一种扩展，它是对 GFRF 的补充，同样也反映了系统本身固有属性。具体公式定义如式（3-63）所示[220]。

$$G_n(j\omega) = \frac{Y_n(j\omega)}{U_n(j\omega)} = \frac{\int_{\omega_1+\omega_2+\cdots+\omega_n=\omega} H_n(j\omega_1, j\omega_2, \cdots, j\omega_n) \prod_{i=1}^{n} U(j\omega_i) d\sigma_{n\omega}}{\int_{\omega_1+\omega_2+\cdots+\omega_n=\omega} \prod_{i=1}^{n} U(j\omega_i) d\sigma_{n\omega}} \quad (3-63)$$

式中：$\int_{\omega_1+\omega_2+\cdots+\omega_n=\omega} H_n(j\omega_1, j\omega_2, \cdots, j\omega_n) \prod_{i=1}^{n} U(j\omega_i) d\sigma_{n\omega}$ 为 $H_n(j\omega_1, j\omega_2, \cdots, j\omega_n) \prod_{i=1}^{n} U(j\omega_i)$ 在超平面 $\omega_1+\omega_2+\cdots+\omega_n=\omega$ 上的积分；$U_n(j\omega)$ 为 NOFRF 的第 n 阶输入，是 $u^n(t)$ 的傅里叶变换形式，且 $\int_{\omega_1+\omega_2+\cdots+\omega_n=\omega} \prod_{i=1}^{n} U(j\omega_i) d\sigma_{n\omega} \neq 0$，其定义见式（3-64）。

$$U_n(j\omega) = \frac{1}{(2\pi)^{n-1}} \int_{\omega_1+\omega_2+\cdots+\omega_n=\omega} \prod_{i=1}^{n} U(j\omega_i) d\sigma_{n\omega} \quad (3-64)$$

由 $U_n(j\omega)$ 的定义，当 $U(j\omega) = a\bar{U}(j\omega)$，显然有 $U_n(j\omega) = a^n \bar{U}(j\omega)$。

非线性系统频域输出可以用 N 阶 NOFRF 近似描述，详见式（3-65）。

$$Y(j\omega) = \sum_{n=1}^{N} Y_n(j\omega) = \sum_{n=1}^{N} G_n(j\omega) U_n(j\omega) \quad (3-65)$$

式中：$Y_n(j\omega)$ 为非线性系统的 n 阶频域输出；$U_n(j\omega)$ 为 $u^n(t)$ 的傅里叶变换；N 为模型的最高阶次。

基于 NOFRF 模型的非线性系统频域输入和输出关系如图 3-24 所示。

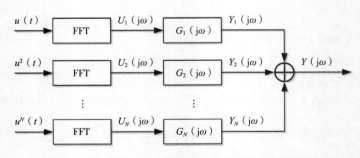

图 3-24　基于 NOFRF 的非线性系统输出频域响应

由式（3-63）发现，非线性输出频率响应函数对输入信号的幅值变化不敏感，输入分别为 $\bar{u}(t)$ 和 $\alpha\bar{u}(t)$ 时，系统的非线性输出频率响应函数 $G_n(j\omega)$ 相同，详见式（3-66）。

$$G_n(j\omega) \big| U(j\omega) = \alpha\bar{U}(j\omega) = G_n(j\omega) \big| U(j\omega) = \bar{U}(j\omega) \quad (3-66)$$

式中：$\alpha\bar{U}(j\omega)$ 为 $\alpha\bar{u}(t)$ 的傅里叶变换；$\bar{U}(j\omega)$ 为 $\bar{u}(t)$ 的傅里叶变换。

令 G_n^R 和 G_n^I 分别表示 $G_n(j\omega)$ 实部与虚部，U_n^R 和 U_n^I 分别表示 $U_n(j\omega)$ 的实部与虚部，则式（3-65）可以写成式（3-67）。

$$Y(j\omega) = \sum_{n=1}^{N} G_n(j\omega) U_n(j\omega) = \sum_{n=1}^{N} (G_n^R + jG_n^I)(U_n^R + jU_n^I)$$
$$= \sum_{n=1}^{N} (G_n^R U_n^R - G_n^I U_n^I) + j\sum_{n=1}^{N} (G_n^R U_n^I + G_n^I U_n^R) \tag{3-67}$$

将式（3-67）写成矩阵形式，详见式（3-68）。

$$\begin{bmatrix} \mathrm{Re}Y(j\omega) \\ \mathrm{Im}Y(j\omega) \end{bmatrix} = \begin{bmatrix} U_1^R, & \cdots, & U_N^R, & -U_1^I, & \cdots, & -U_N^I \\ U_1^I, & \cdots, & U_N^I, & U_1^R, & \cdots, & U_N^R \end{bmatrix} \begin{bmatrix} \boldsymbol{G}^R \\ \boldsymbol{G}^I \end{bmatrix} \tag{3-68}$$

式中：$\mathrm{Re}Y(j\omega)$ 为 $Y(j\omega)$ 的实部；$\mathrm{Im}Y(j\omega)$ 为 $Y(j\omega)$ 的虚部；$\boldsymbol{G}^R = [G_1^R, G_2^R, \cdots, G_N^R]^T$；$\boldsymbol{G}^I = [G_1^I, G_2^I, \cdots, G_N^I]^T$。

如果要辨识前 N 阶 NOFRF 频谱，需要对一个非线性系统进行 $\bar{N}(\bar{N} \geqslant N)$ 次激励，若输入信号为 $u_i(t) = a_i\bar{u}(t)$，$(i = 1, \cdots, \bar{N}; a_{\bar{N}} > \cdots > a_1 > 0)$，输出分别为 $y_1(t)$，$y_2(t)$，$\cdots$，$y_{\bar{N}}(t)$，输入输出频谱分别为 $U_i(j\omega) = a_i\bar{U}(j\omega)$ 和 $Y_i(j\omega)$，输入和输出关系详见式（3-69）。

$$\boldsymbol{Y} = \boldsymbol{A}_U \begin{bmatrix} \boldsymbol{G}^R \\ \boldsymbol{G}^I \end{bmatrix} \tag{3-69}$$

式中：$\boldsymbol{Y} = [\mathrm{Re}Y_1(j\omega), \mathrm{Im}Y_1(j\omega), \cdots, \mathrm{Re}Y_{\bar{N}}(j\omega), \mathrm{Im}Y_{\bar{N}}(j\omega)]^T$；$\boldsymbol{A}_U$ 的表达式见式（3-70）。

$$\boldsymbol{A}_U = \begin{bmatrix} a_1\bar{U}_1^R, & \cdots, & a_1^N\bar{U}_N^R, & -a_1\bar{U}_1^I, & \cdots, & -a_1^N\bar{U}_N^I \\ a_1\bar{U}_1^I, & \cdots, & a_1^N\bar{U}_N^I, & a_1\bar{U}_1^R, & \cdots, & a_1^N\bar{U}_N^R \\ & & \vdots & & & \\ a_{\bar{N}}\bar{U}_1^R, & \cdots, & a_{\bar{N}}^N\bar{U}_N^R, & -a_{\bar{N}}\bar{U}_1^I, & \cdots, & -a_{\bar{N}}^N\bar{U}_N^I \\ a_{\bar{N}}\bar{U}_1^I, & \cdots, & a_{\bar{N}}^N\bar{U}_N^I, & a_{\bar{N}}\bar{U}_1^R, & \cdots, & a_{\bar{N}}^N\bar{U}_N^R \end{bmatrix} \tag{3-70}$$

可通过最小二乘算法求解式（3-69），详见式（3-71）。

$$\begin{bmatrix} \boldsymbol{G}^R \\ \boldsymbol{G}^I \end{bmatrix} = (\boldsymbol{A}_U^T\boldsymbol{A}_U)^{-1}\boldsymbol{A}_U^T\boldsymbol{Y} \tag{3-71}$$

上述计算过程不需要建立系统的数学模型，完全通过输入输出数据来获取系统 NOFRF 频谱。根据式（3-70），如果采用批量最小二乘算法来辨识 NOFRF，需涉及矩阵的求逆运算，计算量较大。为了减小计算量，提高实时性，可以采用自适应辨识算法。典型的自适应算法为 LMS 法。LMS 自适应算法基于最速下降搜索方法对权系数进行修正，结构简单，计算复杂度低，容易实现。标准 LMS 自适应算法的收敛速度与稳态误差受步长控制，步长较大时，收敛速度快，但稳态误差大；步长较小时，稳态误差小，但收敛速度慢，二者往往不能同时满足要求。为了兼顾收敛速度与稳态误差，张家良等人采用一种频域变步长 LMS 自适应算法辨识 NOFRF[221]。该算法在收敛过程中能够根据输出偏差大小实时地改变步长，具体过程如下：

非线性系统 NOFRF 频谱的自适应估计算法如图 3-25 所示，其中，$u(t)$ 为系统输入信号，$y(t)$ 为系统输出信号，$Y(j\omega)$ 为系统实际输出频谱，$\tilde{Y}(j\omega)$ 为系统估计输出频谱，$e(j\omega) =$

$Y(\mathrm{j}\omega) - \tilde{Y}(\mathrm{j}\omega)$ 为输出频谱偏差，$\boldsymbol{U} = [U_1(\mathrm{j}\omega), U_2(\mathrm{j}\omega), \cdots, U_N(\mathrm{j}\omega)]^{\mathrm{T}}$，$\boldsymbol{G} = [G_1(\mathrm{j}\omega), G_2(\mathrm{j}\omega), \cdots, G_N(\mathrm{j}\omega)]^{\mathrm{T}}$。

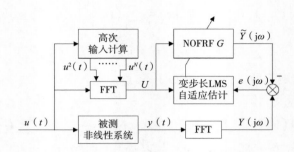

图 3-25　NOFRF 自适应估计算法

NOFRF 的变步长 LMS 自适应估计算法如式（3-72）所示。

$$\boldsymbol{G}_{k+1} = \boldsymbol{G}_k + 2\mu_k \mathrm{e}_k(\mathrm{j}\omega)\frac{(\boldsymbol{U}_k)^*}{\gamma + \boldsymbol{U}_k(\boldsymbol{U}_k)^*} \tag{3-72}$$

式中：μ_k 为步长；γ 为一个较小的正数；"$*$"为共轭复数。

步长 μ_k 可以由式（3-73）得到：

$$\mu_k = \begin{cases} \mu_{\max}, & \text{if}\quad \mu'_k \geqslant \mu_{\max} \\ \mu'_k, & \text{if}\quad \mu_{\min} < \mu'_k < \mu_{\max} \\ \mu_{\min}, & \text{if}\quad \mu'_k \leqslant \mu_{\min} \end{cases} \tag{3-73}$$

式中：$\mu'_k = \alpha\mu_{k-1} + \beta|e_{k-1}(\mathrm{j}\omega)|^2$；$0 < \alpha < 1$；$\beta > 0$；$\mu_{\max}$ 为步长上限；$\mu_{\min}$ 为步长下限。

根据式（3-73）可以看出变步长 LMS 自适应估计算法的步长 μ_k 受输出频谱的估计误差影响。在初始阶段，估计误差较大时，步长 μ_k 较大，使得算法收敛速度较快，NOFRF 迅速接近稳态值；在收敛阶段，估计误差较小，步长 μ_k 也较小，使得 NOFRF 的估计误差较小。因此，基于非线性输出频率响应函数模型提出的频域变步长 LMS 自适应估计算法能够兼顾收敛速度与估计误差。

选择采样频率为 f_s，采样长度为 L，$\boldsymbol{G}_1 = [0, 0, \cdots, 0]^{\mathrm{T}}$，$\mu_1 = \mu_{\max}$，非线性系统 NOFRF 的变步长 LMS 自适应估计算法步骤为：

步骤 1：采集第 $k(k \geqslant 1)$ 组输入与输出数据，分别进行傅里叶变换得到输入频谱向量 $\boldsymbol{U}_k = \{U_{(1)}^{(1)}(\mathrm{j}\omega), U_{(2)}^{(1)}(\mathrm{j}\omega), \cdots, U_{L_{(N, m)}}^{(N)}(\mathrm{j}\omega)\}^{\mathrm{T}}$ 与输出频谱 $Y_k(\mathrm{j}\omega)$。

步骤 2：计算输出频谱估计值 $\tilde{Y}_k(\mathrm{j}\omega) = \boldsymbol{G}_k^{\mathrm{T}}U_k$。

步骤 3：计算输出频谱偏差 $\mathrm{e}_k(\mathrm{j}\omega) = Y_k(\mathrm{j}\omega) - \tilde{Y}_k(\mathrm{j}\omega)$，若 $|\mathrm{e}_k(\mathrm{j}\omega)| \leqslant \varepsilon$，结束辨识；若 $|\mathrm{e}_k(\mathrm{j}\omega)| > \varepsilon$，转至步骤 4。

步骤 4：利用式（3-72）计算 NOFRF 向量 $\boldsymbol{G}_{k+1}$。

步骤 5：利用式（3-73）计算步长 μ_{k+1}，然后令 $k = k + 1$，转至步骤 1。

下面以无刷直流电机为例，其数学模型如式（3-74）所示，分别采用参数辨识方法和自适应辨识方法求得系统 Volterra 频域核理论值和估计值。该系统的微分方程见式（3-74）。

$$i'_{\mathrm{d}}(t) + \frac{r + k_{\mathrm{p}}k_{\mathrm{s}}k_{\mathrm{f}}}{L}i_{\mathrm{d}}(t) - \frac{2J}{3\phi_{\mathrm{f}}}\omega(t)\omega'(t) - \frac{2B}{3\phi_{\mathrm{f}}}\omega^2(t) - \frac{2T_1}{3\phi_{\mathrm{f}}}\omega(t) = 0 \tag{3-74}$$

式中：$i_\mathrm{d}(t)$ 为定子绕组电流直轴分量，作为系统输入；$\omega(t)$ 为转子转速，作为系统输出；r 为定子绕组电阻；k_p 为电流比例调节器增益；k_s 为逆变驱动电路等效增益；k_f 为电流反馈系数；J 为转子转动惯量；L 为定子绕组电感；B 为转子摩擦阻尼系数；ϕ_f 为转子磁链过定子绕组的磁链；T_l 为负载转矩。

利用参数辨识法，得到前两阶 GFRF 频谱，如式（3-75）、式（3-76）所示。

$$H_1(\mathrm{j}\omega) = -\frac{3\phi_\mathrm{f}}{2TT_\mathrm{l}}\left[-1-\frac{T(r+k_\mathrm{p}k_\mathrm{s}k_\mathrm{f})}{L}+\mathrm{e}^{-\mathrm{j}\omega}\right] \tag{3-75}$$

$$H_2(\mathrm{j}\omega_1,\ \mathrm{j}\omega_2) = -\left(\frac{3\phi_\mathrm{f}}{2TT_\mathrm{l}}\right)^3\left[\frac{2J+2BT}{3\phi_\mathrm{f}}-\frac{J}{3\phi_\mathrm{f}}(\mathrm{e}^{-\mathrm{j}\omega_1}+\mathrm{e}^{-\mathrm{j}\omega_2})\right]\times$$

$$\left[-1-\frac{T(r+k_\mathrm{p}k_\mathrm{s}k_\mathrm{f})}{L}+\mathrm{e}^{-\mathrm{j}\omega_1}\right]\times\left[-1-\frac{T(r+k_\mathrm{p}k_\mathrm{s}k_\mathrm{f})}{L}+\mathrm{e}^{-\mathrm{j}\omega_2}\right] \tag{3-76}$$

假设某无刷直流电机润滑不良故障下参数如下：

$$k_\mathrm{p}=k_\mathrm{s}=k_\mathrm{f}=1,\ r=6\Omega,\ L=0.006\mathrm{H},\ \phi_\mathrm{f}=0.186\mathrm{Wb},\ J=2\times10^{-6}\mathrm{kg}\cdot\mathrm{m}^2,$$

$$B=2\times10^{-5}\mathrm{N}\cdot\mathrm{m}\cdot\mathrm{s/rad},\ T_\mathrm{l}=3\mathrm{N}\cdot\mathrm{m}$$

则利用参数辨识和自适应辨识两种方法得的到前两阶 GFRF 频谱如图 3-26 和图 3-27 所示。

```
clear
clc
T=0.02;%%%采样时间
kp=1;ks=1;kf=1;r=6;
LL=0.006;se=0.186;J=2*10^(-6);
Tl=5;B=2*10^(-5);
%%%%%%%%%%%%%%%%%%%%%%理论 GFRF 计算
q1=1;
H1=zeros(1,32);
A1=zeros(1,32);
fai1=zeros(1,32);
for w1=0:(2*pi)/32:2*pi-(2*pi)/32%%%
    H1(q1)=-((3*se)/(2*T*Tl))*(-(1+T*(r+kp*ks*kf)/LL)+exp(-j*w1));
    A1(q1)=abs(H1(q1));%%求复数的模
    fai1(q1)=angle(H1(q1));%%求复数的相角
    q1=q1+1;
end
%%%%%%%%%%%%%%计算实际系统的二阶 GFRF
q2=1;
```

```matlab
q3=1;
H2=zeros(32,32);
A2=zeros(32,32);
fai2=zeros(32,32);
for w2=0:(2*pi)/32:2*pi-(2*pi)/32
    for w3=0:(2*pi)/32:2*pi-(2*pi)/32
        H2(q2,q3)=(-((3*se)/(2*T*Tl))^3)*((2*J+2*B*T)/(3*se)-(J/(3*se))*(exp(-j*w2)+…
                    exp(-j*w3)))*(-1-(T*(r+kp*ks*kf))/LL+exp(-j*w2))*…
                    (-1-(T*(r+kp*ks*kf))/LL+exp(-j*w3));
        A2(q2,q3)=abs(H2(q2,q3));
        fai2(q2,q3)=angle(H2(q2,q3));
        q3=q3+1;
    end
    q2=q2+1;
    q3=1;
end
us1=randn(2000,1);
us1=us1/std(us1);
us1=us1-mean(us1);
a=0;
b=sqrt(0.1);%高斯白噪声作为输入
us1=a+b*us1;
u=[0 us1'];
%%%%%%%%%%%%%%%系统输入输出模型
y1=zeros(1,2001);
for s1=1:2000
    y1(s1+1)=(((2*(2*J+2*B*T))/(3*se))^(-1))*((-2*T*Tl+2*J*y1(s1))/(3*se)+…
                sqrt(((-2*J*y1(s1)+2*T*Tl)/(3*se))^2-((4*(2*J+2*B*T))/(3*se))*…
                ((-1-(T*(r+kp*ks*kf))/LL)*u(s1+1)+u(s1))));
end
y2=y1(2:2001);
M=8;
u1=us1';%%%%输入向量
h2=1;
UU=zeros(2000,M+M^2);
for k=M:2000
    h1=1;
    U=zeros(1,M+M^2);
    for q1=0:M-1
```

```
            U(h1)=u1(k-q1);
            h1=h1+1;
        end
        for q2=0:M-1
            for q3=0:M-1
                U(h1)=u1(k-q2)*u1(k-q3);
                h1=h1+1;
            end
        end
        UU(h2,:)=U;
        h2=h2+1;
    end
mu1=4*10^(-1);
Hv(1,:)=zeros(1,M+M^2);
e1=zeros(1,2000-M+1);
for m=1:2000-M+1
    e1(m)=y2(m+M-1)-Hv(m,:)*UU(m,:)';%%%%%%%%%%%%%偏差
    Hv(m+1,:)=Hv(m,:)+mu1*e1(m)*UU(m,:);%%%%%%%%%%%%Volterra核向量迭代计算
end
Hvv=zeros(M,M);
a1=M+1;
for a2=1:M
    for a3=1:M
        Hvv(a2,a3)=Hv(2000-M+1,a1);
        a1=a1+1;
    end
end
HHH1=fft(Hv(2000-M+1,1:M),32);
AAA1=abs(HHH1);
HHH2=fft2(Hvv,32,32);
AAA2=abs(HHH2);
f1=0:((2*pi)/32)/(2*pi):(2*pi-(2*pi)/32)/(2*pi);
f2=0:((2*pi)/32)/(2*pi):(2*pi-(2*pi)/32)/(2*pi);
f3=0:((2*pi)/32)/(2*pi):(2*pi-(2*pi)/32)/(2*pi);
figure
subplot(1,3,1)
plot(f1,A1,'g')
xlabel('f/Hz');
ylabel('幅值');
title('参数辨识获取一阶GFRF频谱(理论值)');
```

```
set( gca,'FontSize',20,'YDir','normal');
subplot(1,3,2)
plot(f1,AAA1,'b')
xlabel('f/Hz');
ylabel('幅值');
title('自适应辨识获取一阶 GFRF 频谱');
set( gca,'FontSize',20,'YDir','normal');
subplot(1,3,3)
plot(f1,A1-AAA1,'r')
xlabel('f/Hz');
ylabel('幅值');
title('估计值与真实值之间误差');
set( gca,'FontSize',20,'YDir','normal');
figure
subplot(1,3,1)
mesh(f2,f3,A2)
xlabel('f_1/Hz');
ylabel('f_2/Hz');
zlabel('幅值');
title('参数辨识获取二阶 GFRF 频谱(理论值)');
set( gca,'FontSize',20,'YDir','normal');
subplot(1,3,2)
mesh(f2,f3,AAA2)
xlabel('f_1/Hz');
ylabel('f_2/Hz');
zlabel('幅值');
title('自适应辨识获取二阶 GFRF 频谱');
set( gca,'FontSize',20,'YDir','normal');
subplot(1,3,3)
mesh(f2,f3,A2-AAA2);
xlabel('f_1/Hz');
ylabel('f_2/Hz');
zlabel('幅值');
title('估计值与真实值之间误差');
set( gca,'FontSize',20,'YDir','normal');
```

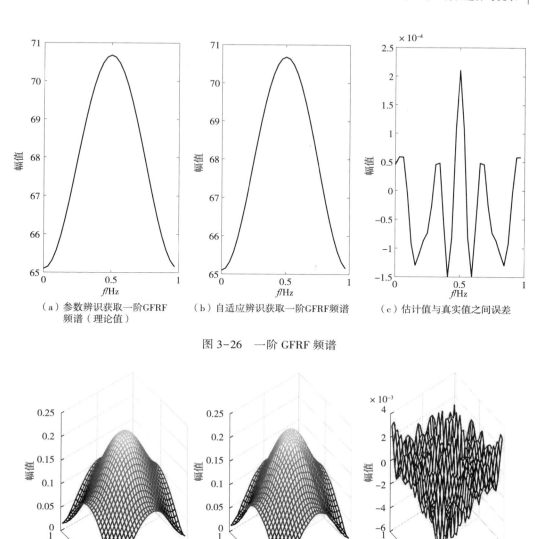

（a）参数辨识获取一阶GFRF　　　（b）自适应辨识获取一阶GFRF频谱　　　（c）估计值与真实值之间误差
频谱（理论值）

图 3-26　一阶 GFRF 频谱

（a）参数辨识获取二阶GFRF　　　（b）自适应辨识获取二阶GFRF频谱　　　（c）估计值与真实值之间误差
频谱（理论值）

图 3-27　二阶 GFRF 频谱

第4章　故障识别与诊断

故障识别与诊断是设备故障诊断的最后环节，其原理是构造各种分类器对前期提取的故障特征进行模式识别和分类。目前分类器主要包括：浅层学习网络（如支持向量机、BP 人工神经网络）和深度学习网络（如卷积神经网络、堆栈自编码神经网络、深度置信神经网络、长短时记忆神经网络等）。本章节分别采用这两类分类器建立诊断模型，对设备故障进行识别。

4.1　基于支持向量机的故障诊断方法及应用研究

支持向量机（Support Vector Machine，SVM）是一种建立在统计学习理论上的机器学习方法，能够有效地解决小样本分类问题。针对设备的故障诊断问题，本章提出了一种基于非线性频谱数据与 SVM 模型的多故障识别方法。其中，系统的故障信息用 GFRF 频谱来表征，SVM 作为故障类型的分类器。具体过程为：首先，利用 GFRF 频谱表征系统故障信息；其次，利用核主元分析对频谱进行压缩和特征提取以降低分类器的计算量；最后，将压缩后的故障特征送入 SVM 进行模式识别。

4.1.1　支持向量机

SVM 是经典机器学习的一个重要分类算法，其思想是通过找到一个决策超平面（二维空间指直线，三维空间指平面，超过三维空间指超平面），将不同类的数据集划分开，根据数据在超平面中的位置来判断数据所属类别，其本质是一个求解凸二次规划问题。SVM 是一个二分类算法，特别适合小样本数据集的分类，对于多分类任务可以多次使用 SVM。

SVM 的核心问题是求解能够正确划分训练数据集且几何间隔最大的分离超平面。如图 4-1 所示，$\boldsymbol{\omega} \cdot x + b = 0$ 是分离超平面，对于线性可分的数据集而言，这样超平面有无穷多个，但是满足几何间隔最大条件的却是唯一的。

假设特征空间中训练数据集如式（4-1）所示。

$$T = \{(x_1, y_1), (x_2, y_2), \cdots, (x_N, y_N)\} \tag{4-1}$$

SVM 的目的是找到一个超平面，能够将不同数据集进行分类，超平面方程如式（4-2）所示。

$$\boldsymbol{\omega} \cdot x + b = y \tag{4-2}$$

式中：$\boldsymbol{\omega}$ 为法向量。

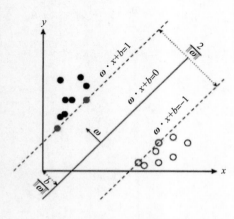

图 4-1　SVM 分类原理

对于给定的数据集 T 和超平面 $\boldsymbol{\omega} \cdot x + b = 0$，定义超平面关于样本点 (x_i, y_i) 的几何间隔如式（4-3）所示。

$$\gamma_i = y_i \left(\frac{\boldsymbol{\omega}}{\| \boldsymbol{\omega} \|} \cdot x_i + \frac{b}{\| \boldsymbol{\omega} \|} \right) \tag{4-3}$$

超平面几何间隔最小值见式（4-4）。

$$\gamma = \min \gamma_i \tag{4-4}$$

根据以上定义，SVM 求解最大分割超平面问题可以转化为以下约束最优化问题，见式（4-5）。

$$\max_{\boldsymbol{\omega}, b} \gamma$$
$$s.t. \ y_i \left(\frac{\boldsymbol{\omega}}{\| \boldsymbol{\omega} \|} \cdot x_i + \frac{b}{\| \boldsymbol{\omega} \|} \right) \geqslant \gamma, \ i = 1, 2, \cdots, N \tag{4-5}$$

将式（4-5）变形得到式（4-6）。

$$y_i \left(\frac{\boldsymbol{\omega}}{\| \boldsymbol{\omega} \| \gamma} \cdot x_i + \frac{b}{\| \boldsymbol{\omega} \| \gamma} \right) \geqslant 1, \ i = 1, 2, \cdots, N \tag{4-6}$$

令 $\boldsymbol{\omega} = \dfrac{\boldsymbol{\omega}}{\| \boldsymbol{\omega} \| \gamma}$，$b = \dfrac{b}{\| \boldsymbol{\omega} \| \gamma}$，可得式（4-7）。

$$y_i (\boldsymbol{\omega} \cdot x_i + b) \geqslant 1, \ i = 1, 2, \cdots, N \tag{4-7}$$

最大化 γ，即最大化 $\dfrac{1}{\| \boldsymbol{\omega} \|}$，等价于最小化 $\dfrac{1}{2} \| \boldsymbol{\omega} \|^2$，因此，SVM 模型求解最大分割超平面问题可以转化为式（4-8）求解约束最优化问题。

$$\max_{\boldsymbol{\omega}, b} \frac{1}{2} \| \boldsymbol{\omega} \|^2$$
$$s.t. \ y_i (\boldsymbol{\omega} \cdot x_i + b) \geqslant \gamma, \ i = 1, 2, \cdots, N \tag{4-8}$$

式（4-8）实质是一个含有不等式约束的凸二次规划问题，利用拉格朗日乘子法得到其对偶问题。首先，将含有约束的原始目标函数转换为无约束的新构建的拉格朗日目标函数，详见式（4-9）。

$$L(\boldsymbol{\omega}, b, \boldsymbol{\alpha}) = \frac{1}{2} \| \boldsymbol{\omega} \|^2 - \sum_{i=1}^{N} \alpha_i [y_i (\boldsymbol{\omega} \cdot x_i + b) - 1] \tag{4-9}$$

式中：α_i 为拉格朗日乘子。

其次，令 $\theta(\boldsymbol{\omega}) = \max\limits_{a_i > 0} L(\boldsymbol{\omega}, b, \boldsymbol{\alpha})$，当样本点不满足约束条件时，即在可行解区域外，满足式（4-10）所示的条件。

$$y_i (\boldsymbol{\omega} \cdot x_i + b) < 1, \ i = 1, 2, \cdots, N \tag{4-10}$$

此时，将 α_i 设置为无穷大，则 $\theta(\boldsymbol{\omega})$ 也为无穷大。当样本点满足约束条件时，即在可行解区域内，如式（4-11）所示。

$$y_i (\boldsymbol{\omega} \cdot x_i + b) \geqslant 1, \ i = 1, 2, \cdots, N \tag{4-11}$$

此时，$\theta(\boldsymbol{\omega})$ 为原函数本身。将两种情况结合起来得到新的目标函数，见式（4-12）。

$$\theta(\boldsymbol{\omega}) = \begin{cases} \dfrac{1}{2} \| \boldsymbol{\omega} \|^2, & x \in 可行区域 \\ +\infty, & x \in 不可行区域 \end{cases} \tag{4-12}$$

原约束问题等价于式（4-13）。

$$\min_{\boldsymbol{\omega},\ b}\theta(\boldsymbol{\omega}) = \min_{\boldsymbol{\omega},\ b}\max_{\alpha_i\geq 0}L(\boldsymbol{\omega},\ b,\ \boldsymbol{\alpha}) \tag{4-13}$$

利用拉格朗日函数对偶性，最终得到的拉格朗日目标函数如式（4-14）所示。

$$L(\boldsymbol{\omega},\ b,\ \boldsymbol{\alpha}) = \sum_{i=1}^{N}\alpha_i - \frac{1}{2}\sum_{i=1}^{N}\sum_{j=1}^{N}\alpha_i\alpha_j y_i y_j(x_i \cdot x_j) \tag{4-14}$$

利用序列最小优化（SMO）算法得到最优解 $\boldsymbol{\omega}$ 和 b，详见式（4-15）。

$$\boldsymbol{\omega} = \sum_{i=1}^{N}\alpha_i y_i x_i$$
$$b = y_i - \sum_{i=1}^{N}\alpha_i y_i(x_i \cdot x_j) \tag{4-15}$$

以上是基于训练集数据线性可分的假设，实际情况下几乎不存在完全线性可分的数据。为了解决此问题，引入"软间隔"概念，即允许某些点不满足约束条件如式（4-10）所示，对于此问题，采用 hinge 损失函数，将原优化问题转化为如式（4-16）所示问题。

$$\min_{\boldsymbol{\omega},\ b,\ \xi_i} \frac{1}{2}\parallel\boldsymbol{\omega}\parallel^2 + C\sum_{i=1}^{m}\xi_i$$
$$s.t.\ y_i(\boldsymbol{\omega}\cdot x_i + b) \geq 1 - \xi_i, \tag{4-16}$$
$$\xi_i \geq 0,\ i = 1,\ 2,\ \cdots,\ N$$

式中：ξ_i 为松弛变量，且 $\xi_i = \max[0,\ 1 - y_i(\boldsymbol{\omega}\cdot x_i + b)]$；$C$ 为惩罚参数，其值越大表示对误分类的惩罚越大，反之越小。

综合以上分析和推导，可以得到 SVM 学习算法如下：

输入：训练数据集 $\boldsymbol{T} = \{(x_1,\ y_1),\ (x_2,\ y_2),\ \cdots,\ (x_N,\ y_N)\}$；输出：分离超平面和分类决策函数。

首先，选择惩罚参数 C，构造并求解凸二次规划问题，详见式（4-17）。

$$\min_{\alpha}\sum_{i=1}^{N}\alpha_i - \frac{1}{2}\sum_{i=1}^{N}\sum_{j=1}^{N}\alpha_i\alpha_j y_i y_j(x_i \cdot x_j)$$
$$s.t.\ \sum_{i=1}^{N}\alpha_i y_i = 0 \tag{4-17}$$
$$0 \leq \alpha_i \leq C,\ i = 1,\ 2,\ \cdots,\ N$$

得到最优解，见式（4-18）。

$$\boldsymbol{\alpha}^* = (\alpha_1^*,\ \alpha_2^*,\ \cdots,\ \alpha_N^*)^{\mathrm{T}} \tag{4-18}$$

其次，计算最优解 $\boldsymbol{\omega}^*$ 和 b^*，详见式（4-19）。

$$\boldsymbol{\omega}^* = \sum_{i=1}^{N}\alpha^*_i y_i x_i$$
$$b^* = y_i - \sum_{i=1}^{N}\alpha^*_i y_i(x_i \cdot x_j) \tag{4-19}$$

最后，求分离超平面和分类决策函数 $f(x)$，见式（4-20）、式（4-21）。

$$\boldsymbol{\omega}^* \cdot x + b^* = 0 \tag{4-20}$$

$$f(x) = \text{sign}(\boldsymbol{\omega}^* \cdot x + b^*) \tag{4-21}$$

以上是对线性分类，对于非线性分类问题，可以通过非线性变换转换为某维特征空间中的线性分类问题，在高维特征空间中学习线性支持向量机。通常是用核函数代替内积来实现，即如式（4-22）所示。

$$K(x, z) = \phi(x) \cdot \phi(z) \tag{4-22}$$

非线性 SVM 学习算法如下：

输入：训练数据集 $\boldsymbol{T} = \{(x_1, y_1), (x_2, y_2), \cdots, (x_N, y_N)\}$；输出：分离超平面和分类决策函数。

首先，选择合适的核函数 $K(x, z)$ 和惩罚参数 C，构造并求解凸二次规划问题，见式（4-23）。

$$\min_{\alpha} \sum_{i=1}^{N} \alpha_i - \frac{1}{2} \sum_{i=1}^{N} \sum_{j=1}^{N} \alpha_i \alpha_j y_i y_j K(x_i \cdot x_j)$$
$$\text{s.t.} \sum_{i=1}^{N} \alpha_i y_i = 0 \tag{4-23}$$
$$0 \leqslant \alpha_i \leqslant C, \ i = 1, 2, \cdots, N$$

得到最优解，见式（4-24）。

$$\boldsymbol{\alpha}^* = (\alpha_1^*, \alpha_2^*, \cdots, \alpha_N^*)^{\text{T}} \tag{4-24}$$

其次，计算最优解 $\boldsymbol{\omega}^*$ 和 b^*，见式（4-25）。

$$\boldsymbol{\omega}^* = \sum_{i=1}^{N} \alpha^*_i y_i x_i$$
$$b^* = y_i - \sum_{i=1}^{N} \alpha^*_i y_i K(x_i \cdot x_j) \tag{4-25}$$

最后，求分离超平面和分类决策函数 $f(x)$，见式（4-26）、式（4-27）。

$$\boldsymbol{\omega}^* \cdot x + b^* = 0 \tag{4-26}$$
$$f(x) = \text{sign}(\boldsymbol{\omega}^* \cdot x + b^*) \tag{4-27}$$

在整个过程中，常用的核函数有很多，比如多项式核函数、高斯核函数、Sigmoid 核函数等，其中高斯核函数应用得最多，其表达式见式（4-28）。

$$K(x, z) = \exp\left(-\frac{\|x - z\|^2}{2\sigma^2}\right) \tag{4-28}$$

4.1.2　故障诊断流程

本章节采用基于非线性频谱和 SVM 的方法对系统故障进行诊断，包括三个过程，即非线性频谱估计、主元特征提取和故障诊断。首先利用辨识算法获取系统 GFRF 频谱来构造高维频谱数据，然后利用核主元分析（KPCA）对高维频谱数据进行压缩和降维，最后将得到的低维频谱主元特征送入 SVM 多分类器进行训练和测试，以实现故障识别和分类，整个过程如图 4-2 所示。

获取系统各状态的非线性频谱后，将每阶非线性频谱进行堆叠构成一个 $1 \times n$ 的样本向量 $\boldsymbol{x}_i$，$(i = 1, 2, \cdots, m)$，每种状态重复 m 次可以构成一个 $m \times n$ 的非线性频谱样本数矩阵 $\boldsymbol{X}$；

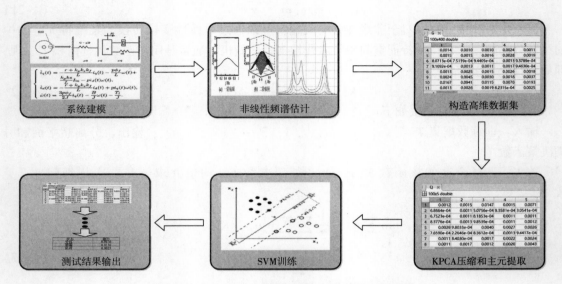

图 4-2　基于非线性频谱和 SVM 的故障诊断流程图

然后利用 KPCA 从非线性频谱样本数据中提取主元特征，最后将主元特征送入 SVM 分类器实现故障类型输出，其具体步骤为：

步骤 1：对 $\boldsymbol{X}$ 进行标准化处理得到式（4-29）。

$$\tilde{\boldsymbol{X}} = [\ \tilde{x}_1,\ \tilde{x}_2,\ \cdots,\ \tilde{x}_m]^{\mathrm{T}},\ \tilde{x}_i = [\ \tilde{x}_{i1},\ \tilde{x}_{i2},\ \cdots,\ \tilde{x}_{ik}]^{\mathrm{T}}$$

$$\tilde{x}_{ij} = \frac{x_{ij} - \bar{x}_j}{\sqrt{\mathrm{Var}(x_j)}} (i = 1,\ \cdots,\ m; j = 1,\ \cdots,\ k) \tag{4-29}$$

式中：$\bar{x}_j = \dfrac{1}{m}\displaystyle\sum_{i=1}^{m} x_{ij}$ 为第 j 列的平均值；$\mathrm{Var}(x_j) = \dfrac{1}{m-1}\displaystyle\sum_{i=1}^{m} (x_{ij} - \bar{x}_j)^2$ 为第 j 列的平均值方差。

步骤 2：利用高斯核函数计算核矩阵 $\boldsymbol{K}$，见式（4-30）。

$$K_{ij} = \boldsymbol{K}(\ \tilde{x}_i,\ \tilde{x}_j)(i,\ j = 1,\ \cdots,\ m) \tag{4-30}$$

步骤 3：对核矩阵 $\boldsymbol{K}$ 进行标准化处理，见式（4-31）。

$$\tilde{\boldsymbol{K}} = \boldsymbol{K} - \boldsymbol{K}\boldsymbol{E}_m - \boldsymbol{E}_m\boldsymbol{K} + \boldsymbol{E}_m\boldsymbol{K}\boldsymbol{E}_m \tag{4-31}$$

式中：$\boldsymbol{E}_m$ 为元素全是 $\dfrac{1}{m}$ 的 $m \times m$ 维方阵。

步骤 4：求 $\tilde{\boldsymbol{K}}$ 的特征值 $\lambda_i(i = 1,\ 2,\ \cdots,\ m)$ 与特征向量 $\boldsymbol{\alpha}_i(i = 1,\ 2,\ \cdots,\ m)$，见式（4-32）。

$$\lambda_i \boldsymbol{\alpha}_i = \tilde{\boldsymbol{K}} \boldsymbol{\alpha}_i \tag{4-32}$$

步骤 5：将特征值进行降序排列得 $\lambda_1 \geqslant \lambda_2 \geqslant \cdots \geqslant \lambda_m$，$\boldsymbol{\alpha}_1,\ \boldsymbol{\alpha}_2,\ \cdots,\ \boldsymbol{\alpha}_m$ 表示相应的特征向量，对特征向量 $\{\boldsymbol{\alpha}_k\}_{k=1}^{m}$ 进行单位正交化，见式（4-33）。

$$(\boldsymbol{\alpha}_k')^{\mathrm{T}} \cdot \boldsymbol{\alpha}_k' = 1/\lambda_k (k = 1,\ \cdots,\ m) \tag{4-33}$$

步骤 6：根据主成分累积贡献率（CPV）选择主元数量，前 l 个主元的 CPV 如式（4-34）所示。

$$\text{CPV} = \sum_{i=1}^{l} \lambda_i \Big/ \sum_{i=1}^{n} \lambda_i \tag{4-34}$$

选择满足 $\text{CPV} \geqslant \varepsilon$（阈值）的最小 l 值 l_0 作为主元个数

步骤 7：计算主元向量 $\boldsymbol{F} = [F_1, F_2, \cdots, F_{l_0}]$，见式（4-35）。

$$F_k = \sum_{i=1}^{n} \alpha'_{k,i} K_{ij} (i = 1, \cdots, m; k = 1, \cdots, l_0) \tag{4-35}$$

步骤 8：将主元向量 $\boldsymbol{F}$ 送入 SVM 多分类器进行故障识别。

4.1.3 实例分析 1

为了验证 SVM 算法的有效性，下面以无刷直流电机为例，其数学模型如第 3 章中式（3-74）所示。某无刷直流电机正常情况下参数为：

$$k_p = k_s = k_f = 1, r \in [4.9, 5.1]\Omega, L = 0.006\text{H}, \phi_f = 0.186\text{Wb},$$

$$J = 2 \times 10^{-6}\text{kg} \cdot \text{m}^2, B \in [1.8 \times 10^{-5}, 2.1 \times 10^{-5}]\text{N} \cdot \text{m} \cdot \text{s/rad}, T_1 = 3\text{N} \cdot \text{m}$$

假如：电机发生定子匝间短路故障时，$r < 4.9\Omega$；当发生转子阻滞故障时，$B > 2.1 \times 10^{-5}\text{N} \cdot \text{m} \cdot \text{s/rad}$；当发生漏磁故障时，$\phi_g < 0.186\text{Wb}$。

利用参数辨识方法对四种状态下的前两阶 GFRF 频谱进行估算，如图 4-3～图 4-6 所示。

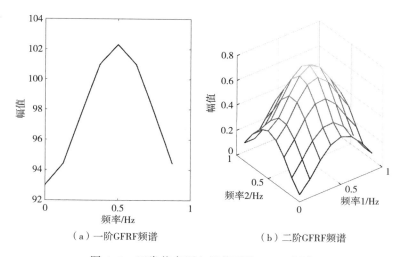

（a）一阶GFRF频谱　　　　　（b）二阶GFRF频谱

图 4-3　正常状态下电机前两阶 GFRF 频谱

电机正常状态下，系统前两阶 GFRF 频谱如图 4-3 所示。其中，一阶 GFRF 频谱最小值为 93.0000，最大值为 102.3000；二阶 GFRF 频谱最小值为 0.0557，最大值为 0.7675。

发生定子匝间短路故障时，前两阶 GFRF 频谱如图 4-4 所示。其中，一阶 GFRF 频谱最小值为 93.0000，最大值为 102.3000；二阶 GFRF 频谱最小值为 0.0256，最大值为 0.3728；通过与正常状态下 GFRF 频谱幅值相比，GFRF 频谱幅值下降明显，其中一阶 GFRF 频谱最小值下降 33.3%，最大值减少 30.0%；二阶 GFRF 频谱最小值减少 54.0%，最大值减少 51.4%。

转子阻滞故障发生时，转子阻尼变大，前两阶 GFRF 频谱如图 4-5 所示。其中，一阶

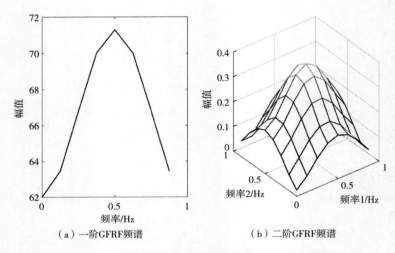

（a）一阶GFRF频谱　　　　　　　（b）二阶GFRF频谱

图 4-4　定子匝间短路故障下电机前两阶 GFRF 频谱

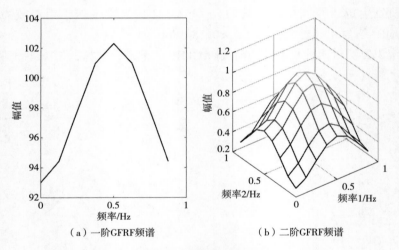

（a）一阶GFRF频谱　　　　　　　（b）二阶GFRF频谱

图 4-5　转子阻滞故障下电机前两阶 GFRF 频谱

GFRF 频谱最小值为 93.0000，最大值为 102.3000；二阶 GFRF 频谱最小值为 0.2883，最大值为 1.0465。通过与正常状态下 GFRF 频谱幅值相比，一阶 GFRF 频谱最小值没有变化，最大值也没有变化；二阶 GFRF 频谱最小值增加 417.6%，最大值增加 35.4%。

漏磁故障发生时，前两阶 GFRF 频谱如图 4-6 所示。其中，一阶 GFRF 频谱最小值为 43.0000，最大值为 47.3000；二阶 GFRF 频谱最小值为 0.0123，最大值为 0.1641。通过与正常状态下 GFRF 频谱幅值相比，一阶 GFRF 频谱降低 53.8%，最大值降低 47.3%；二阶 GFRF 频谱最小值降低 77.9%，最大值降低 78.6%。

通过上述分析发现，不同状态下电机前两阶 GFRF 频谱变换规律不一样，因此可以用其作为故障信息加以诊断。电机系统的一阶 GFRF 频谱长度为 8，二阶 GFRF 频谱长度为 64，前两阶 GFRF 频谱构成一个 72 维向量。为了降低 SVM 分类器的计算负载，首先利用 KPCA 从 72 维数据中提取主要频谱特征，其中高斯径向基函数宽度 $\sigma = 1$，累积贡献率为 0.92。经计算前 7 个主元的累积贡献率满足要求，因此经过 KPCA 压缩之后，GFRF 特征数据降至 7 维。

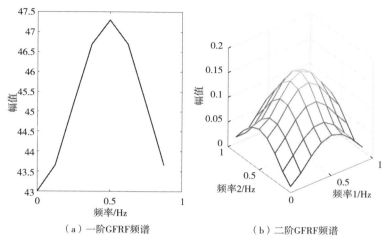

（a）一阶GFRF频谱　　　　　　　（b）二阶GFRF频谱

图 4-6　漏磁故障下电机前两阶 GFRF 频谱

　　每种状态选取 250 种工况进行实验，因此电机系统四种状态可共获取 1000 组 72 维数据集，经过 KPCA 降维之后，选取其中 80% 的数据集送入 SVM 分类器进行训练，剩余的 20% 数据送入 SVM 进行诊断与识别。其中，SVM 分类器中，惩罚因子设置为 1，核函数采用高斯核函数，其中径向基宽度设置为 3。该方法的诊断结果如图 4-7 所示。

```
clc
clear
T=0.02;
for i=1:250;
    r(1)=4.9;
    r(i+1)=r(i)+0.0008;
    LL=0.006;se=0.186;J=2*10^(-6);
    Tl=3;B=2*10^(-5);
    kp=1;ks=1;kf=1;
    w1=0:1:7;
    w2=0:1:7;
    H1=-((3*se)/(2*T*Tl))*(-(1+T*(r(i)+kp*ks*kf)/LL)+exp(-j*w1));
    H1A=abs(H1);
    [w1,w2]=meshgrid(w1,w2);
    H2=(-((3.*se)/(2.*T.*Tl))^3).*((2.*J+2.*B.*T)/(3.*se)-(J/(3.*se)).*(exp(-j.*w1)+…
                    exp(-j.*w2))).*(-1-(T.*(r(i)+kp.*ks.*kf))/LL+exp(-j.*w1)).*…
                    (-1-(T.*(r(i)+kp.*ks.*kf))/LL+exp(-j.*w2));
    H2A=abs(H2);
    H22A=H2A;
    H22A=H22A';
    H22A=(H22A(:))';
```

```matlab
    x1(i,:)=[H1A H22A];
end
for i=1:250;
    r(1)=4.9;
    r(i+1)=r(i)-0.008;
    LL=0.006;se=0.186;J=2*10^(-6);
    Tl=3;B=2*10^(-5);
    kp=1;ks=1;kf=1;
    w1=0:1:7;
    w2=0:1:7;
    H1=-((3*se)/(2*T*Tl))*(-(1+T*(r(i)+kp*ks*kf)/LL)+exp(-j*w1));
    H1A=abs(H1);
    [w1,w2]=meshgrid(w1,w2);
    H2=(-((3.*se)/(2.*T.*Tl))^3).*((2.*J+2.*B.*T)/(3.*se)-(J/(3.*se)).*(exp(-j.*w1)+···
                            exp(-j.*w2))).*(-1-(T.*(r(i)+kp.*ks.*kf))/LL+exp(-j.*w1)).*···
                            (-1-(T.*(r(i)+kp.*ks.*kf))/LL+exp(-j.*w2));
    H2A=abs(H2);
    H22A=H2A;
    H22A=H22A';
    H22A=(H22A(:))';
    v1(i,:)=[H1A H22A];
end
for i=1:250;
    r=5;
    se=0.186;
    LL=0.006;J=2*10^(-6);
    Tl=3;
    B(1)=2.1*10^(-5);
    B(i+1)=B(i)+10.^-7;
    kp=1;ks=1;kf=1;
    w1=0:1:7;
    w2=0:1:7;
    H1=-((3*se)/(2*T*Tl))*(-(1+T*(r+kp*ks*kf)/LL)+exp(-j*w1));
    H1A=abs(H1);
    [w1,w2]=meshgrid(w1,w2);
    H2=(-((3.*se)/(2.*T.*Tl))^3).*((2.*J+2.*B(i).*T)/(3.*se)-(J/(3.*se)).*(exp(-j.*w1)+···
                            exp(-j.*w2))).*(-1-(T.*(r+kp.*ks.*kf))/LL+exp(-j.*w1)).*···
                            (-1-(T.*(r+kp.*ks.*kf))/LL+exp(-j.*w2));
```

```
        H2A=abs(H2);
        H22A=H2A;
        H22A=H22A';
        H22A=(H22A(:))';
        q1(i,:)=[H1A H22A];
end
for i=1:250;
        r=5;
        se(i)=0.186;
        se(i+1)=se(i)-0.0002;
        LL=0.006;J=2*10^(-6);
        Tl=3;B=2*10^(-5);
        kp=1;ks=1;kf=1;
        w1=0:1:7;
        w2=0:1:7;
        w3=0:1:7;
        H1=-((3*se(i))/(2*T*Tl))*(-(1+T*(r+kp*ks*kf)/LL)+exp(-j*w1));
        H1A=abs(H1);
        [w1,w2]=meshgrid(w1,w2);
        H2=(-((3.*se(i))/(2.*T.*Tl))^3).*((2.*J+2.*B.*T)/(3.*se(i))-(J/(3.*se(i)))).*
(exp(-j.*w1)+…
                        exp(-j.*w2))).*(-1-(T.*(r+kp.*ks.*kf))/LL+exp(-j.*w1)).*…
                        (-1-(T.*(r+kp.*ks.*kf))/LL+exp(-j.*w2)));
        H2A=abs(H2);
        H22A=H2A;
        H22A=H22A';
        H22A=(H22A(:))';
        z1(i,:)=[H1A H22A];
end
G=[x1;v1;q1;z1];
BQ=[ones(250,1);2*ones(250,1);3*ones(250,1);4*ones(250,1)];%制作标签
X=G;
rbf_var=1;
[X,mean,std]=zscore(X);
n=size(G,1);%n 是行数,m 是列数
l=ones(n,n)/n;%用于核矩阵的标准化
for i=1:n
    for j=1:n
        K(i,j)=exp(-norm(X(i,:)-X(j,:))^2/rbf_var);
        K(j,i)=K(i,j);
```

```
        end
end
kl=K-l*K-K*l+l*K*l;
[coeff,score,latent,T2] = pca(kl);
percent = 0.92;
k=0;
for i=1:size(latent,1)
    alpha(i)=sum(latent(1:i))/sum(latent);
    if alpha(i)>=percent
        k=i;
        break;
    end
end
m=score(:,1:k);
N=250;
m1=m(1:250,:);BQ1=BQ(1:250,:);
m2=m(251:500,:);BQ2=BQ(251:500,:);
m3=m(501:750,:);BQ3=BQ(501:750,:);
m4=m(751:1000,:);BQ4=BQ(751:1000,:);
n=randperm(N);
train=[m1(sort(n(1:0.8*N)),:);m2(sort(n(1:0.8*N)),:);m3(sort(n(1:0.8*N)),:);m4(sort(n(1:0.8*N)),:)];
train_group=[BQ1(sort(n(1:0.8*N)),:);BQ2(sort(n(1:0.8*N)),:);BQ3(sort(n(1:0.8*N)),:);BQ4(sort(n(1:0.8*N)),:)];
test=[m1(sort(n(0.8*N+1:end)),:);m2(sort(n(0.8*N+1:end)),:);m3(sort(n(0.8*N+1:end)),:);m4(sort(n(0.8*N+1:end)),:)];%
test_group=[BQ1(sort(n(0.8*N+1:end)),:);BQ2(sort(n(0.8*N+1:end)),:);BQ3(sort(n(0.8*N+1:end)),:);BQ4(sort(n(0.8*N+1:end)),:)];%
model = svmtrain(train_group,train,'-s 0-t 2-c 1-g 3');%%g代表核函数宽度,c代表惩罚系数
[predict_labe,accuracy,decision_values] = svmpredict(test_group,test,model);
figure;
plot(test_group,'o');
hold on;
plot(predict_labe,'r*');
xlabel('测试集样本');
ylabel('类别标签');
legend('实际测试集分类','预测测试集分类');
title('测试集的实际分类和预测分类图')
set(gca,'FontSize',20,'YDir','normal')
figure
```

```
scatter3(m1(:,1),m1(:,2),m1(:,3))
hold on
scatter3(m2(:,1),m2(:,2),m2(:,3))
hold on
scatter3(m3(:,1),m3(:,2),m3(:,3))
hold on
scatter3(m4(:,1),m4(:,2),m4(:,3))
xlabel('第一主元');
ylabel('第二主元');
zlabel('第三主元');
legend('正常状态','匝间短路故障','转子阻滞故障','漏磁故障');
title('数据特征可视化')
set(gca,'FontSize',20,'YDir','normal')
```

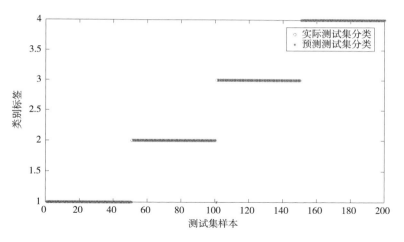

图 4-7　基于 CFRF 的 SVM 诊断结果

从图 4-7 可以看出，利用 SVM 对非线性频谱数据进行分类，其综合准确率可达 99%，其中，正常状态的识别率为 100%，匝间短路故障的识别率为 98%，转子阻滞故障识别率为 98%，漏磁故障识别率为 98%。为了验证 KPCA 对特征提取能力，现提取前三维特征进行可视化，其结果如图 4-8 所示。

从图 4-8 可以看出，经过 KPCA 特征提取之后，四种状态的特征能够明显被区分开。经过特征压缩之后的数据不仅减轻了 SVM 的计算量，而且有助于 SVM 做出正确判断。

4.1.4　实例分析 2

为了验证 SVM 在设备故障诊断中的有效性，本章再以机械轴裂纹故障为例，利用系统的 NOFRF 频谱来表征故障信息，然后利用 SVM 从 NOFRF 频谱中提取和挖掘故障特征并实现故

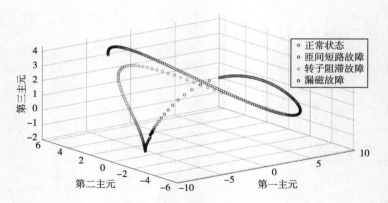

图 4-8　特征提取可视化

障的分类。

当机械轴出现裂纹时，局部产生的柔度会影响其动力学特性，特别是轴转动过程中裂纹处于周期性开合状态，此时系统就表现出非线性特性，对于类似系统的研究其模型可等价为如图 4-9 所示的双线性振荡器[222-224]，该模型可以解释机械结构中很多非线性现象。

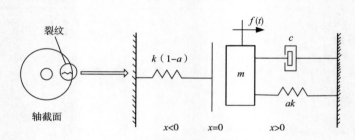

图 4-9　轴裂纹的双线性振子模型

根据图 4-9 中双线性振荡器模型，建立间隙—啮合力的动力学方程，见式（4-36）。

$$\begin{cases} m\ddot{x} + c\dot{x} + \alpha kx = f(t), & x \geqslant 0 \\ m\ddot{x} + c\dot{x} + kx = f(t), & x < 0 \end{cases} \tag{4-36}$$

式中：m 为模块质量；c 为阻尼系数；k 为模块刚度；α 为刚度比；x 为缝间隙；$f(t)$ 为啮合力。

利用魏尔斯特拉斯（Weierstrass）逼近定理，将式（4-36）用四阶多项式非线性系统进行近似，其结果如式（4-37）所示。

$$m\ddot{x} + c\dot{x} + k(c_1 x + c_2 x^2 + c_3 x^3 + c_4 x^4) = f(t) \tag{4-37}$$

式中：c_1、c_2、c_3 和 c_4 的取值结果是由刚度比 α 决定的，利用 MATLAB 中的 polyfit 函数进行拟合得到多项式各系数值如表 4-1 所示。

表 4-1　多项式各阶系数拟合值

α	c_1	c_2	c_3	c_4
1	1.0000	0.0000	0.0000	0.0000
0.95	0.9750	−0.0411	0.0000	0.0204

续表

α	c_1	c_2	c_3	c_4
0.90	0.9500	-0.0821	0.0000	0.0408
0.85	0.9250	-0.1232	0.0000	0.0613
0.8	0.9000	-0.1642	0.0000	0.0817

令 $\zeta = \dfrac{c}{2\sqrt{mc_1 k}}$，$\omega_L = \sqrt{\dfrac{c_1 k}{m}}$，$\varepsilon_2 = \dfrac{c_2}{c_1}$，$\varepsilon_3 = \dfrac{c_3}{c_1}$，$\varepsilon_4 = \dfrac{c_4}{c_1}$，$f_o(t) = \dfrac{f(t)}{m}$，可将式（4-37）进行归一化为式（4-38）。

$$\ddot{x} + 2\zeta\omega_L \dot{x} + \omega_L^2 x + \varepsilon_2\omega_L^2 x^2 + \varepsilon_3\omega_L^2 x^3 + \varepsilon_4\omega_L^2 x^4 = f_o(t) \tag{4-38}$$

对式（4-38）利用参数辨识方法得到前四阶 NOFRF 函数，见式（4-39）~式（4-42）。

$$G_1(j\omega) = H_1(j\omega) = \frac{1}{(j\omega)^2 + 2\zeta\omega_L(j\omega) + \omega_L^2} \tag{4-39}$$

$$G_2(j2\omega) = H_2(j\omega, j\omega) = -\varepsilon_2\omega_L^2 H_1^2(j\omega)H_1(j2\omega) \tag{4-40}$$

$$G_3(j3\omega) = H_3(j\omega, j\omega, j\omega) = 2\varepsilon_2^2\omega_L^4 H_1^3(j\omega)H_1(j2\omega)H_1(j3\omega) \tag{4-41}$$

$$\begin{aligned} G_4(j4\omega) &= H_4(j\omega, j\omega, j\omega, j\omega) \\ &= -\varepsilon_2^3\omega_L^6 H_1^4(j\omega)H_1(j2\omega)H_1(j4\omega)\left[4H_1(j3\omega) + H_1(j2\omega)\right] - \\ &\quad \varepsilon_4\omega_L^2 H_1^4(j\omega)H_1(j4\omega) \end{aligned} \tag{4-42}$$

假设轴质量 $m = 1.1\text{kg}$；轴刚度 $k = 3.56 \times 10^4 \text{N/m}$；轴阻尼 $c = 22\text{Ns/m}$。轴不同程度裂纹故障对应的刚度比不一样，开裂程度越高，刚度比越小。结合表 4-1，设置正常状态、裂纹 20%、裂纹 40%、裂纹 60% 和裂纹 80% 等五种不同状态，对应的刚度比分别为：$\alpha = 1$、$\alpha = 0.95$、$\alpha = 0.90$、$\alpha = 0.85$ 和 $\alpha = 0.8$。根据式（4-39）~式（4-42）得到前四阶 NOFRF 频谱，如图 4-10~图 4-13 所示。

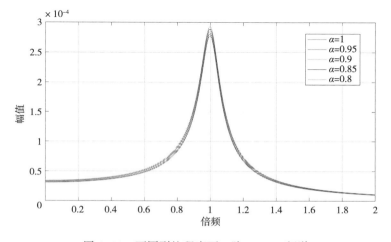

图 4-10 不同裂纹程度下一阶 NOFRF 频谱

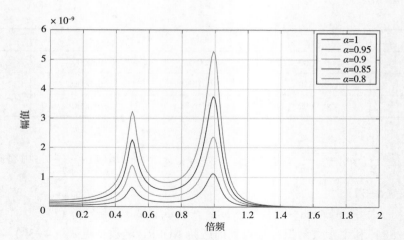

图 4-11　不同裂纹程度下二阶 NOFRF 频谱

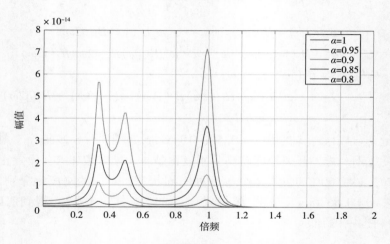

图 4-12　不同裂纹程度下三阶 NOFRF 频谱

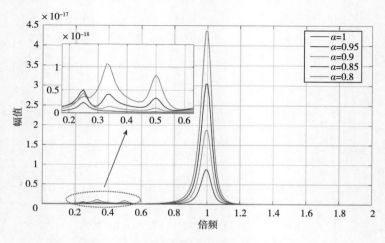

图 4-13　不同裂纹程度下四阶 NOFRF 频谱

不同状态下各阶 NOFRF 频谱的峰值如表 4-2 所示。

表 4-2 不同状态下各阶 NOFRF 频谱峰值

阶数	NOFRF 峰值				
	正常	裂纹 20%	裂纹 40%	裂纹 60%	裂纹 80%
1	$(1, 2.7793\times10^{-4})$	$(1, 2.8147\times10^{-4})$	$(1, 2.8515\times10^{-4})$	$(1, 2.8898\times10^{-4})$	$(1, 2.9297\times10^{-4})$
2	$(0.5, 0)$ $(1, 0)$	$(0.5, 0.0662\times10^{-8})$ $(1, 0.1122\times10^{-8})$	$(0.5, 0.1412\times10^{-8})$ $(1, 0.2365\times10^{-8})$	$(0.5, 0.2265\times10^{-8})$ $(1, 0.3748\times10^{-8})$	$(0.5, 0.3233\times10^{-8})$ $(1, 0.5282\times10^{-8})$
3	$(1/3, 0)$ $(1/2, 0)$ $(1, 0)$	$(1/3, 0.2450\times10^{-14})$ $(1/2, 0.1854\times10^{-14})$ $(1, 0.3366\times10^{-14})$	$(1/3, 0.1101\times10^{-13})$ $(1/2, 0.0833\times10^{-13})$ $(1, 0.1476\times10^{-14})$	$(1/3, 0.2799\times10^{-13})$ $(1/2, 0.2116\times10^{-13})$ $(1, 0.3656\times10^{-13})$	$(1/3, 0.5628\times10^{-13})$ $(1/2, 0.4252\times10^{-13})$ $(1, 0.7158\times10^{-13})$
4	$(1/4, 0)$ $(1/3, 0)$ $(1/2, 0)$ $(1, 0)$	$(1/4, 0.0231\times10^{-17})$ $(1/3, 0.0157\times10^{-17})$ $(1/2, 0.0028\times10^{-17})$ $(1, 0.8743\times10^{-17})$	$(1/4, 0.0044\times10^{-16})$ $(1/3, 0.0014\times10^{-16})$ $(1/2, 0.0011\times10^{-16})$ $(1, 0.1880\times10^{-16})$	$(1/4, 0.0050\times10^{-16})$ $(1/3, 0.0041\times10^{-16})$ $(1/2, 0.0033\times10^{-16})$ $(1, 0.3045\times10^{-16})$	$(1/4, 0.0037\times10^{-16})$ $(1/3, 0.0107\times10^{-16})$ $(1/2, 0.0083\times10^{-16})$ $(1, 0.4371\times10^{-16})$

从图 4-10~图 4-13 和表 4-2 可以看出，轴在不同裂纹状态下的 NOFRF 频谱值差别很大，即使同一种故障不同阶次的 NOFRF 频谱值也不相同。因此，可以用不同状态的 NOFRF 频谱作为故障显著特征加以提取并进行诊断。

假设：80% 裂纹故障时，α 在 $[0.7505, 0.8000]$ 上服从均匀分布；60% 裂纹故障时，α 在 $[0.8005, 0.8500]$ 上服从均匀分布；40% 裂纹故障时，α 在 $[0.8505, 0.9000]$ 上服从均匀分布；20% 裂纹故障时，α 在 $[0.9005, 0.9500]$ 上服从均匀分布；正常状态时，α 在 $[0.9505, 1.0000]$ 上服从均匀分布。每阶 NOFRF 频谱均匀采集 50 个点（主要在峰值附近采集），4 阶频谱共采集 200 个点作为一组 200 维特征向量，重复 100 次实验得到 100 组 200 维特征向量，频谱数据首先利用 KPCA 进行降维处理，然后将低维数据中的 80% 和 20% 分别作为训练集和测试集输入 SVM 进行训练和测试。其中，KPCA 采用高斯核函数且函数径向基宽度为 3，累积贡献率 0.98。SVM 分类器中：惩罚因子设置为 2，核函数采用高斯径向基核函数，其中径向基宽度设置为 30。诊断结果如图 4-14 和图 4-15 所示。

```
clc
clear
a=0.7505:0.0005:1;%500个不同刚度比
x1=[0:0.01:1];
x2=[-1:0.01:0];
for i=1:500;
    y1=a(:,i)*x1;
    y2=x2;
    x=[x2,x1];
    y=[y2,y1];
```

```
    p(i,:)=polyfit(x,y,4);
end
%p 是 500 组拟合的多项式系数
E=p(401:500,:);%正常对应的多项式系数(100 次试验)
for i=1:100;
    a1=E(i,4);a2=E(i,3);a3=E(i,2);a4=E(i,1);
    kg=3.56*10.^4;
    me=1.1;
    cm=22;
    u=cm/(2*sqrt(me*a1*kg));
    wl=sqrt(a1*kg/(me));
    b2=a2/a1;b3=0;b4=a4/a1;
    k=0:0.01:2-0.01;
    G1=(1./(wl).^2)*(1./((1-k.^2)+2*u*k*j));
    G12=(1./(wl).^2)*(1./((1-4*k.^2)+4*u*k*j));
    G2=-b2.*((wl).^2)*((G1).^2).*G12;
    G13=(1./(wl).^2)*(1./((1-9*k.^2)+6*u*k*j));
    G3=2.*((b2).^2).*((wl).^4).*((G1).^3).*(G12).*(G13);
    G14=(1./(wl).^2)*(1./((1-16*k.^2)+8*u*k*j));
    G4=(-(wl).^2).*G14.*((b2.^3).*((wl).^4).*((G1).^4).*G12.*(4*G13+G12)+b4.*
(G1).^4);
    G1A(i,:)=abs(G1);%100 组 1 阶 NOFRF 频谱
    G2A(i,:)=abs(G2);%100 组 2 阶 NOFRF 频谱
    G3A(i,:)=abs(G3);%100 组 3 阶 NOFRF 频谱
    G4A(i,:)=abs(G4);%100 组 4 阶 NOFRF 频谱
end
G1AA=G1A(:,22:2:120);%对 100 次试验在 1 阶 NOFRF 区间(22,120)之间取 50 个点
G2AA=G2A(:,22:2:120);%对 100 次试验在 2 阶 NOFRF 区间(22,120)之间取 50 个点
G3AA=G3A(:,22:2:120);%对 100 次试验在 3 阶 NOFRF 区间(22,120)之间取 50 个点
G4AA=G4A(:,22:2:120);%对 100 次试验在 4 阶 NOFRF 区间(22,120)之间取 50 个点
GE=[G1AA,G2AA,G3AA,G4AA];%100×200,即,将 1,2,3,4 阶 50 个点放在一起,构成 100 组 200 维向量
A=p(1:100,:);%80%裂纹故障对应的多项式系数(100 次试验)
for i=1:100;
    a1=A(i,4);a2=A(i,3);a3=A(i,2);a4=A(i,1);
    kg=3.56*10.^4;
    me=1.1;
    cm=22;
    u=cm/(2*sqrt(me*a1*kg));
    wl=sqrt(a1*kg/(me));
    b2=a2/a1;b3=0;b4=a4/a1;
    k=0:0.01:2-0.01;
```

```
G1=(1./(wl).^2)*(1./((1-k.^2)+2*u*k*j));
G12=(1./(wl).^2)*(1./((1-4*k.^2)+4*u*k*j));
G2=-b2.*((wl).^2)*((G1).^2).*G12;
G13=(1./(wl).^2)*(1./((1-9*k.^2)+6*u*k*j));
G3=2.*((b2).^2).*((wl).^4).*((G1).^3).*(G12).*(G13);
G14=(1./(wl).^2)*(1./((1-16*k.^2)+8*u*k*j));
G4=(-(wl).^2).*G14.*((b2.^3).*((wl).^4).*((G1).^4).*G12.*(4*G13+G12)+b4.*(G1).^4);
G1A(i,:)=abs(G1);%100 组 1 阶 NOFRF 频谱
G2A(i,:)=abs(G2);%100 组 2 阶 NOFRF 频谱
G3A(i,:)=abs(G3);%100 组 3 阶 NOFRF 频谱
G4A(i,:)=abs(G4);%100 组 4 阶 NOFRF 频谱
end
G1AA=G1A(:,22:2:120);%对 100 次试验在 1 阶 NOFRF 区间(22,120)之间取 50 个点
G2AA=G2A(:,22:2:120);%对 100 次试验在 2 阶 NOFRF 区间(22,120)之间取 50 个点
G3AA=G3A(:,22:2:120);%对 100 次试验在 3 阶 NOFRF 区间(22,120)之间取 50 个点
G4AA=G4A(:,22:2:120);%对 100 次试验在 4 阶 NOFRF 区间(22,120)之间取 50 个点
GA=[G1AA,G2AA,G3AA,G4AA];%100×200,即,将 1,2,3,4 阶 50 个点放在一起,构成 100 组 200 维向量
B=p(101:200,:);%60%裂纹故障对应的多项式系数(100 次试验)
for i=1:100;
a1=B(i,4);a2=B(i,3);a3=B(i,2);a4=B(i,1);
kg=3.56*10.^4;
me=1.1;
cm=22;
u=cm/(2*sqrt(me*a1*kg));
wl=sqrt(a1*kg/(me));
b2=a2/a1;b3=0;b4=a4/a1;
k=0:0.01:2-0.01;
G1=(1./(wl).^2)*(1./((1-k.^2)+2*u*k*j));
G12=(1./(wl).^2)*(1./((1-4*k.^2)+4*u*k*j));
G2=-b2.*((wl).^2)*((G1).^2).*G12;
G13=(1./(wl).^2)*(1./((1-9*k.^2)+6*u*k*j));
G3=2.*((b2).^2).*((wl).^4).*((G1).^3).*(G12).*(G13);
G14=(1./(wl).^2)*(1./((1-16*k.^2)+8*u*k*j));
G4=(-(wl).^2).*G14.*((b2.^3).*((wl).^4).*((G1).^4).*G12.*(4*G13+G12)+b4.*(G1).^4);
G1A(i,:)=abs(G1);%100 组 1 阶 NOFRF 频谱
G2A(i,:)=abs(G2);%100 组 2 阶 NOFRF 频谱
G3A(i,:)=abs(G3);%100 组 3 阶 NOFRF 频谱
G4A(i,:)=abs(G4);%100 组 4 阶 NOFRF 频谱
```

```
end
G1AA=G1A(:,22:2:120);%对100次试验在1阶NOFRF区间(22,120)之间取50个点
G2AA=G2A(:,22:2:120);%对100次试验在2阶NOFRF区间(22,120)之间取50个点
G3AA=G3A(:,22:2:120);%对100次试验在3阶NOFRF区间(22,120)之间取50个点
G4AA=G4A(:,22:2:120);%对100次试验在4阶NOFRF区间(22,120)之间取50个点
GB=[G1AA,G2AA,G3AA,G4AA];%100×200,即,将1,2,3,4阶50个点放在一起,构成100组200维向量
C=p(201:300,:);%40%裂纹故障对应的多项式系数(100次试验)
for i=1:100;
    a1=C(i,4);a2=C(i,3);a3=C(i,2);a4=C(i,1);
    kg=3.56*10.^4;
    me=1.1;
    cm=22;
    u=cm/(2*sqrt(me*a1*kg));
    wl=sqrt(a1*kg/(me));
    b2=a2/a1;b3=0;b4=a4/a1;
    k=0:0.01:2-0.01;
    G1=(1./(wl).^2)*(1./((1-k.^2)+2*u*k*j));
    G12=(1./(wl).^2)*(1./((1-4*k.^2)+4*u*k*j));
    G2=-b2.*((wl).^2)*((G1).^2).*G12;
    G13=(1./(wl).^2)*(1./((1-9*k.^2)+6*u*k*j));
    G3=2.*((b2).^2).*((wl).^4).*((G1).^3).*(G12).*(G13);
    G14=(1./(wl).^2)*(1./((1-16*k.^2)+8*u*k*j));
    G4=(-(wl).^2).*G14.*((b2.^3).*((wl).^4).*((G1).^4).*G12.*(4*G13+G12)+b4.*
(G1).^4);
    G1A(i,:)=abs(G1);%100组1阶NOFRF频谱
    G2A(i,:)=abs(G2);%100组2阶NOFRF频谱
    G3A(i,:)=abs(G3);%100组3阶NOFRF频谱
    G4A(i,:)=abs(G4);%100组4阶NOFRF频谱
end
G1AA=G1A(:,22:2:120);%对100次试验在1阶NOFRF区间(22,120)之间取50个点
G2AA=G2A(:,22:2:120);%对100次试验在2阶NOFRF区间(22,120)之间取50个点
G3AA=G3A(:,22:2:120);%对100次试验在3阶NOFRF区间(22,120)之间取50个点
G4AA=G4A(:,22:2:120);%对100次试验在4阶NOFRF区间(22,120)之间取50个点
GC=[G1AA,G2AA,G3AA,G4AA];%100×200,即,将1,2,3,4阶50个点放在一起,构成100组200维向量
D=p(301:400,:);%20%裂纹故障对应的多项式系数(100次试验)
for i=1:100;
    a1=D(i,4);a2=D(i,3);a3=D(i,2);a4=D(i,1);
    kg=3.56*10.^4;
    me=1.1;
    cm=22;
    u=cm/(2*sqrt(me*a1*kg));
```

```
    wl=sqrt(a1*kg/(me));
    b2=a2/a1;b3=0;b4=a4/a1;
    k=0:0.01:2-0.01;
    G1=(1./(wl).^2)*(1./((1-k.^2)+2*u*k*j));
    G12=(1./(wl).^2)*(1./((1-4*k.^2)+4*u*k*j));
    G2=-b2.*((wl).^2)*((G1).^2).*G12;
    G13=(1./(wl).^2)*(1./((1-9*k.^2)+6*u*k*j));
    G3=2.*((b2).^2).*((wl).^4).*((G1).^3).*(G12).*(G13);
    G14=(1./(wl).^2)*(1./((1-16*k.^2)+8*u*k*j));
    G4=(-(wl).^2).*G14.*((b2.^3).*((wl).^4).*((G1).^4).*G12.*(4*G13+G12)+b4.*
(G1).^4);
    G1A(i,:)=abs(G1);%100 组 1 阶 NOFRF 频谱
    G2A(i,:)=abs(G2);%100 组 2 阶 NOFRF 频谱
    G3A(i,:)=abs(G3);%100 组 3 阶 NOFRF 频谱
    G4A(i,:)=abs(G4);%100 组 4 阶 NOFRF 频谱
end
G1AA=G1A(:,22:2:120);%对 100 次试验在 1 阶 NOFRF 区间(22,120)之间取 50 个点
G2AA=G2A(:,22:2:120);%对 100 次试验在 2 阶 NOFRF 区间(22,120)之间取 50 个点
G3AA=G3A(:,22:2:120);%对 100 次试验在 3 阶 NOFRF 区间(22,120)之间取 50 个点
G4AA=G4A(:,22:2:120);%对 100 次试验在 4 阶 NOFRF 区间(22,120)之间取 50 个点
GD=[G1AA,G2AA,G3AA,G4AA];%100×200,即,将 1,2,3,4 阶 50 个点放在一起,构成 100 组 200 维
向量
X=[GE;GA;GB;GC;GD];
BQ=[ones(100,1);2*ones(100,1);3*ones(100,1);4*ones(100,1);5*ones(100,1)];
rbf_var=3;
[X,mean,std]=zscore(X);
n=size(X,1);
l=ones(n,n)/n;%用于核矩阵的标准化
    %计算核矩阵 k
for i=1:n
    for j=1:n
        K(i,j)=exp(-norm(X(i,:)-X(j,:))^2/rbf_var);
        K(j,i)=K(i,j);
    end
end
kl=K-l*K-K*l+l*K*l;
[coeff,score,latent,T2]=pca(kl);
percent=0.98;
k=0;
for i=1:size(latent,1)
    alpha(i)=sum(latent(1:i))/sum(latent);
```

```
    if alpha(i)>=percent
        k=i;
        break;
    end
end
disp('--KPCA 主元个数 k--')
k
disp('--KPCA 主元方差贡献率--')
alpha(k)
m=score(:,1:k);
N=100;
m1=m(1:N,:);BQ1=BQ(1:N,:);
m2=m(N+1:2*N,:);BQ2=BQ(N+1:2*N,:);
m3=m(2*N+1:3*N,:);BQ3=BQ(2*N+1:3*N,:);
m4=m(3*N+1:4*N,:);BQ4=BQ(3*N+1:4*N,:);
m5=m(4*N+1:5*N,:);BQ5=BQ(4*N+1:5*N,:);
n=randperm(N);
train=[m1(sort(n(1:0.8*N)),:);m2(sort(n(1:0.8*N)),:);m3(sort(n(1:0.8*N)),:);m4(sort(n
(1:0.8*N)),:);m5(sort(n(1:0.8*N)),:)];
train_group=[BQ1(sort(n(1:0.8*N)),:);BQ2(sort(n(1:0.8*N)),:);BQ3(sort(n(1:0.8*N)),:);
BQ4(sort(n(1:0.8*N)),:);BQ5(sort(n(1:0.8*N)),:)];
test=[m1(sort(n(0.8*N+1:end)),:);m2(sort(n(0.8*N+1:end)),:);m3(sort(n(0.8*N+1:end)),:);
m4(sort(n(0.8*N+1:end)),:);m5(sort(n(0.8*N+1:end)),:)];%
test_group=[BQ1(sort(n(0.8*N+1:end)),:);BQ2(sort(n(0.8*N+1:end)),:);BQ3(sort(n(0.8*N+1:
end)),:);BQ4(sort(n(0.8*N+1:end)),:);BQ5(sort(n(0.8*N+1:end)),:)];%
model = svmtrain(train_group,train,'-c 2-g 30');
[predict_labe,accuracy,decision_values] = svmpredict(test_group,test,model);
figure(1)
plot(test_group,'o');
hold on;
plot(predict_labe,'r*');
xlabel('测试集样本','FontSize',12);
ylabel('类别标签','FontSize',12);
legend('实际测试集分类','预测测试集分类');
title('测试集的实际分类和预测分类图','FontSize',12)
figure(2)
scatter3(m(1:100,1),m(1:100,2),m(1:100,3),'r')
hold on
scatter3(m(101:200,1),m(101:200,2),m(101:200,3),'y')
hold on
scatter3(m(201:300,1),m(201:300,2),m(201:300,3),'g')
```

```
hold on
scatter3(m(301:400,1),m(301:400,2),m(301:400,3),'b')
hold on
scatter3(m(401:500,1),m(401:500,2),m(401:500,3),'k')
xlabel('第一主元','FontSize',20);
ylabel('第二主元','FontSize',20);
zlabel('第三主元','FontSize',20);
legend('正常状态','20%裂纹故障','40%裂纹故障','60%裂纹故障','80%裂纹故障');
title('数据特征可视化')
set(gca,'FontSize',20,'YDir','normal')
```

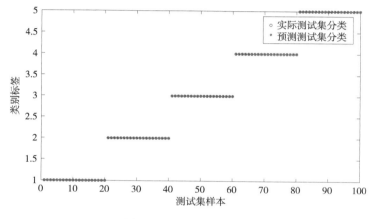

图 4-14　SVM 分类结果

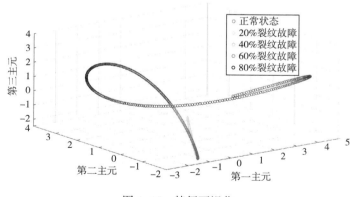

图 4-15　特征可视化

从图 4-14 可以看出，利用 SVM 对 NOFRF 频谱数据进行分类，其准确率达 100%，因此，对于轴裂纹故障诊断而言，SVM 方法具有良好的效果。从图 4-15 可以看出，SVM 之所以获得较高的准确率，与 KPCA 特征提取和压缩能力也有关系，经过 KPCA 特征提取之后，各状态的前三维数据特征相互独立，没有重叠区域，这也有助于 SVM 的精准识别。

4.2 基于人工神经网络的故障诊断方法及应用研究

人工神经网络（Artificial Neural Networks，ANNs）是一种类似于人类大脑神经突触连接的机构进行信息处理的数学模型，该模型以并行分布的处理能力、高容错性、智能化和自学习等能力为特征，将信息的加工和存储结合在一起，其以独特的知识表示方式和智能化的自适应学习能力，引起各学科领域的关注。ANNs把对生物神经网络的认识与数学统计模型相结合，借助数学统计分析方法使神经网络能够具备类似人的决定能力和简单的判断能力，这种方法是对传统逻辑学演算的进一步延伸。在ANNs中，神经元处理单元可表示不同的对象，如特征、字母、概念，或者一些有意义的抽象模式。它实际上是一个由大量简单元件相互连接而成的复杂网络，具有高度的非线性，能够对任何复杂的非线性关系进行拟合。因此，人工神经网络也越来越多地被应用到系统模式识别研究当中。

4.2.1 BP神经网络

1986年，Rumelhart提出误差反向传播（error Back Propagation，BP）神经网络，成功解决了多层网络中隐含层连接权的学习问题。目前，人工神经网络的应用研究中，绝大多数都采用BP网络模型。BP网络是由输入层、隐含层和输出层构成的三层网络，其结果如图4-16所示。

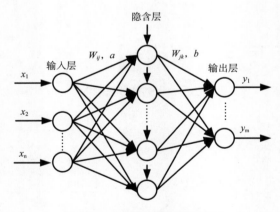

图4-16　典型的BP网络结构

图4-16中，BP网络由大量节点（或称神经元）相互连接构成，每个节点代表一种特定的输出函数，称为激活函数（Activation Function）。每两个节点间的连接都代表一个对于通过该连接信号的加权值，称为权重（weight），网络就是通过这种方式来模拟人类记忆的。网络处理单元的类型分为三类：输入单元、输出单元和隐含单元。输入单元接收外部世界的信号与数据；输出单元实现系统处理结果的输出；隐含单元是处在输入和输出单元之间，不能由系统外部观察的单元。神经元间的连接权值反映了单元间的连接强度，信息的表示和处理体现在网络处理单元的连接关系中。

BP网络包括正向传播和反向传播两个过程。前者的输入是已知学习样本，通过设置网络权重和阈值计算各神经元的输出；后者是逐层计算输出实际值和期望值之间的误差，通过对权重和阈值不断进行修改和调整使误差不断缩小。BP 网络算法的具体步骤如下：

步骤 1：初始化网络参数。待初始化的网络参数包括连接权重 W_{ij} 和 W_{jk}、偏置 a 和 b、学习率、最大训练次数以及误差等。

步骤 2：计算隐含层输出 H。由连接权重 W_{ij}、隐含层偏置 a，可得隐含层输出，见式（4-43）。

$$H_j = f\left(\sum_{i=1}^{n} W_{ij}X_i - a_j\right), \ j = 1, \ 2, \ \cdots, \ m \tag{4-43}$$

式中：f 为激励函数。

步骤 3：计算输出层神经元的输出 O。将隐含层的输出作为输出层的输入，根据输出层的连接权重 W_{jk}、输出层偏置 b，可得输出层的输出结果，见式（4-44）。

$$O_k = f\left(\sum_{j=1}^{m} W_{jk}H_j + b_k\right), \ k = 1, \ 2, \ \cdots, \ n \tag{4-44}$$

步骤 4：计算误差 $e(k)$。根据网络实际输出和期望输出，可得误差计算结果，见式（4-45）。

$$e(k) = Y_k - O_k, \ \ k = 1, \ 2, \ \cdots, \ n \tag{4-45}$$

步骤 5：权值更新。根据网络输出误差 $e(k)$ 分别利用式（4-46）、式（4-47）更新网络连接权重 W_{ij} 和 W_{jk}，分别利用式（4-48）、式（4-49）更新网络的偏置 a 和 b。

$$W_{ij} = W_{ij} + \eta H_j(1 - H_j)X(i)\sum_{k=1}^{p} W_{jk}e_k, \ i = 1, \ 2, \ \cdots, \ p; \ k = 1, \ 2, \ \cdots, \ m \tag{4-46}$$

$$W_{jk} = W_{jk} + \eta H_j e_k, \ j = 1, \ 2, \ \cdots, \ m; \ k = 1, \ 2, \ \cdots, \ n \tag{4-47}$$

$$a_j = a_j + \eta H_j(1 - H_j)\sum_{k=1}^{p} W_{jk}e_k, \ \ j = 1, \ 2, \ \cdots, \ p \tag{4-48}$$

$$b_k = b_k + e_k, \ \ k = 1, \ 2, \ \cdots, \ n \tag{4-49}$$

式中：η 为学习率。

步骤 6：根据网络输出的误差，判断是否达到设定的误差阈值，如果符合要求，停止迭代，反之循环步骤 2。

在上述神经元之间的计算过程中，常见的激励函数包括：Sigmoid 函数、tanh 函数和 ReLU 函数等，其表达式分别如式（4-50）~式（4-52）所示，对应的图像分别如图 4-17 所示。

$$f(x) = \frac{1}{1 + e^{-x}} \tag{4-50}$$

$$f(x) = \frac{e^x - e^{-x}}{e^x + e^{-x}} \tag{4-51}$$

$$f(x) = \max(0, \ x) = \begin{cases} x, & x \geq 0 \\ 0, & x < 0 \end{cases} \tag{4-52}$$

激励函数的作用是提供规模化的非线性化能力，使得 BP 神经网络可以任意逼近任何非线性函数，模拟神经元被激发的状态变化。如果不用激励函数，每一层输出都是上层输入的线性函数，则无论神经网络有多少层，输出都是输入的线性组合。三种常见的激励函数具有不同的优缺点，其中，Sigmoid 函数输出结果在 0~1 之间，输出范围有限，优化起来稳定可靠且单调连续，方便求导，但是该函数容易饱和，导致反向传播时很容易出现梯度消失现象，无法完成深层网络的训练；tanh 函数单调连续，收敛速度比 Sigmoid 函数更快，但是梯度消失

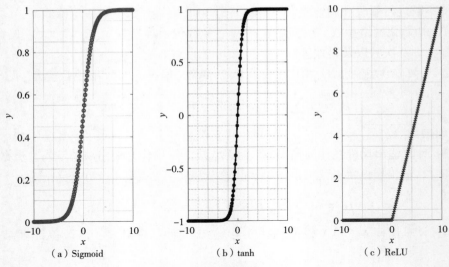

图 4-17 常见的激励函数

和幂计算量大的问题依然存在；ReLu 函数没有复杂的幂计算，相对简单，具有很好的稀疏性，使梯度下降收敛速度比前两类函数快很多，只需要一个阈值就可以得到激活值，解决了梯度消失问题，但是使用该函数对网络进行训练时很容易陷入"死区"，导致后续神经元无法被激活。在 BP 网络训练过程中，ReLu 函数取得的效果相对好一些，整个过程的计算量相对较小，因此被广泛采用。

4.2.2 故障诊断流程

本章节采用基于非线性频谱和 BP 网络的方法对系统进行故障诊断，整个过程包括非线性频谱估计、特征压缩与提取和故障诊断。首先，求出系统非线性频谱；其次，构造高维数据并利用 KPCA 对高维频谱数据进行压缩和降维；最后，将得到的低维频谱主元特征送入 BP 网络进行分类。整个过程如图 4-18 所示。

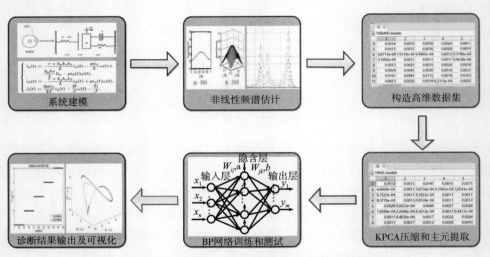

图 4-18 基于非线性频谱和 BP 网络的故障诊断流程图

其具体步骤为：

步骤 1：建立系统微分方程，指定输入和输出信号。

步骤 2：利用辨识算法或递归算法求出系统非线性频谱。

步骤 3：对获取到的频谱进行采样，构造高维数据集。

步骤 4：利用 KPCA 对高维数据集进行压缩得到主特征向量集，按照一定比例将数据集分为训练集和测试集。

步骤 5：搭建 BP 网络模型，初始化网络参数，将训练集送入网络对其进行训练，训练完成后保存最佳网络模型。

步骤 6：将测试集送入训练好的 BP 网络进行诊断，并实现诊断过程的可视化。

4.2.3 实例分析 1

为了验证 BP 神经网络工业设备故障特征提取与诊断方面的性能，本章节以 4.1.4 章节中机械轴为例，对不同程度的裂纹故障进行诊断。其中，数据集采用辨识出的系统前四阶 NOFRF 频谱数据集，即每种状态重复 100 次实验，得到 100 组 200 维数据，五种状态共获取 500 组 200 维数据。为了提高 BP 网络诊断速度，在将 NOFRF 频谱数据集送入 BP 网络之前，利用 KPCA 对高维频谱数据集进行压缩和降维，以获取低维关键主元特征，然后把低维主元特征中 60% 的数据作为训练集，剩余 40% 的数据作为测试集送入 BP 网络进行实验。本算法涉及的参数如下：

KPCA 中核函数采用高斯核函数，径向基核函数宽度 $\sigma = 1$，累积贡献率为 0.92；所设计的 BP 网络包含 1 个输入层、1 个包含 30 个神经元节点的隐含层、1 个输出层。隐含层的激活函数采用 tanh 函数，输出层采用线性函数 Purelin（恒等映射）。训练次数设置为 500，训练的误差目标为 1×10^{-9}，学习率为 0.01，训练方式为梯度下降法。诊断结果如图 4-19～图 4-24 所示。

```
clc
clear
a=0.7505:0.0005:1;% 500 个不同刚度比
x1=[0:0.01:1];
x2=[-1:0.01:0];
for i=1:500;
    y1=a(:,i)*x1;
    y2=x2;
    x=[x2,x1];
    y=[y2,y1];
    p(i,:)=polyfit(x,y,4);
end
%p 是 500 组拟合的多项式系数
E=p(401:500,:);% 正常对应的多项式系数(100 次试验)
for i=1:100;
```

```
a1=E(i,4);a2=E(i,3);a3=E(i,2);a4=E(i,1);
kg=3.56*10.^4;
me=1.1;
cm=22;
u=cm/(2*sqrt(me*a1*kg));
wl=sqrt(a1*kg/(me));
b2=a2/a1;b3=0;b4=a4/a1;
k=0:0.01:2-0.01;
G1=(1./(wl).^2)*(1./((1-k.^2)+2*u*k*j));
G12=(1./(wl).^2)*(1./((1-4*k.^2)+4*u*k*j));
G2=-b2.*((wl).^2)*((G1).^2).*G12;
G13=(1./(wl).^2)*(1./((1-9*k.^2)+6*u*k*j));
G3=2.*((b2).^2).*((wl).^4).*((G1).^3).*(G12).*(G13);
G14=(1./(wl).^2)*(1./((1-16*k.^2)+8*u*k*j));
G4=(-(wl).^2).*G14.*((b2.^3).*((wl).^4).*((G1).^4).*G12.*(4*G13+G12)+b4.*(G1).^4);
    G1A(i,:)=abs(G1);%100 组 1 阶 NOFRF 频谱
    G2A(i,:)=abs(G2);%100 组 2 阶 NOFRF 频谱
    G3A(i,:)=abs(G3);%100 组 3 阶 NOFRF 频谱
    G4A(i,:)=abs(G4);%100 组 4 阶 NOFRF 频谱
end
G1AA=G1A(:,22:2:120);%对 100 次试验在 1 阶 NOFRF 区间(22,120)之间取 50 个点
G2AA=G2A(:,22:2:120);%对 100 次试验在 2 阶 NOFRF 区间(22,120)之间取 50 个点
G3AA=G3A(:,22:2:120);%对 100 次试验在 3 阶 NOFRF 区间(22,120)之间取 50 个点
G4AA=G4A(:,22:2:120);%对 100 次试验在 4 阶 NOFRF 区间(22,120)之间取 50 个点
GE=[G1AA,G2AA,G3AA,G4AA];%100×200,即,将 1,2,3,4 阶 50 个点放在一起,构成 100 组 200 维向量
A=p(1:100,:);%80%裂纹故障对应的多项式系数(100 次试验)
for i=1:100;
    a1=A(i,4);a2=A(i,3);a3=A(i,2);a4=A(i,1);
    kg=3.56*10.^4;
    me=1.1;
    cm=22;
    u=cm/(2*sqrt(me*a1*kg));
    wl=sqrt(a1*kg/(me));
    b2=a2/a1;b3=0;b4=a4/a1;
    k=0:0.01:2-0.01;
    G1=(1./(wl).^2)*(1./((1-k.^2)+2*u*k*j));
    G12=(1./(wl).^2)*(1./((1-4*k.^2)+4*u*k*j));
    G2=-b2.*((wl).^2)*((G1).^2).*G12;
    G13=(1./(wl).^2)*(1./((1-9*k.^2)+6*u*k*j));
```

```
    G3=2. * ((b2).^2). * ((wl).^4). * ((G1).^3). * (G12). * (G13);
    G14=(1./(wl).^2) * (1./((1-16 * k.^2)+8 * u * k * j));
    G4=(-(wl).^2). * G14. * ((b2.^3). * ((wl).^4). * ((G1).^4). * G12. * (4 * G13+G12)+b4. *
(G1).^4);
    G1A(i,:)= abs(G1);%100 组 1 阶 NOFRF 频谱
    G2A(i,:)= abs(G2);%100 组 2 阶 NOFRF 频谱
    G3A(i,:)= abs(G3);%100 组 3 阶 NOFRF 频谱
    G4A(i,:)= abs(G4);%100 组 4 阶 NOFRF 频谱
end
G1AA=G1A(:,22:2:120);%对 100 次试验在 1 阶 NOFRF 区间(22,120)之间取 50 个点
G2AA=G2A(:,22:2:120);%对 100 次试验在 2 阶 NOFRF 区间(22,120)之间取 50 个点
G3AA=G3A(:,22:2:120);%对 100 次试验在 3 阶 NOFRF 区间(22,120)之间取 50 个点
G4AA=G4A(:,22:2:120);%对 100 次试验在 4 阶 NOFRF 区间(22,120)之间取 50 个点
GA=[G1AA,G2AA,G3AA,G4AA];%100×200,即,将 1,2,3,4 阶 50 个点放在一起,构成 100 组 200 维
向量
B=p(101:200,:);%60% 裂纹故障对应的多项式系数(100 次试验)
for i=1:100;
    a1=B(i,4);a2=B(i,3);a3=B(i,2);a4=B(i,1);
    kg=3.56 * 10.^4;
    me=1.1;
    cm=22;
    u=cm/(2 * sqrt(me * a1 * kg));
    wl=sqrt(a1 * kg/(me));
    b2=a2/a1;b3=0;b4=a4/a1;
    k=0:0.01:2-0.01;
    G1=(1./(wl).^2) * (1./((1-k.^2)+2 * u * k * j));
    G12=(1./(wl).^2) * (1./((1-4 * k.^2)+4 * u * k * j));
    G2=-b2. * ((wl).^2) * ((G1).^2). * G12;
    G13=(1./(wl).^2) * (1./((1-9 * k.^2)+6 * u * k * j));
    G3=2. * ((b2).^2). * ((wl).^4). * ((G1).^3). * (G12). * (G13);
    G14=(1./(wl).^2) * (1./((1-16 * k.^2)+8 * u * k * j));
    G4=(-(wl).^2). * G14. * ((b2.^3). * ((wl).^4). * ((G1).^4). * G12. * (4 * G13+G12)+b4. *
(G1).^4);
    G1A(i,:)= abs(G1);%100 组 1 阶 NOFRF 频谱
    G2A(i,:)= abs(G2);%100 组 2 阶 NOFRF 频谱
    G3A(i,:)= abs(G3);%100 组 3 阶 NOFRF 频谱
    G4A(i,:)= abs(G4);%100 组 4 阶 NOFRF 频谱
end
G1AA=G1A(:,22:2:120);%对 100 次试验在 1 阶 NOFRF 区间(22,120)之间取 50 个点
G2AA=G2A(:,22:2:120);%对 100 次试验在 2 阶 NOFRF 区间(22,120)之间取 50 个点
```

```
G3AA=G3A(:,22:2:120);%对100次试验在3阶NOFRF区间(22,120)之间取50个点
G4AA=G4A(:,22:2:120);%对100次试验在4阶NOFRF区间(22,120)之间取50个点
GB=[G1AA,G2AA,G3AA,G4AA];%100×200,即,将1,2,3,4阶50个点放在一起,构成100组200维向量
C=p(201:300,:);%40%裂纹故障对应的多项式系数(100次试验)
for i=1:100;
    a1=C(i,4);a2=C(i,3);a3=C(i,2);a4=C(i,1);
    kg=3.56*10.^4;
    me=1.1;
    cm=22;
    u=cm/(2*sqrt(me*a1*kg));
    wl=sqrt(a1*kg/(me));
    b2=a2/a1;b3=0;b4=a4/a1;
    k=0:0.01:2-0.01;
    G1=(1./(wl).^2)*(1./((1-k.^2)+2*u*k*j));
    G12=(1./(wl).^2)*(1./((1-4*k.^2)+4*u*k*j));
    G2=-b2.*((wl).^2)*((G1).^2).*G12;
    G13=(1./(wl).^2)*(1./((1-9*k.^2)+6*u*k*j));
    G3=2.*((b2).^2).*((wl).^4).*((G1).^3).*(G12).*(G13);
    G14=(1./(wl).^2)*(1./((1-16*k.^2)+8*u*k*j));
    G4=(-(wl).^2).*G14.*((b2.^3).*((wl).^4).*((G1).^4).*G12.*(4*G13+G12)+b4.*
(G1).^4);
    G1A(i,:)=abs(G1);%100组1阶NOFRF频谱
    G2A(i,:)=abs(G2);%100组2阶NOFRF频谱
    G3A(i,:)=abs(G3);%100组3阶NOFRF频谱
    G4A(i,:)=abs(G4);%100组4阶NOFRF频谱
end
G1AA=G1A(:,22:2:120);%对100次试验在1阶NOFRF区间(22,120)之间取50个点
G2AA=G2A(:,22:2:120);%对100次试验在2阶NOFRF区间(22,120)之间取50个点
G3AA=G3A(:,22:2:120);%对100次试验在3阶NOFRF区间(22,120)之间取50个点
G4AA=G4A(:,22:2:120);%对100次试验在4阶NOFRF区间(22,120)之间取50个点
GC=[G1AA,G2AA,G3AA,G4AA];%100×200,即,将1,2,3,4阶50个点放在一起,构成100组200维向量
D=p(301:400,:);%20%裂纹故障对应的多项式系数(100次试验)
for i=1:100;
    a1=D(i,4);a2=D(i,3);a3=D(i,2);a4=D(i,1);
    kg=3.56*10.^4;
    me=1.1;
    cm=22;
    u=cm/(2*sqrt(me*a1*kg));
    wl=sqrt(a1*kg/(me));
    b2=a2/a1;b3=0;b4=a4/a1;
```

```
k=0:0.01:2-0.01;
G1=(1./(wl).^2)*(1./((1-k.^2)+2*u*k*j));
G12=(1./(wl).^2)*(1./((1-4*k.^2)+4*u*k*j));
G2=-b2.*((wl).^2)*((G1).^2).*G12;
G13=(1./(wl).^2)*(1./((1-9*k.^2)+6*u*k*j));
G3=2.*((b2).^2).*((wl).^4).*((G1).^3).*(G12).*(G13);
G14=(1./(wl).^2)*(1./((1-16*k.^2)+8*u*k*j));
G4=(-(wl).^2).*G14.*((b2.^3).*((wl).^4).*((G1).^4).*G12.*(4*G13+G12)+b4.*
(G1).^4);
        G1A(i,:)=abs(G1);%100 组 1 阶 NOFRF 频谱
        G2A(i,:)=abs(G2);%100 组 2 阶 NOFRF 频谱
        G3A(i,:)=abs(G3);%100 组 3 阶 NOFRF 频谱
        G4A(i,:)=abs(G4);%100 组 4 阶 NOFRF 频谱
end
G1AA=G1A(:,22:2:120);%对 100 次试验在 1 阶 NOFRF 区间(22,120)之间取 50 个点
G2AA=G2A(:,22:2:120);%对 100 次试验在 2 阶 NOFRF 区间(22,120)之间取 50 个点
G3AA=G3A(:,22:2:120);%对 100 次试验在 3 阶 NOFRF 区间(22,120)之间取 50 个点
G4AA=G4A(:,22:2:120);%对 100 次试验在 4 阶 NOFRF 区间(22,120)之间取 50 个点
GD=[G1AA,G2AA,G3AA,G4AA];%100×200,即,将 1,2,3,4 阶 50 个点放在一起,构成 100 组 200 维
向量
X=[GE;GA;GB;GC;GD];
BQ=[ones(100,1);2*ones(100,1);3*ones(100,1);4*ones(100,1);5*ones(100,1)];%制作标签
rbf_var=1;
[X,mean,std]=zscore(X);
n=size(X,1);%n 是行数,m 是列数
l=ones(n,n)/n;%用于核矩阵的标准化
for i=1:n
    for j=1:n
        K(i,j)=exp(-norm(X(i,:)-X(j,:))^2/rbf_var);
        K(j,i)=K(i,j);
    end
end
kl=K-l*K-K*l+l*K*l;
[coeff,score,latent,T2]=pca(kl);
percent=0.92;
k=0;
for i=1:size(latent,1)
    alpha(i)=sum(latent(1:i))/sum(latent);
    if alpha(i)>=percent
        k=i;
```

```
            break;
        end
end
m=score(:,1:k);
N=100;
n=randperm(N);
P=[m(n(1:0.6*N),:);m(100+n(1:0.6*N),:);m(200+n(1:0.6*N),:);m(300+n(1:0.6*N),:);
m(400+n(1:0.6*N),:)];%%训练集
T=[BQ(1:60,:);BQ(101:160,:);BQ(201:260,:);BQ(301:360,:);BQ(401:460,:)];%%训练集标签
%创建网络
[p1,minp,maxp,t1,mint,maxt]=premnmx(P',T');%%归一化,注意:是按照列进行输入,所以转置
net=newff(minmax(p1),[30,1],{'tansig','purelin'},'trainlm');%%一个隐含层30个节点
%设置训练次数
net.trainParam.epochs = 500;
net.trainParam.lr=0.01;
%设置收敛误差
net.trainParam.goal=0.000000001;
%训练网络
net=train(net,p1,t1);
R=[m(n(0.6*N+1:end),:);m(100+n(0.6*N+1:end),:);m(200+n(0.6*N+1:end),:);m(300+n(0.6
*N+1:end),:);m(400+n(0.6*N+1:end),:)];%%测试集
K=[BQ(n(0.6*N+1:end),:);BQ(100+n(0.6*N+1:end),:);BQ(200+n(0.6*N+1:end),:);BQ(300+
n(0.6*N+1:end),:);BQ(400+n(0.6*N+1:end),:)];%%测试集标签
[p2,minp,maxp,t2,mint,maxt]=premnmx(R',K');%%注意,是按照列进行输入,所以转置
%放入到网络输出数据
c=sim(net,p2);
y1=postmnmx(c,mint,maxt);%反归一化
y=postmnmx(c,mint,maxt);%反归一化
y(find(y<0.5))=0;
y(find(y>0.5&y<1.5))=1;
y(find(y>1.5&y<2.5))=2;
y(find(y>2.5&y<3.5))=3;
y(find(y>3.5&y<4.5))=4;
y(find(y>4.5))=5;
num=y-K';
Num=sum(num==0);
accuracy=Num/(0.4*N*5)
figure;
plot(K,'o');
hold on;
```

```
plot(y,'r*');
xlabel('测试集样本');
ylabel('类别标签');
legend('实际测试集分类','预测测试集分类');
title('测试集的实际分类和预测分类图')
set(gca,'FontSize',20,'YDir','normal')
figure
scatter3(m(1:100,1),m(1:100,2),m(1:100,3))
hold on
scatter3(m(101:200,1),m(101:200,2),m(101:200,3))
hold on
scatter3(m(201:300,1),m(201:300,2),m(201:300,3))
hold on
scatter3(m(301:400,1),m(301:400,2),m(301:400,3))
hold on
scatter3(m(401:500,1),m(401:500,2),m(401:500,3))
xlabel('第一主元','FontSize',20);
ylabel('第二主元','FontSize',20);
zlabel('第三主元','FontSize',20);
legend('正常状态','20%裂纹故障','40%裂纹故障','60%裂纹故障','80%裂纹故障');
title('数据特征可视化')
set(gca,'FontSize',20,'YDir','normal')
```

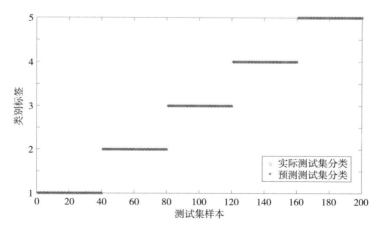

图 4-19　数据经过 KPCA 降维后 BP 网络分类结果

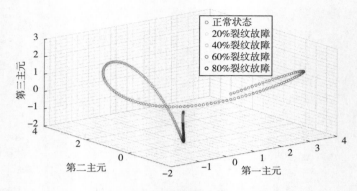

图 4-20 KPCA 特征提取可视化

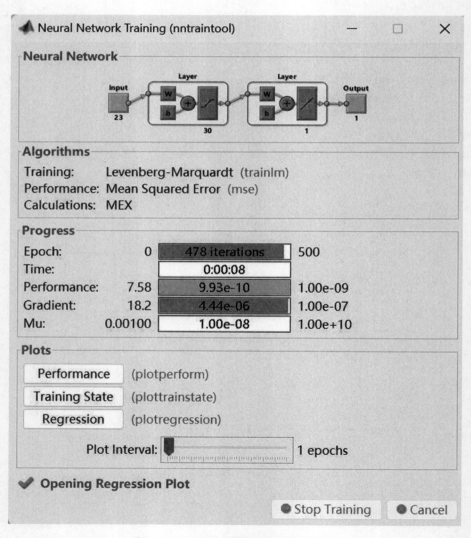

图 4-21 BP 网络结构及相关性能指标

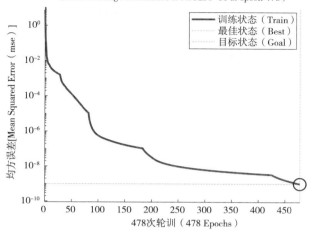

图 4-22　BP 训练过程误差变化趋势

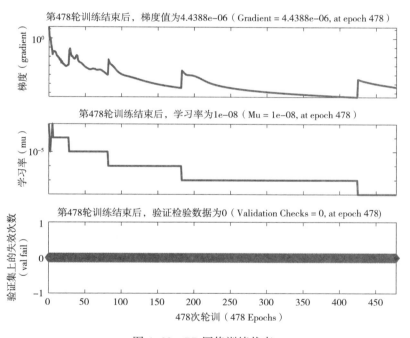

图 4-23　BP 网络训练状态

从图 4-19 中可以看出，利用 BP 网络对轴裂纹故障进行诊断识别，其准确率为 100%，验证了 BP 在轴裂纹故障诊断中的有效性。从图 4-20 可以看出，高维频谱数据经过所设计的 KPCA 降维处理后，不同类型的故障特征相互独立，没有重叠区域，该结果有助于 BP 神经网络的精准识别，同时也有利于降低 BP 的计算量，提高诊断速度。由图 4-21 可以看出，经过 KPCA 压缩后，200 维的数据被降低到 23 维，大大降低了数据复杂度。另外，整个 BP 网络过程在第 478 代满足各类条件，停止训练，此时耗时 8s（计算机配置为：64 位 Window 操作系统，11th Gen Intel（R）Core（TM）i4-1135G7 @ 2.40GHz 2.42 GHz 处理器，16GRAM）。

从图 4-22~图 4-24 可以看出，整个训练过程中误差函数呈现衰减，到第 478 代训练停止时误差达到所设阈值。另外，整个过程的相关性 $R=1$，说明网络具有强大的拟合能力。为了证明加入 KPCA 之后有助于加快 BP 神经网络诊断速度，对比实验中将 500 组 200 维数据直接送入 BP 网络进行诊断，其结果如图 4-25~图 4-29 所示。

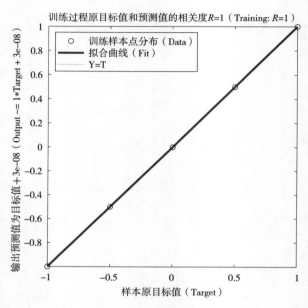

图 4-24　BP 训练过程相关性

```
clc
clear
a=0.7505:0.0005:1;%500 个不同刚度比
x1=[0:0.01:1];
x2=[-1:0.01:0];
for i=1:500;
    y1=a(:,i)*x1;
    y2=x2;
    x=[x2,x1];
    y=[y2,y1];
    p(i,:)=polyfit(x,y,4);
end
%p 是 500 组拟合的多项式系数
E=p(401:500,:);%正常对应的多项式系数(100 次试验)
for i=1:100;
    a1=E(i,4);a2=E(i,3);a3=E(i,2);a4=E(i,1);
    kg=3.56*10.^4;
    me=1.1;
```

```
    cm=22;
    u=cm/(2*sqrt(me*a1*kg));
    wl=sqrt(a1*kg/(me));
    b2=a2/a1;b3=0;b4=a4/a1;
    k=0:0.01:2-0.01;
    G1=(1./(wl).^2)*(1./((1-k.^2)+2*u*k*j));
    G12=(1./(wl).^2)*(1./((1-4*k.^2)+4*u*k*j));
    G2=-b2.*((wl).^2)*((G1).^2).*G12;
    G13=(1./(wl).^2)*(1./((1-9*k.^2)+6*u*k*j));
    G3=2.*((b2).^2).*((wl).^4).*((G1).^3).*(G12).*(G13);
    G14=(1./(wl).^2)*(1./((1-16*k.^2)+8*u*k*j));
    G4=(-(wl).^2).*G14.*((b2.^3).*((wl).^4).*((G1).^4).*G12.*(4*G13+G12)+b4.*
(G1).^4);
    G1A(i,:)=abs(G1);%100 组 1 阶 NOFRF 频谱
    G2A(i,:)=abs(G2);%100 组 2 阶 NOFRF 频谱
    G3A(i,:)=abs(G3);%100 组 3 阶 NOFRF 频谱
    G4A(i,:)=abs(G4);%100 组 4 阶 NOFRF 频谱
end
G1AA=G1A(:,22:2:120);%对 100 次试验在 1 阶 NOFRF 区间(22,120)之间取 50 个点
G2AA=G2A(:,22:2:120);%对 100 次试验在 2 阶 NOFRF 区间(22,120)之间取 50 个点
G3AA=G3A(:,22:2:120);%对 100 次试验在 3 阶 NOFRF 区间(22,120)之间取 50 个点
G4AA=G4A(:,22:2:120);%对 100 次试验在 4 阶 NOFRF 区间(22,120)之间取 50 个点
GE=[G1AA,G2AA,G3AA,G4AA];%100×200,即,将 1,2,3,4 阶 50 个点放在一起,构成 100 组 200 维向量
A=p(1:100,:);%80%裂纹故障对应的多项式系数(100 次试验)
for i=1:100;
    a1=A(i,4);a2=A(i,3);a3=A(i,2);a4=A(i,1);
    kg=3.56*10.^4;
    me=1.1;
    cm=22;
    u=cm/(2*sqrt(me*a1*kg));
    wl=sqrt(a1*kg/(me));
    b2=a2/a1;b3=0;b4=a4/a1;
    k=0:0.01:2-0.01;
    G1=(1./(wl).^2)*(1./((1-k.^2)+2*u*k*j));
    G12=(1./(wl).^2)*(1./((1-4*k.^2)+4*u*k*j));
    G2=-b2.*((wl).^2)*((G1).^2).*G12;
    G13=(1./(wl).^2)*(1./((1-9*k.^2)+6*u*k*j));
    G3=2.*((b2).^2).*((wl).^4).*((G1).^3).*(G12).*(G13);
    G14=(1./(wl).^2)*(1./((1-16*k.^2)+8*u*k*j));
```

```
    G4=(-(wl).^2). * G14. * ((b2.^3). * ((wl).^4). * ((G1).^4). * G12. * (4 * G13+G12)+b4. *
(G1).^4);
    G1A(i,:)=abs(G1);%100 组 1 阶 NOFRF 频谱
    G2A(i,:)=abs(G2);%100 组 2 阶 NOFRF 频谱
    G3A(i,:)=abs(G3);%100 组 3 阶 NOFRF 频谱
    G4A(i,:)=abs(G4);%100 组 4 阶 NOFRF 频谱
end
G1AA=G1A(:,22:2:120);% 对 100 次试验在 1 阶 NOFRF 区间(22,120)之间取 50 个点
G2AA=G2A(:,22:2:120);% 对 100 次试验在 2 阶 NOFRF 区间(22,120)之间取 50 个点
G3AA=G3A(:,22:2:120);% 对 100 次试验在 3 阶 NOFRF 区间(22,120)之间取 50 个点
G4AA=G4A(:,22:2:120);% 对 100 次试验在 4 阶 NOFRF 区间(22,120)之间取 50 个点
GA=[G1AA,G2AA,G3AA,G4AA];%100×200,即,将 1,2,3,4 阶 50 个点放在一起,构成 100 组 200 维
向量
B=p(101:200,:);%60% 裂纹故障对应的多项式系数(100 次试验)
for i=1:100;
    a1=B(i,4);a2=B(i,3);a3=B(i,2);a4=B(i,1);
    kg=3.56*10.^4;
    me=1.1;
    cm=22;
    u=cm/(2 * sqrt(me * a1 * kg));
    wl=sqrt(a1 * kg/(me));
    b2=a2/a1;b3=0;b4=a4/a1;
    k=0:0.01:2-0.01;
    G1=(1./(wl).^2) * (1./((1-k.^2)+2 * u * k * j));
    G12=(1./(wl).^2) * (1./((1-4 * k.^2)+4 * u * k * j));
    G2=-b2. * ((wl).^2) * ((G1).^2). * G12;
    G13=(1./(wl).^2) * (1./((1-9 * k.^2)+6 * u * k * j));
    G3=2. * ((b2).^2). * ((wl).^4). * ((G1).^3). * (G12). * (G13);
    G14=(1./(wl).^2) * (1./((1-16 * k.^2)+8 * u * k * j));
    G4=(-(wl).^2). * G14. * ((b2.^3). * ((wl).^4). * ((G1).^4). * G12. * (4 * G13+G12)+b4. *
(G1).^4);
    G1A(i,:)=abs(G1);%100 组 1 阶 NOFRF 频谱
    G2A(i,:)=abs(G2);%100 组 2 阶 NOFRF 频谱
    G3A(i,:)=abs(G3);%100 组 3 阶 NOFRF 频谱
    G4A(i,:)=abs(G4);%100 组 4 阶 NOFRF 频谱
end
G1AA=G1A(:,22:2:120);% 对 100 次试验在 1 阶 NOFRF 区间(22,120)之间取 50 个点
G2AA=G2A(:,22:2:120);% 对 100 次试验在 2 阶 NOFRF 区间(22,120)之间取 50 个点
G3AA=G3A(:,22:2:120);% 对 100 次试验在 3 阶 NOFRF 区间(22,120)之间取 50 个点
```

```
G4AA=G4A(:,22:2:120);%对 100 次试验在 4 阶 NOFRF 区间(22,120)之间取 50 个点
GB=[G1AA,G2AA,G3AA,G4AA];%100×200,即,将 1,2,3,4 阶 50 个点放在一起,构成 100 组 200 维向量
C=p(201:300,:);%40%裂纹故障对应的多项式系数(100 次试验)
for i=1:100;
    a1=C(i,4);a2=C(i,3);a3=C(i,2);a4=C(i,1);
    kg=3.56*10.^4;
    me=1.1;
    cm=22;
    u=cm/(2*sqrt(me*a1*kg));
    wl=sqrt(a1*kg/(me));
    b2=a2/a1;b3=0;b4=a4/a1;
    k=0:0.01:2-0.01;
    G1=(1./(wl).^2)*(1./((1-k.^2)+2*u*k*j));
    G12=(1./(wl).^2)*(1./((1-4*k.^2)+4*u*k*j));
    G2=-b2.*((wl).^2)*((G1).^2).*G12;
    G13=(1./(wl).^2)*(1./((1-9*k.^2)+6*u*k*j));
    G3=2.*((b2).^2).*((wl).^4).*((G1).^3).*(G12).*(G13);
    G14=(1./(wl).^2)*(1./((1-16*k.^2)+8*u*k*j));
    G4=(-(wl).^2).*G14.*((b2.^3).*((wl).^4).*((G1).^4).*G12.*(4*G13+G12)+b4.*
(G1).^4);
    G1A(i,:)=abs(G1);%100 组 1 阶 NOFRF 频谱
    G2A(i,:)=abs(G2);%100 组 2 阶 NOFRF 频谱
    G3A(i,:)=abs(G3);%100 组 3 阶 NOFRF 频谱
    G4A(i,:)=abs(G4);%100 组 4 阶 NOFRF 频谱
end
G1AA=G1A(:,22:2:120);%对 100 次试验在 1 阶 NOFRF 区间(22,120)之间取 50 个点
G2AA=G2A(:,22:2:120);%对 100 次试验在 2 阶 NOFRF 区间(22,120)之间取 50 个点
G3AA=G3A(:,22:2:120);%对 100 次试验在 3 阶 NOFRF 区间(22,120)之间取 50 个点
G4AA=G4A(:,22:2:120);%对 100 次试验在 4 阶 NOFRF 区间(22,120)之间取 50 个点
GC=[G1AA,G2AA,G3AA,G4AA];%100×200,即,将 1,2,3,4 阶 50 个点放在一起,构成 100 组 200 维向量
D=p(301:400,:);%20%裂纹故障对应的多项式系数(100 次试验)
for i=1:100;
    a1=D(i,4);a2=D(i,3);a3=D(i,2);a4=D(i,1);
    kg=3.56*10.^4;
    me=1.1;
    cm=22;
    u=cm/(2*sqrt(me*a1*kg));
    wl=sqrt(a1*kg/(me));
    b2=a2/a1;b3=0;b4=a4/a1;
    k=0:0.01:2-0.01;
```

```
    G1=(1./(wl).^2)*(1./((1-k.^2)+2*u*k*j));
    G12=(1./(wl).^2)*(1./((1-4*k.^2)+4*u*k*j));
    G2=-b2.*((wl).^2)*((G1).^2).*G12;
    G13=(1./(wl).^2)*(1./((1-9*k.^2)+6*u*k*j));
    G3=2.*((b2).^2).*((wl).^4).*((G1).^3).*(G12).*(G13);
    G14=(1./(wl).^2)*(1./((1-16*k.^2)+8*u*k*j));
    G4=(-(wl).^2).*G14.*((b2.^3).*((wl).^4).*((G1).^4).*G12.*(4*G13+G12)+b4.*
(G1).^4);
    G1A(i,:)=abs(G1);%100 组 1 阶 NOFRF 频谱
    G2A(i,:)=abs(G2);%100 组 2 阶 NOFRF 频谱
    G3A(i,:)=abs(G3);%100 组 3 阶 NOFRF 频谱
    G4A(i,:)=abs(G4);%100 组 4 阶 NOFRF 频谱
end
G1AA=G1A(:,22:2:120);%对 100 次试验在 1 阶 NOFRF 区间(22,120)之间取 50 个点
G2AA=G2A(:,22:2:120);%对 100 次试验在 2 阶 NOFRF 区间(22,120)之间取 50 个点
G3AA=G3A(:,22:2:120);%对 100 次试验在 3 阶 NOFRF 区间(22,120)之间取 50 个点
G4AA=G4A(:,22:2:120);%对 100 次试验在 4 阶 NOFRF 区间(22,120)之间取 50 个点
GD=[G1AA,G2AA,G3AA,G4AA];%100×200,即,将 1,2,3,4 阶 50 个点放在一起,构成 100 组 200 维
向量
X=[GE;GA;GB;GC;GD];
BQ=[ones(100,1);2*ones(100,1);3*ones(100,1);4*ones(100,1);5*ones(100,1)];%制作标签
N=100;
m=X;
n=randperm(N);
P=[m(n(1:0.6*N),:);m(100+n(1:0.6*N),:);m(200+n(1:0.6*N),:);m(300+n(1:0.6*N),:);
m(400+n(1:0.6*N),:)];%%训练集
T=[BQ(1:60,:);BQ(101:160,:);BQ(201:260,:);BQ(301:360,:);BQ(401:460,:)];%%训练集标签
%创建网络
[p1,minp,maxp,t1,mint,maxt]=premnmx(P',T');%%归一化,注意:是按照列进行输入,所以转置
net=newff(minmax(p1),[30,1],{'tansig','purelin'},'trainlm');%一个隐含层 30 个节点输出层 1 个节点
%设置训练次数
net.trainParam.epochs = 500;
net.trainParam.lr=0.01;
%设置收敛误差
net.trainParam.goal=0.000000001;
%训练网络
net=train(net,p1,t1);
R=[m(n(0.6*N+1:end),:);m(100+n(0.6*N+1:end),:);m(200+n(0.6*N+1:end),:);m(300+n(0.6
*N+1:end),:);m(400+n(0.6*N+1:end),:)];%%测试集
K=[BQ(n(0.6*N+1:end),:);BQ(100+n(0.6*N+1:end),:);BQ(200+n(0.6*N+1:end),:);BQ(300+
n(0.6*N+1:end),:);BQ(400+n(0.6*N+1:end),:)];%%测试集标签
```

```
[p2,minp,maxp,t2,mint,maxt]=premnmx(R',K');%%注意,是按照列进行输入,所以转置
%放入到网络输出数据
c=sim(net,p2);
y1=postmnmx(c,mint,maxt);%反归一化
y=postmnmx(c,mint,maxt);%反归一化
y(find(y<0.5))=0;
y(find(y>0.5&y<1.5))=1;
y(find(y>1.5&y<2.5))=2;
y(find(y>2.5&y<3.5))=3;
y(find(y>3.5&y<4.5))=4;
y(find(y>4.5))=5;
num=y-K';
Num=sum(num==0);
accuracy=Num/(0.4*N*5)
figure;
plot(K,'o');
hold on;
plot(y,'r*');
xlabel('测试集样本');
ylabel('类别标签');
legend('实际测试集分类','预测测试集分类');
title('测试集的实际分类和预测分类图')
set(gca,'FontSize',20,'YDir','normal')
```

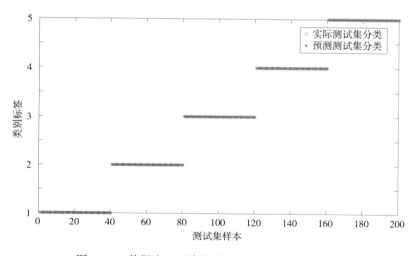

图 4-25　数据未经过降维处理的 BP 网络分类结果

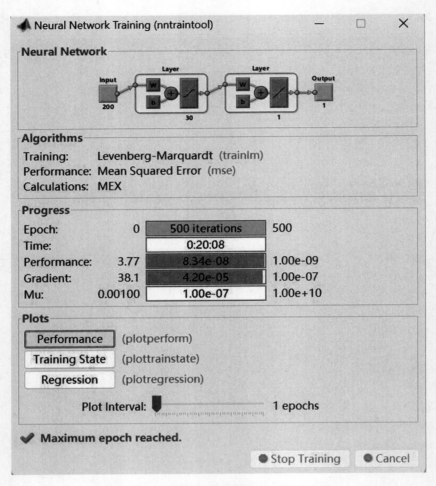

图 4-26　BP 网络训练结束后的结构和参数

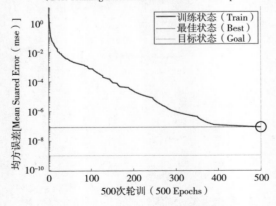

图 4-27　BP 网络训练过程误差函数的变化曲线

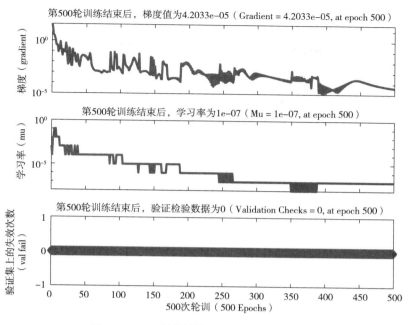

图 4-28　BP 网络训练过程中参数变化曲线

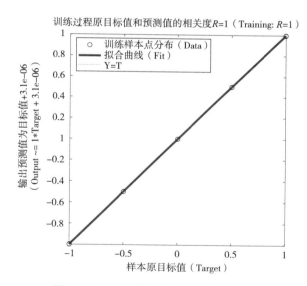

图 4-29　BP 网络训练过程的相关性分析

　　从图 4-25~图 4-29 中可以看出，虽然直接将高维数据送入 BP 网络进行诊断，其准确率也可以达到 100%，但是整个诊断过程持续了 20min 8s（计算机配置为：64 位 Window 操作系统，11th Gen Intel（R）Core（TM）i4-1135G7@ 2. 40GHz 2. 42 GHz 处理器，16GRAM），且当达到设置的迭代次数 500 时，网络停止训练，此时的误差并没有达到所设的阈值。与经过降维处理的频谱数据相比，该方法计算量较大、诊断时间较长，不利于快速诊断。

4.2.4 实例分析 2

为了验证 BP 网络的诊断性能，本章节再以无刷直流电机为例，对不同故障的电机进行识别。BP 网络的输入数据为 4.1.3 章节中的 GFRF 频谱数据。每种状态选取 250 种工况进行实验，四种状态可共获取 1000 组 72 维数据集，经过 KPCA 降维之后，选取其中 80% 的数据集送入 BP 网络进行训练，剩余的 20% 数据送入 BP 网络进行诊断与识别。其中，KPCA 中核函数采用高斯核函数，径向基核函数宽度 $\sigma = 10$，累积贡献率为 0.92；所设计的 BP 网络包含 1 个输入层、1 个包含 30 个神经元节点的隐含层、1 个输出层。隐含层的激活函数采用 tanh 函数，输出层采用线性函数 Purelin（恒等映射）。训练次数设置为 1000，训练的误差目标为 1×10^{-3}，学习率为 0.01，训练方式为梯度下降法。诊断结果如图 4-30、图 4-31 所示。

```
clc
clear
T=0.02;
for i=1:250;
    r(1)=4.9;
    r(i+1)=r(i)+0.0008;
    LL=0.006;se=0.186;J=2*10^(-6);
    Tl=3;B=2*10^(-5);
    kp=1;ks=1;kf=1;
    w1=0:1:7;
    w2=0:1:7;
    H1=-((3*se)/(2*T*Tl))*(-(1+T*(r(i)+kp*ks*kf)/LL)+exp(-j*w1));
    H1A=abs(H1);
    [w1,w2]=meshgrid(w1,w2);
    H2=(-((3.*se)/(2.*T.*Tl))^3).*((2.*J+2.*B.*T)/(3.*se)-(J/(3.*se)).*(exp(-j.
*w1)+···
                            exp(-j.*w2))).*(-1-(T.*(r(i)+kp.*ks.*kf))/LL+exp(-j.*w1)).*···
                            (-1-(T.*(r(i)+kp.*ks.*kf))/LL+exp(-j.*w2));
    H2A=abs(H2);
    H22A=H2A;
    H22A=H22A';
    H22A=(H22A(:))';
    x1(i,:)=[H1A H22A];
end
for i=1:250;
    r(1)=4.9;
    r(i+1)=r(i)-0.008;
```

```
    LL=0. 006;se=0. 186;J=2 * 10^(-6);
    Tl=3;B=2 * 10^(-5);
    kp=1;ks=1;kf=1;
    w1=0:1:7;
    w2=0:1:7;
    H1=-((3 * se)/(2 * T * Tl)) * (-(1+T * (r(i)+kp * ks * kf)/LL)+exp(-j * w1));
    H1A=abs(H1);
    [w1,w2]=meshgrid(w1,w2);
    H2=(-((3. * se)/(2. * T. * Tl))^3). * ((2. * J+2. * B. * T)/(3. * se)-(J/(3. * se)). * (exp(-j.
* w1)+…
                        exp(-j. * w2))). * (-1-(T. * (r(i)+kp. * ks. * kf))/LL+exp(-j. * w1)). * …
                        (-1-(T. * (r(i)+kp. * ks. * kf))/LL+exp(-j. * w2));
    H2A=abs(H2);
    H22A=H2A;
    H22A=H22A';
    H22A=(H22A(:))';
    v1(i,:)=[H1A H22A];
end
for i=1:250;
    r=5;
    se=0. 186;
    LL=0. 006;J=2 * 10^(-6);
    Tl=3;
    B(1)=2. 1 * 10^(-5);
    B(i+1)=B(i)+10. ^-7;
    kp=1;ks=1;kf=1;
    w1=0:1:7;
    w2=0:1:7;
    H1=-((3 * se)/(2 * T * Tl)) * (-(1+T * (r+kp * ks * kf)/LL)+exp(-j * w1));
    H1A=abs(H1);
    [w1,w2]=meshgrid(w1,w2);
    H2=(-((3. * se)/(2. * T. * Tl))^3). * ((2. * J+2. * B(i). * T)/(3. * se)-(J/(3. * se)). * (exp(-
j. * w1)+…
                        exp(-j. * w2))). * (-1-(T. * (r+kp. * ks. * kf))/LL+exp(-j. * w1)). * …
                        (-1-(T. * (r+kp. * ks. * kf))/LL+exp(-j. * w2));
    H2A=abs(H2);
    H22A=H2A;
    H22A=H22A';
    H22A=(H22A(:))';
    q1(i,:)=[H1A H22A];
end
```

```
for i=1:250;
    r=5;
    se(i)=0.186;
    se(i+1)=se(i)-0.0002;
    LL=0.006;J=2*10^(-6);
    Tl=3;B=2*10^(-5);
    kp=1;ks=1;kf=1;
    w1=0:1:7;
    w2=0:1:7;
    w3=0:1:7;
    H1=-((3*se(i))/(2*T*Tl))*(-(1+T*(r+kp*ks*kf)/LL)+exp(-j*w1));
    H1A=abs(H1);
    [w1,w2]=meshgrid(w1,w2);
    H2=(-((3.*se(i))/(2.*T.*Tl))^3).*((2.*J+2.*B.*T)/(3.*se(i))-(J/(3.*se(i)))).*
(exp(-j.*w1)+…
                        exp(-j.*w2))).*(-1-(T.*(r+kp.*ks.*kf))/LL+exp(-j.*w1)).*…
                        (-1-(T.*(r+kp.*ks.*kf))/LL+exp(-j.*w2));
    H2A=abs(H2);
    H22A=H2A;
    H22A=H22A';
    H22A=(H22A(:))';
    z1(i,:)=[H1A H22A];
end
G=[x1;v1;q1;z1];
BQ=[ones(250,1);2*ones(250,1);3*ones(250,1);4*ones(250,1)];%制作标签
X=G;
rbf_var=10;
[X,mean,std]=zscore(X);
n=size(G,1); %n 是行数,m 是列数
l=ones(n,n)/n;%用于核矩阵的标准化
for i=1:n
    for j=1:n
        K(i,j)=exp(-norm(X(i,:)-X(j,:))^2/rbf_var);
        K(j,i)=K(i,j);
    end
end
kl=K-l*K-K*l+l*K*l;
[coeff,score,latent,T2] = pca(kl);
percent = 0.92;
k=0;
for i=1:size(latent,1)
```

```
        alpha(i)=sum(latent(1:i))/sum(latent);
        if alpha(i)>=percent
            k=i;
            break;
        end
    end
end
m=score(:,1:k);
N=250;
m1=m(1:250,:);BQ1=BQ(1:250,:);
m2=m(251:500,:);BQ2=BQ(251:500,:);
m3=m(501:750,:);BQ3=BQ(501:750,:);
m4=m(751:1000,:);BQ4=BQ(751:1000,:);
n=randperm(N);%%%产生随机N以内的N个数
P=[m1(n(1:0.8*N),:);m2(n(1:0.8*N),:);m3(n(1:0.8*N),:);m4(n(1:0.8*N),:)];%%%训
练集
T=[BQ1(n(1:0.8*N),:);BQ2(n(1:0.8*N),:);BQ3(n(1:0.8*N),:);BQ4(n(1:0.8*
N),:)];%%%训练集标签
%创建网络
[p1,minp,maxp,t1,mint,maxt]=premnmx(P',T');%%%归一化,注意:是按照列进行输入,所以转置
net=newff(minmax(p1),[30,1],{'tansig','purelin'},'trainlm');
%设置训练次数
net.trainParam.epochs = 1000;
net.trainParam.lr=0.01;
%设置收敛误差
net.trainParam.goal=0.0001;
%训练网络
net=train(net,p1,t1);
R=[m1(n(0.8*N+1:end),:);m2(n(0.8*N+1:end),:);m3(n(0.8*N+1:end),:);m4(n(0.8*N+1:
end),:);];%%%测试集
K=[BQ1(n(0.8*N+1:end),:);BQ2(n(0.8*N+1:end),:);BQ3(n(0.8*N+1:end),:);BQ4(n(0.8*N
+1:end),:);];%%%测试集标签
[p2,minp,maxp,t2,mint,maxt]=premnmx(R',K');%%%注意,是按照列进行输入,所以转置
%放入到网络输出数据
c=sim(net,p2);
y1=postmnmx(c,mint,maxt);%反归一化
y=postmnmx(c,mint,maxt);%反归一化
y(find(y<0.5))=0;
y(find(y>0.5&y<1.5))=1;
y(find(y>1.5&y<2.5))=2;
y(find(y>2.5&y<3.5))=3;
y(find(y>3.5&y<4.5))=4;
```

```
y(find(y>4.5))=5;
num=y-K';
Num=sum(num==0);
accuracy=Num/(0.2*N*4)
figure(1);
plot(K,'o');
hold on;
plot(y,'r*');
xlabel('测试集样本');
ylabel('类别标签');
legend('实际测试集分类','预测测试集分类');
title('测试集的实际分类和预测分类图');
set(gca,'FontSize',20,'YDir','normal');
figure(2)
scatter3(m1(:,1),m1(:,2),m1(:,3))
hold on
scatter3(m2(:,1),m2(:,2),m2(:,3))
hold on
scatter3(m3(:,1),m3(:,2),m3(:,3))
hold on
scatter3(m4(:,1),m4(:,2),m4(:,3))
xlabel('第一主元');
ylabel('第二主元');
zlabel('第三主元');
legend('正常状态','匝间短路故障','转子阻滞故障','漏磁故障');
title('数据特征可视化');
set(gca,'FontSize',20,'YDir','normal');
```

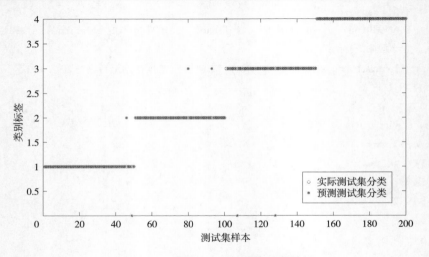

图 4-30　KPCA+BP 电机故障诊断结果

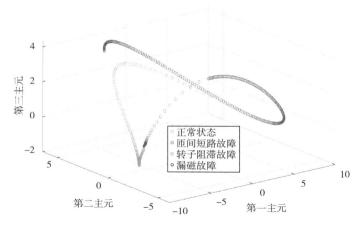

图 4-31　电机故障特征可视化

从图 4-30 中可以看出，利用 BP 对轴裂纹故障进行诊断识别，其综合准确率可达 96.5%，其中，正常状态识别率为 96%，匝间短路故障识别率为 96%，转子阻滞故障识别率为 94%，漏磁故障识别率为 100%。因此，利用 BP 神经网络对电机故障进行诊断是有效的。

上述利用 SVM 和 BP 神经网络这两种常用的机器学习方法对设备故障进行诊断，取得了较好的效果。这类方法的优点是模型简单易操作，适合小规模样本分类。然而，对于大规模样本分类，特别是多分类问题，SVM 和 BP 网络对数据特征的挖掘能力不足，无法获得区分不同类型样本的关键特征，且它们的鲁棒性和泛化能力相对较差。随着工业网络化和数字化进程的不断推进，再加上工业设备长年累月连续运行，积累了海量的状态数据，面对上亿甚至兆亿级的大规模数据，传统基于浅层网络的机器学习方法显得力不从心，因此，需要采用深度学习的方法对设备故障进行诊断。

4.3　基于卷积神经网络的故障诊断方法及应用

4.3.1　卷积神经网络

SVM 和 BP 等浅层网络的优点是数学模型简单易操作，适用于小规模样本分类。卷积神经网络（Convolutional Neural Network，CNN）是一种具有深度结构的前馈神经网络，由输入层（I）、卷积层（C）、池化层（P）、全连接层（F）和输出层（O）组成，具体结构如图 4-32 所示。为了深入挖掘隐藏在数据中的特征，通常会设计具有许多卷积层和池化层的 CNN。CNN 的整个计算过程包括两个阶段：数据前向传播和误差后向传播。前一阶段实现特征提取和预分类，后一阶段实现网络参数优化。前向传播包括卷积运算、池化运算和全连接运算，分别可以实现特征提取、数据特征压缩和特征分类。

卷积运算是 CNN 最重要的操作，通过对输入信息进行卷积运算，从而提取一定的数据特征。对一个 $m \times n$ 大小的输入图像，加入大小为 $p \times q$ 的卷积核，那么经过一次卷积操作之后得到的特征图大小为 $(m-p+q) \times (n-q+1)$。整个卷积操作实例如图 4-33 所示。

卷积运算可以提取隐藏在图像中的一些关键特征，如边缘信息。l 层中的第 j 个特征在激

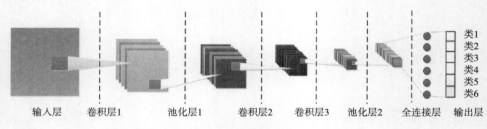

图 4-32　CNN 结构

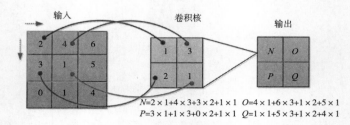

图 4-33　卷积操作

活函数的作用下，其输出可用式（4-53）表示。

$$X_j^l = f\left(\sum_{i \in M_j} X_i^{l-1} \cdot \boldsymbol{\omega}_{i,j}^l + b_j^l \right) \tag{4-53}$$

式中：X_j^l 为第 l 层第 j 个元素；M_j 为输出第 j 个特征图时需要使用到的输入特征图集合；$\boldsymbol{\omega}_{i,j}^l$ 为对应卷积核的权重矩阵；b_j^l 为偏置项；$f(\ )$ 为激活函数。

　　池化运算，又称下采样层，是 CNN 另外一项操作，它的作用是将卷积操作提取的特征图进一步压缩，避免过拟合现象的发生。常用的池化运算主要有平均池化和最大池化，其原理如图 4-34 所示。

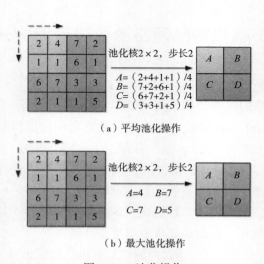

图 4-34　池化操作

池化操作的数学表达式见式（4-54）。

$$p_h^l = \varphi(a_j^l,\ N^l) \tag{4-54}$$

式中：$\varphi(\ )$ 为下采样函数；N^l 为下采样因子；a_j^l 为待下采样的特征图。

　　全连接运算是在激励函数的作用下将上层获取的特征进行一对一平铺，将特征图中具有区分性的局部信息整合成全局信息，从而将学习到的分布式特征映射到样本标记空间。全连接层通常可以由卷积操作来实现，一般和 Softmax 一起实现分类。

　　在反向传播阶段，通过最小化预测值和真值之间的误差代价函数来实现网络参数调整和优化。通常，CNN 采用的误差代价函数如式（4-55）所示：

$$J(\omega,\ b) = \frac{1}{2m}\sum_{i=1}^{m}\ \|\ h_{\omega,\ b}[x^{(i)}] - y^{(i)}\ \|^2 \tag{4-55}$$

式中：m 为样本数量；$h_{\omega,\ b}[x^{(i)}]$ 为 CNN 最后一层的输出，即样本 $x^{(i)}$ 对应的故障类型预测标签；$y^{(i)}$ 为 $x^{(i)}$ 对应的样本标签。

　　网络训练的目的就是通过求式（4-55）的最小值来获取最佳网络参数 $(\omega,\ b)$，在网络训练过程中，梯度下降法是常用的寻优方法，详见式（4-56）。

$$\omega_{ij}^l = \omega_{ij}^l - \eta\ \frac{\partial}{\partial \omega_{ij}^l}J(\omega,\ b)$$
$$b_j^l = b_j^l - \eta\ \frac{\partial}{\partial b_j^l}J(\omega,\ b) \tag{4-56}$$

式中：η 为学习率。

4.3.2　故障诊断流程

　　本章节利用深度卷积神经网络对 RV 减速器这种工业设备的故障进行诊断。首先，采集不同设备的输出信号；其次，对时域信号进行预处理并对处理之后的信号进行时频转换，得到一系列时频图；最后，将时频图送入所设计的 CNN 进行特征提取与诊断。整个诊断过程涉及数据采集、降噪、数据融合、CNN 训练和测试等操作。其过程如图 4-35 所示。

　　具体步骤如下：

　　步骤 1：搭建实验平台，采集设备状态数据集。

　　步骤 2：对采集的数据进行预处理，包括降噪和数据融合操作。

　　步骤 3：利用 STFT、CWT 等时频转换方法将预处理之后的时域信号转换为时频图。

　　步骤 4：设计相应的 CNN，初始化网络参数，选取一部分时频图集作为训练集对 CNN 进行训练，剩余部分作为测试集对网络训练效果进行验证。

　　步骤 5：对诊断结果进行保存和可视化。

4.3.3　实例分析

　　RV 减速器是一种由摆线针轮和行星支架构成的机械传动结构，具有体积小、扭矩大、抗冲击力强和定位精度高等优点，正逐渐取代谐波减速器被广泛应用于工业机器人、机床、卫星设备等领域。由于 RV 减速器内部结构复杂且长时间连续运行在非常恶劣环境中很容易发生故障，因此对 RV 减速器故障进行诊断十分必要。本章节以 RV-20E 型号的减速器为例，对摆线轮点蚀、偏心轴磨损和行星架点蚀等故障进行识别和诊断。RV 减速器故障类型如图 4-36 所示。

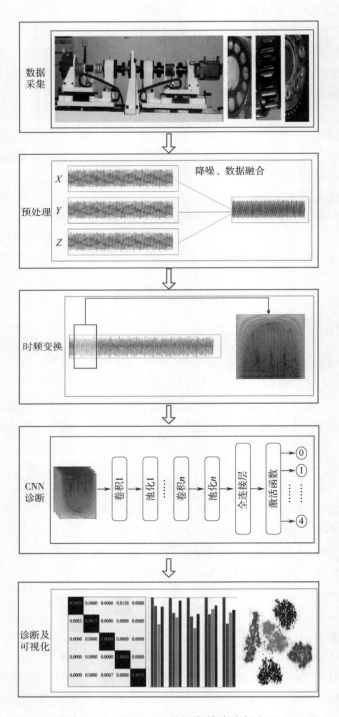

图 4-35　基于 CNN 的设备故障诊断流程

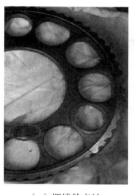

（a）摆线轮点蚀　　　　　　　（b）偏心轴磨损　　　　　　　（c）行星架点蚀

图 4-36　RV 减速器故障类型

RV 减速器故障诊断数据采集实验平台如图 4-37 所示。伺服电机通过联轴器与 RV 减速器连接，以此驱动 RV 减速器旋转。负载电机通过联轴器与 RV 减速器连接，以提供工作所需的负载。在 RV 减速器上安置加速度振动传感器同时收集 x，y，z 三个方向的振动数据，传感器的采用频率为 3000Hz。

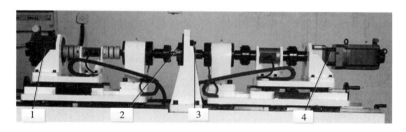

图 4-37　RV 减速器故障诊断数据采集平台
1—驱动电机　2—RV 减速器　3—加速度传感器　4—负载电机

由于运行过程中不可避免地会产生噪声，而噪声会影响分类器的识别精度，因此首先要对获取的数据进行降噪处理，根据第三章噪声处理方法，本章节运用小波包降噪方法对 RV 减速器振动加速度信号进行处理，其结果如图 4-38~图 4-41 所示。

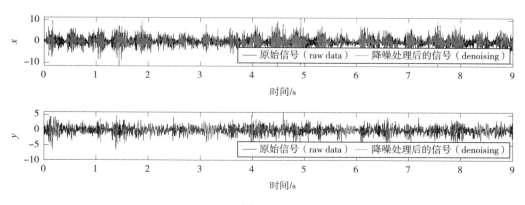

图 4-38

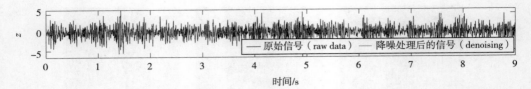

图 4-38 正常状态下三个方向原始信号和降噪后信号

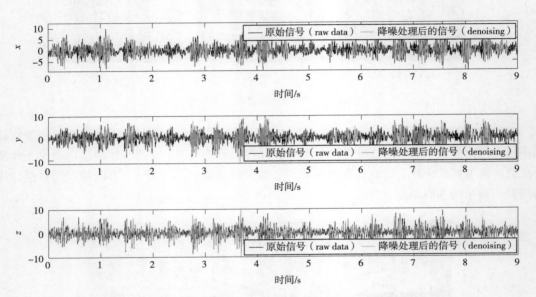

图 4-39 摆线轮点蚀故障下三个方向原始信号和降噪后信号

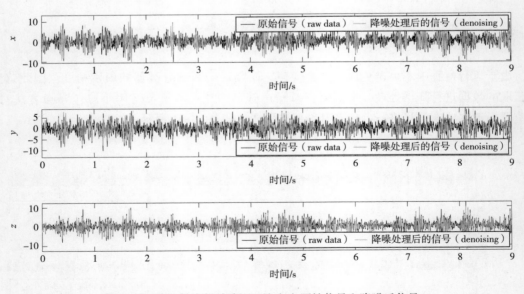

图 4-40 偏心轴磨损故障下三个方向原始信号和降噪后信号

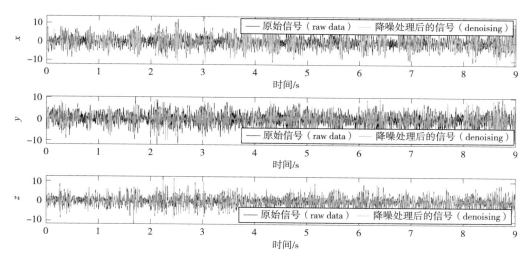

图 4-41　行星架点蚀故障下三个方向原始信号和降噪后信号

接下来对 x，y，z 三个方向上的信号进行融合，本章采用互相关权重分配融合方法对降噪之后的信号进行融合，其结果如图 4-42~图 4-45 所示。

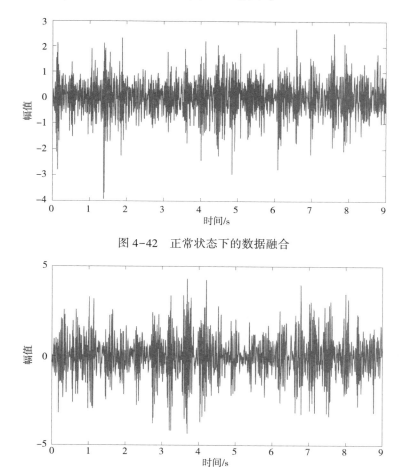

图 4-42　正常状态下的数据融合

图 4-43　摆线轮点蚀故障下的数据融合

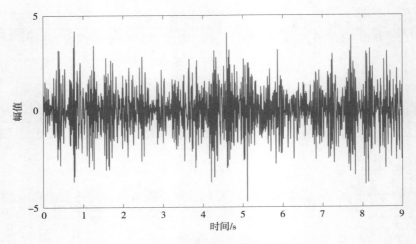

图 4-44　偏心轴磨损故障下的数据融合

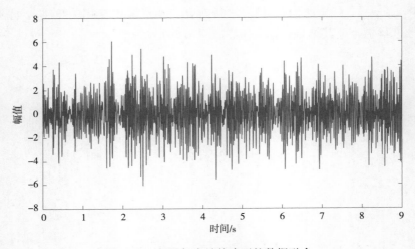

图 4-45　行星架点蚀故障下的数据融合

数据融合之后，将融合之后的数据分别利用第 2 章中二维图像集构造方法进行变换，得到图集，其结果分别如图 4-46~图 4-49 所示。

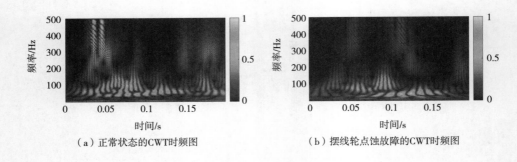

（a）正常状态的CWT时频图　　　　　（b）摆线轮点蚀故障的CWT时频图

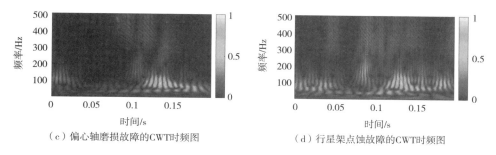

（c）偏心轴磨损故障的CWT时频图　　　（d）行星架点蚀故障的CWT时频图

图 4-46　RV 减速器不同状态的 CWT 时频图

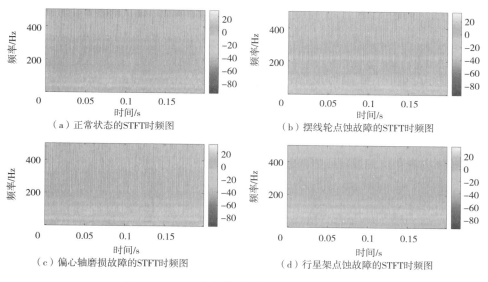

（a）正常状态的STFT时频图　　　　　（b）摆线轮点蚀故障的STFT时频图

（c）偏心轴磨损故障的STFT时频图　　　（d）行星架点蚀故障的STFT时频图

图 4-47　RV 减速器不同状态的 STFT 时频图

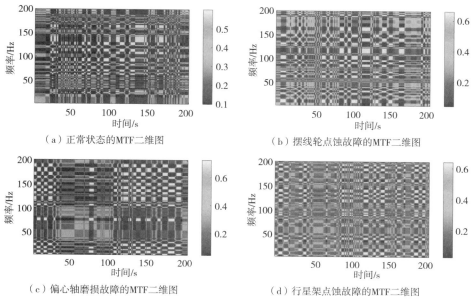

（a）正常状态的MTF二维图　　　　　（b）摆线轮点蚀故障的MTF二维图

（c）偏心轴磨损故障的MTF二维图　　　（d）行星架点蚀故障的MTF二维图

图 4-48　RV 减速器不同状态的 MTF 二维图

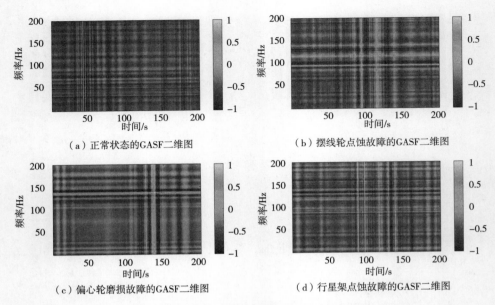

（a）正常状态的GASF二维图　　　　　　（b）摆线轮点蚀故障的GASF二维图

（c）偏心轮磨损故障的GASF二维图　　　　（d）行星架点蚀故障的GASF二维图

图 4-49　RV 减速器不同状态的 GASF 二维图

　　每种状态重复 10000 次，得到 4×10000 组大小为 60×60 的图像集，选取其中 80% 的图像对 CNN 进行训练，剩余的 20% 作为测试集测试网络的分类性能。其中，CNN 结构设计如下：3 个卷积层，第 1 个卷积层有 8 个大小 3×3 的卷积核、步长为 1，第 2 个卷积层有 10 个大小为 3×3 的卷积核、步长为 1，第 3 个卷积层有 15 个 3×3 的卷积核、步长为 1；每个卷积层后面设计一个批量归一化层（BN）；2 个池化层，均采用最大池化操作，第 1 个池化层中池化核大小 2×2、步长为 2，第 2 个池化层池化核大小 2×2、步长为 2；激活函数为 ReLU；全连接层节点为 4；分类器为 Softmax。训练过程：采用梯度下降方法进行轮训；学习率为 0.01；迭代轮数为 4。具体如图 4-50 所示。

```
>> disp(layers)
   具有以下层的 15×1 Layer 数组：

    1   ''   图像输入      60×60×1 图像：'zerocenter' 归一化
    2   ''   卷积          8 3×3 卷积：步幅 [1 1]，填充 'same'
    3   ''   批量归一化    批量归一化
    4   ''   ReLU          ReLU
    5   ''   最大池化      2×2 最大池化：步幅 [2 2]，填充 [0 0 0 0]
    6   ''   卷积          10 3×3 卷积：步幅 [1 1]，填充 'same'
    7   ''   批量归一化    批量归一化
    8   ''   ReLU          ReLU
    9   ''   最大池化      2×2 最大池化：步幅 [2 2]，填充 [0 0 0 0]
   10   ''   卷积          15 3×3 卷积：步幅 [1 1]，填充 'same'
   11   ''   批量归一化    批量归一化
   12   ''   ReLU          ReLU
   13   ''   全连接        4 全连接层
   14   ''   Softmax       softmax
   15   ''   分类输出      crossentropyex
```

图 4-50　CNN 结构配置

利用 CWT 时频图像集作为输入，送入如图 4-50 所设计的 CNN，其准确率为 100%。其具体结果如图 4-51、图 4-52 所示。

```
digitDatasetPath =fullfile ('E:\CWT image');
imds = imageDatastore(digitDatasetPath,…
    'IncludeSubfolders',true,'LabelSource','foldernames');
labelCount = countEachLabel(imds)
img = readimage(imds,1);
size(img);
numTrainFiles = 0.8;%80%数据作为训练集
[imdsTrain,imdsValidation] = splitEachLabel(imds,numTrainFiles,'randomize');
layers = [
    imageInputLayer([60 60 1])%%图片大小 60×60
    convolution2dLayer(3,8,'Padding','same')
    batchNormalizationLayer
    reluLayer
    maxPooling2dLayer(2,'Stride',2)
    convolution2dLayer(3,10,'Padding','same')
    batchNormalizationLayer
    reluLayer
    maxPooling2dLayer(2,'Stride',2)
    convolution2dLayer(3,15,'Padding','same')
    batchNormalizationLayer
    reluLayer
    fullyConnectedLayer(4)%%%分 4 类
    softmaxLayer
    classificationLayer];
options = trainingOptions('sgdm',…
    'InitialLearnRate',0.01,…
    'MaxEpochs',4,…
    'Shuffle','every- epoch',…
    'ValidationData',imdsValidation,…
    'ValidationFrequency',30,…
    'Verbose',false,…
    'Plots','training- progress');
net = trainNetwork(imdsTrain,layers,options);%%%训练网络
%%%%%%%以下是测试结果
YPred = classify(net,imdsValidation);
YValidation = imdsValidation.Labels;
accuracy = sum(YPred == YValidation)/numel(YValidation)
figure;
```

```
plot(YPred,'o');
hold on;
plot(YValidation,'r*');
xlabel('测试集样本');
ylabel('类别标签');
legend('预测测试集分类','实际测试集分类');
title('CWT+CNN诊断结果')
set(gca,'FontSize',20,'YDir','normal')
```

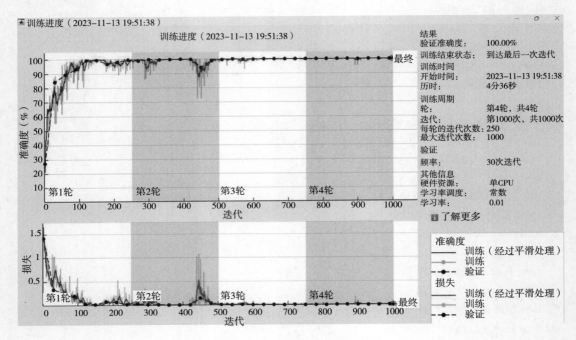

图 4-51   CWT+CNN 训练过程

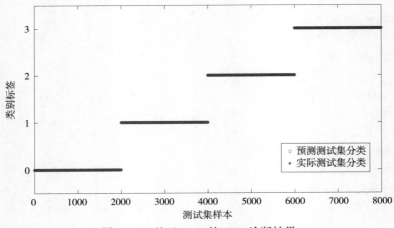

图 4-52   基于 CWT 的 CNN 诊断结果

　　下面分别将 STFT 时频图集、MTF 二维图集和 GASF 二维图集送入和上文具有相同结构的
CNN 网络进行训练和测试，其诊断结果如图 4-53～图 4-58 所示。

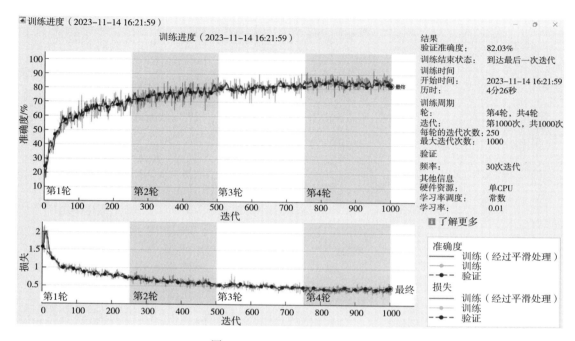

图 4-53　STFT+CNN 训练过程

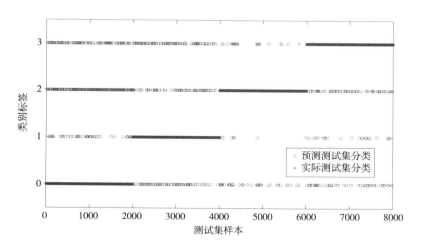

图 4-54　基于 STFT 的 CNN 诊断结果

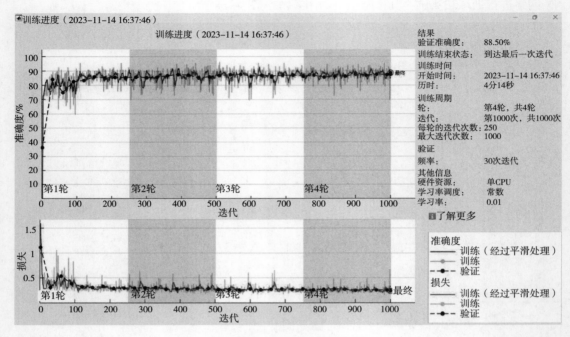

图 4-55 MTF+CNN 训练过程

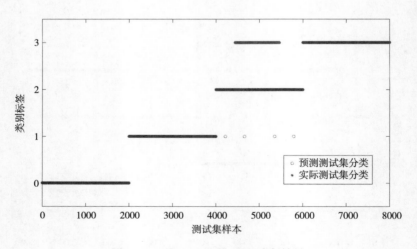

图 4-56 基于 MTF 的 CNN 诊断结果

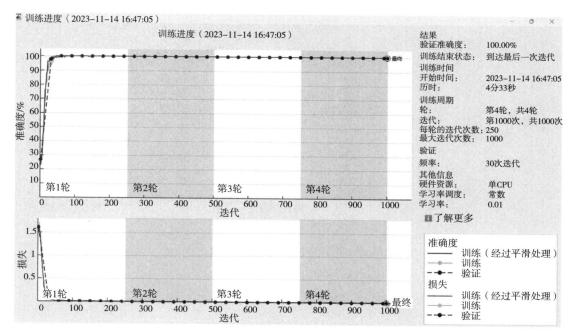

图 4-57　GASF+CNN 训练过程

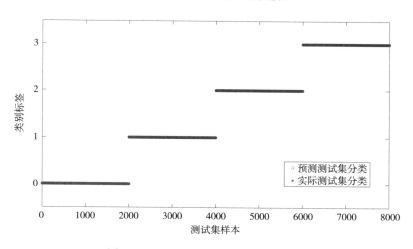

图 4-58　基于 GASF 的 CNN 诊断结果

对四种不同输入图像集的诊断结果进行归纳和梳理，其结果如图 4-59 所示。

从图 4-59 中可以看出，对于 RV 减速器故障而言，把 CWT 时频图集和 GASF 二维图集作为 CNN 的输入均能获得 100% 的诊断准确率，但是通过网络的训练过程（图 4-51、图 4-57）可以看出：相对于 CWT 时频图，利用 GASF 二维图作为网络输入其收敛速度较快（第 80 代即可达到 100%）且比较稳定，不会出现振荡现象。而 STFT 时频图和 MTF 二维图作为 CNN 输入其诊断准确率较低，分别为 82.03% 和 88.5%。因此，GASF 二维图集比较适合作为 CNN 的输入对 RV 减速器进行诊断。

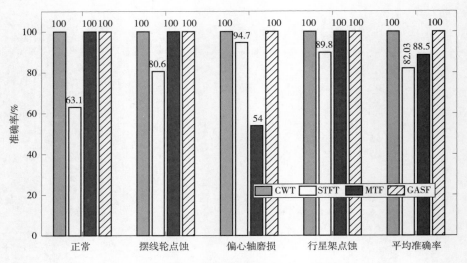

图 4-59　不同故障信息的诊断结果

4.4　基于堆栈自编码神经网络的故障诊断方法及应用

4.4.1　堆栈自编码神经网络

自编码器（AE）是一个三层无监督神经网络，包括编码网络和解码网络，结构如图 4-60 所示。编码网络可以将高维数据压缩为低维数据，解码网络可以将低维数据重构到原有的高维数据，在数据重构过程中 AE 神经网络学习到了数据的某些特征。

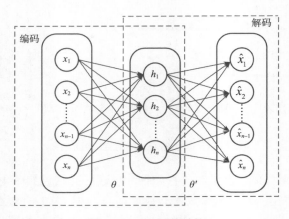

图 4-60　AE 网络结构

给定设备不同状况的非线性频谱集 $\{x_n\}_{n=1}^{M}$，通过编码函数 f_θ 将样本集 $\{x_n\}_{n=1}^{M}$ 变换为编码矢量集合 $\{h_n\}_{n=1}^{M}$，其过程见式（4-57）。

$$h_n = f_\theta(x_n) = S_f(W \cdot x_n + b) \tag{4-57}$$

式中：S_f 为编码网络激活函数。

编码矢量 h_n 通过解码函数 $g_\theta{}'$ 转换为 x_n 的一种重构表示，其过程见式（4-58）。

$$\hat{x}_n = g_\theta{'}(h_n) = S_g(W' \cdot h_n + d) \tag{4-58}$$

式中：S_g 为解码网络激活函数。

AE 通过最小化 x_n 和 $\hat{x}_n$ 误差 $L(x, \hat{x})$，完成网络的训练，误差函数见式（4-59）。

$$L(x, \hat{x}) = \frac{1}{M} \| x - \hat{x} \|^2 \tag{4-59}$$

堆栈自编码器（SAE）核心思想是将多个 AE 的编码网络层层堆叠形成 SAE 的隐层。用 AE_1 编码层输出 h_n^1 训练 AE_2，再用 AE_2 编码层输出训练 AE_3，以此类推，直到 AE_n 训练完毕，完成了 SAE 网络的预训练，实现了故障信息的层层提取。整个流程如图 4-61 所示。

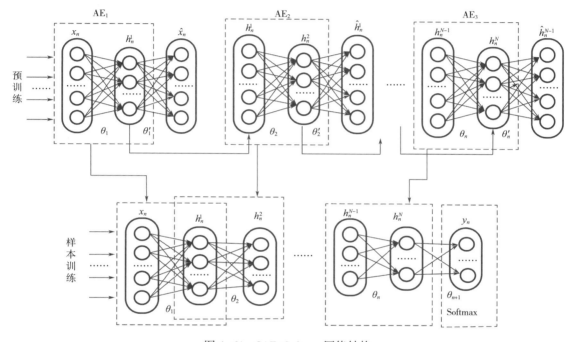

图 4-61　SAE+Softmax 网络结构

预训练结束之后，为了对设备状态进行准确判断，需要添加分类器。Softmax 是 Logistic 分类器一种推广，主要用来解决多分类问题。对于一个 K 类分类器，输出是一个 K 维向量，详见式（4-60）。

$$h_\theta(x_i) = \begin{bmatrix} p(y_i = 1 | x_i; \theta) \\ p(y_i = 2 | x_i; \theta) \\ \vdots \\ p(y_i = k | x_i; \theta) \end{bmatrix} = \frac{1}{\sum\limits_{j=1}^{k} \exp(\theta_j^T x_i)} \begin{bmatrix} \exp(\theta_1^T x_i) \\ \exp(\theta_2^T x_i) \\ \vdots \\ \exp(\theta_k^T x_i) \end{bmatrix} \tag{4-60}$$

式中：$p(y_i = 1 | x_i; \theta)$ 为将某个输入样本 x_i 判定为 k 的概率；$\theta_1, \theta_2, \cdots, \theta_k \in R^{n+1}$ 为模型参数；$\dfrac{1}{\sum\limits_{j=1}^{k} \exp(\theta_j^T x_i)}$ 为归一化函数。

在对 Softmax 训练时，利用梯度下降法，通过多次迭代使代价函数 $J(\theta)$ 最小，从而实现网络的训练。其代价函数见式（4-61）。

$$J(\theta) = -\frac{1}{m} \left[\sum_{i=1}^{m} \sum_{j=1}^{k} 1\{y_i = j\} \cdot \log \frac{\exp(\theta_j^{\mathrm{T}} x_i)}{\sum_{l=1}^{k} \exp(\theta_l^{\mathrm{T}} x_i)} \right] \tag{4-61}$$

式中：$1\{\cdot\}$ 为指示性函数，当大括号里为真时，$1\{\cdot\} = 1$，否则 $1\{\cdot\} = 0$。

4.4.2 故障诊断流程

基于 SAE 的故障诊断过程涉及的技术包括：数据采集、降噪、数据融合、网络训练和网络测试。诊断过程如图 4-62 所示。

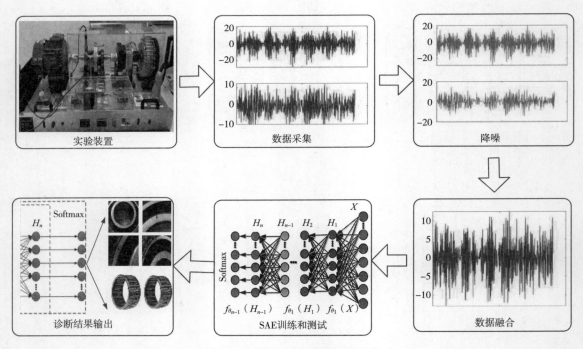

图 4-62 基于 SAE 故障诊断流程

具体诊断步骤如下：

步骤 1：搭建待测设备物理实验平台，并收集相关反映状态变化的数据。

步骤 2：对采集到的数据进行预处理，包括降噪和数据融合操作。

步骤 3：初始化网络参数、如网络层数、个层节点数、迭代次数和学习率等。

步骤 4：对 SAE 网络逐层训练，将第 i 个 AE 网络隐层作为第 $i+1$ 个 AE 网络输入，将得到的特征编码送入 Softmax 进行分类。

步骤 5：通过判断是否满足预期准确率要求，若满足则停止网络训练，若不满足则重复步骤 3，重新训练网络。

步骤 6：故障诊断结果输出。

4.4.3 实例分析

轴承的作用是减少机械部件之间的摩擦损耗，具有摩擦阻力小、安装方便和工作效率高等优点，被广泛使用于旋转机械设备中。然而，轴承在连接旋转部件的同时，也要承受一定的负载；再加上它工作在复杂环境中，很容易受机械物理作用导致自身状态发生改变，如裂纹、腐蚀和磨损等。轴承主要由内圈、外圈、滚珠和保持架组成，而轴承故障一般也表现为这几种零部件的缺陷。轴承发生故障，轻则造成设备停机，重则引发严重灾难性事故。因此，对轴承故障进行诊断研究对于维护工业安全生产具有十分重要的意义。

本实验采用 VALENIAN-PT650 系列旋转设备故障测试平台。该平台主要由驱动电机、振动传感器、待测轴承和磁粉制动器构成，其结构如图 4-63 所示。实验中轴承故障通过人工切割形成，分别设置内圈故障、外圈故障、保持架故障、滚动体故障等四种单一故障和一种复合故障，其故障描述和状态分别如表 4-3 和图 4-64 所示。实验通过安装在轴承座 x 方向和 y 方向上的振动传感器获取振动信号，如图 4-65 所示。其中振动传感器通过磁吸附方式分别安装在轴承座 x 轴和 y 轴方向，振动传感器采样频率为 6kHz。

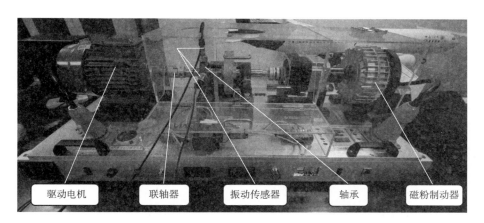

图 4-63　轴承故障诊断实验平台

表 4-3　轴承故障类型及描述

状态	类型	状态描述
S1	正常	—
S2	内圈故障	通过切割深度为 1mm、长度为 10mm 的裂纹
S3	外圈故障	通过切割深度为 1mm、长度为 10mm 的裂纹
S4	保持架故障	通过切割深度为 1mm、长度为 5mm 的裂纹
S5	滚动体故障	通过切割深度为 1mm、长度为 3mm 的裂纹
S6	复合故障	通过在内环和外环上切割深度为 1mm、长度为 10mm 的裂纹

（a）正常　　　　　　　　（b）内圈故障　　　　　　　　（c）外圈故障

（d）保持架故障　　　　　　（e）滚动体故障　　　　　　（f）复合故障

图 4-64　不同状态的轴承

图 4-65　传感器及安装位置

　　相比于单传感器，多传感器的信息融合可以为故障诊断提供更丰富的信息，全面反映诊断对象的状态，有助于提高诊断精度。本章采用数据级融合方式对两个方向的振动数据进行融合。假设有 n 个传感器对振动数据 x 进行测量，第 i 个传感器的输出为 x_i，其权值为 w_i，则 n 个传感器输出数据融合结果如式（4-62）所示。

$$\overline{x} = \sum_{i=1}^{n} \omega_i x_i \tag{4-62}$$

式中：$\sum_{i=1}^{n} \omega_i = 1$。

　　因此，应用在轴承故障诊断的振动数据融合公式如式（4-63）所示。

$$\overline{x} = \frac{1}{2}x_a + \frac{1}{2}x_b \tag{4-63}$$

式中：x_a 为轴承 x 方向上的振动信号；x_b 为轴承 y 方向上的振动信号。

以 1000rpm-0Nm 工况为例，轴承在不同状态下 x 方向、y 方向的振动信号如图 4-66 所示。

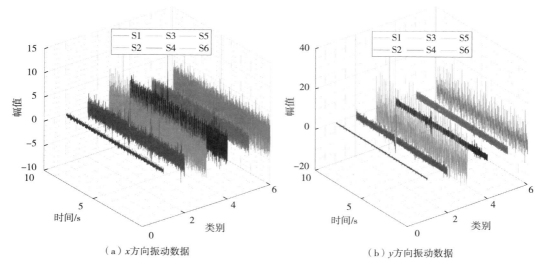

（a）x 方向振动数据　　　　　　　　　　（b）y 方向振动数据

图 4-66　不同状态下的轴承两个方向上的振动信号

实验中两个方向上的振动传感器采样频率 6kHz，采样时间为 100s。本实验只取前 70s 数据，即每种状态下轴承在两个方向上获取的振动数据量为 420k，获取数据之后首先利用小波包降噪方法进行处理，然后利用式（4-62）的方法进行融合，最后将融合后的数据进行 FFT 变换得到频域信号。将融合后数据每 600 个数据点设置一个样本，即每种状态的轴承可得到 700 个样本，6 种状态的轴承可获得 6×700 个样本。经过傅里叶变换后，随机选取其 80% 作为训练样本，其余数据集作为测试样本，迭代次数设置为 200。所设计的 SAE 包括 5 个编码层和 1 个 Softmax 层，每一层神经元的个数分别为 600、400、200、100、40、6，具体如图 4-67 所示。

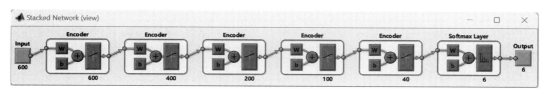

图 4-67　基于 SAE 的诊断网络结构

SAE 诊断结果以混淆矩阵的形式进行展示，其如图 4-68 所示。

```
clc
clear
A＝csvread（'D：\正常\CSV_1.csv'）；
B＝csvread（'D：\轴承故障\内圈故障\CSV_2.csv'）；
C＝csvread（'D：\轴承故障\外圈故障\CSV_2.csv'）；
```

```
D=csvread('D:\轴承故障\保持架故障\CSV_2.csv');
E=csvread('D:\轴承故障\滚动体故障\CSV_2.csv');
F=csvread('D:\轴承故障\综合故障\CSV_2.csv');
%%%%%%%%%%%%%%%%%%%%%%%%%首先进行降噪处理
[thr,sorh,deepapp,crit]=ddencmp('den','wp',A(:,2:3));
[A1,treed,perf0,perfl2]=wpdencmp(A(:,2:3),sorh,3,'db7',crit,thr,deepapp);%%%%%%%%%3层小
波包,db7小波函数
[thr,sorh,deepapp,crit]=ddencmp('den','wp',B(:,2:3));
[B1,treed,perf0,perfl2]=wpdencmp(B(:,2:3),sorh,3,'db7',crit,thr,deepapp);%%%%%%%%%3层小波
包,db7小波函数
[thr,sorh,deepapp,crit]=ddencmp('den','wp',C(:,2:3));
[C1,treed,perf0,perfl2]=wpdencmp(C(:,2:3),sorh,3,'db7',crit,thr,deepapp);%%%%%%%%%3层小
波包,db7小波函数
[thr,sorh,deepapp,crit]=ddencmp('den','wp',D(:,2:3));
[D1,treed,perf0,perfl2]=wpdencmp(D(:,2:3),sorh,3,'db7',crit,thr,deepapp);%%%%%%%%%3层小
波包,db7小波函数
[thr,sorh,deepapp,crit]=ddencmp('den','wp',E(:,2:3));
[E1,treed,perf0,perfl2]=wpdencmp(E(:,2:3),sorh,3,'db7',crit,thr,deepapp);%%%%%%%%%3层小波
包,db7小波函数
[thr,sorh,deepapp,crit]=ddencmp('den','wp',F(:,2:3));
[F1,treed,perf0,perfl2]=wpdencmp(F(:,2:3),sorh,3,'db7',crit,thr,deepapp);%%%%%%%%%3层小波
包,db7小波函数
%%%%%%%%%%%%%%%%%%%%%%%%%以下进行数据融合
A2=0.5*(A1(:,1)+A1(:,2));
B2=0.5*(B1(:,1)+B1(:,2));
C2=0.5*(C1(:,1)+C1(:,2));
D2=0.5*(D1(:,1)+D1(:,2));
E2=0.5*(E1(:,1)+E1(:,2));
F2=0.5*(F1(:,1)+F1(:,2));
%%%%%%%%%%%%%%%%%%%%%%%%%以下进行FFT变换
A2_FFT=abs(fft(A2));
B2_FFT=abs(fft(B2));
C2_FFT=abs(fft(C2));
D2_FFT=abs(fft(D2));
E2_FFT=abs(fft(E2));
F2_FFT=abs(fft(F2));
for i=1:700
    AA(:,i)=A2_FFT(600*i-599:600*i);
end
for i=1:700
    BB(:,i)=B2_FFT(600*i-599:600*i);
```

```
end
for i=1:700
    CC(:,i)=C2_FFT(600*i-599:600*i);
end
for i=1:700
    DD(:,i)=D2_FFT(600*i-599:600*i);
end
for i=1:700
    EE(:,i)=E2_FFT(600*i-599:600*i);
end
for i=1:700
    FF(:,i)=F2_FFT(600*i-599:600*i);
end
Datasets=[AA BB CC DD EE FF];
[AA,mean,std]=zscore(AA);%%%归一化
[BB,mean,std]=zscore(BB);%%%归一化
[CC,mean,std]=zscore(CC);%%%归一化
[DD,mean,std]=zscore(DD);%%%归一化
[EE,mean,std]=zscore(EE);%%%归一化
[FF,mean,std]=zscore(FF);%%%归一化
N=700;
n=randperm(N);
train_data=[AA(:,sort(n(1:0.8*N)))BB(:,sort(n(1:0.8*N)))CC(:,sort(n(1:0.8*N)))DD(:,sort
(n(1:0.8*N)))EE(:,sort(n(1:0.8*N)))FF(:,sort(n(1:0.8*N)))];
train_label=zeros(6,4200*0.8);
k1=1;
k2=1;
for i= 1:6
    d=700*0.8;
    train_label(i,k1:k1+d-1)=1;
    k1=k1+d;
    k2=k2+d;
end
test_data=[AA(:,sort(n(0.8*N+1:end)))BB(:,sort(n(0.8*N+1:end)))CC(:,sort(n(0.8*N+1:
end)))DD(:,sort(n(0.8*N+1:end)))EE(:,sort(n(0.8*N+1:end)))FF(:,sort(n(0.8*N+1:end)))];
test_label=zeros(6,4200*0.2);
k1=1;
k2=1;
for i= 1:6
    d=700*0.2;
    test_label(i,k1:k1+d-1)=1;
```

```
    k1＝k1+d；
    k2＝k2+d；
end
hiddenSize ＝600；
autoenc1 ＝ trainAutoencoder（train_data，hiddenSize，…
    'L2WeightRegularization' ,0. 01,…
    'SparsityRegularization' ,4,…
    'Maxepochs' ,200,…
    'SparsityProportion' ,0. 05,…
    'DecoderTransferFunction' ,' purelin'）；
features1 ＝ encode（autoenc1,train_data）；
hiddenSize ＝ 400；
autoenc2 ＝ trainAutoencoder（features1,hiddenSize,…
    'L2WeightRegularization' ,0. 01,…
    'SparsityRegularization' ,4,…
    'Maxepochs' ,200,…
    'SparsityProportion' ,0. 05,…
    'DecoderTransferFunction' ,' purelin' ,…
    'ScaleData' ,false）；
features2 ＝ encode（autoenc2,features1）；
hiddenSize ＝ 200；
autoenc3 ＝ trainAutoencoder（features2,hiddenSize,…
    'L2WeightRegularization' ,0. 001,…
    'SparsityRegularization' ,4,…
    'SparsityProportion' ,0. 05,…
    'DecoderTransferFunction' ,' purelin' ,…
    'ScaleData' ,false）；
features3 ＝ encode（autoenc3,features2）；
hiddenSize ＝ 100；
autoenc4 ＝ trainAutoencoder（features3,hiddenSize,…
    'L2WeightRegularization' ,0. 001,…
    'SparsityRegularization' ,4,…
    'SparsityProportion' ,0. 05,…
    'DecoderTransferFunction' ,' purelin' ,…
    'ScaleData' ,false）；
features4 ＝ encode（autoenc4,features3）；
  hiddenSize ＝ 40；
autoenc5 ＝ trainAutoencoder（features4,hiddenSize,…
    'L2WeightRegularization' ,0. 001,…
    'SparsityRegularization' ,4,…
    'SparsityProportion' ,0. 05,…
```

```
        ' DecoderTransferFunction' ,' purelin' ,…
        ' ScaleData' ,false) ;
features5 = encode( autoenc5 ,features4) ;
softnet = trainSoftmaxLayer( features5 ,train_label ,' LossFunction' ,' crossentropy' ,' Maxepoch' ,200) ;
stackednet = stack( autoenc1 ,autoenc2 ,autoenc3 ,autoenc4 ,autoenc5 ,softnet) ;
view( stackednet)
stackednet. trainParam. epochs=200 ;
stackednet = train( stackednet ,train_data ,train_label) ;
view( autoenc1)
plotWeights( autoenc1) ;
view( autoenc2)
plotWeights( autoenc2) ;
view( autoenc3)
plotWeights( autoenc3) ;
view( autoenc4)
plotWeights( autoenc4) ;
view( autoenc5)
plotWeights( autoenc5) ;
view( softnet)
view( stackednet)
%%%%%%%%%%%%%%%%%%%%%%%%以下进行测试
PP=stackednet( test_data) ;
plotconfusion( PP ,test_label) ;
```

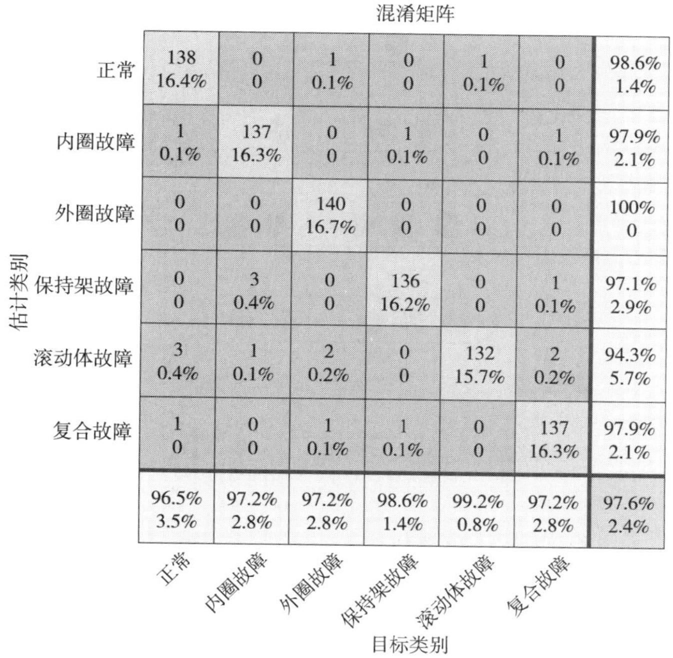

混淆矩阵

	正常	内圈故障	外圈故障	保持架故障	滚动体故障	复合故障	
正常	138 16.4%	0 0	1 0.1%	0 0	1 0.1%	0 0	98.6% 1.4%
内圈故障	1 0.1%	137 16.3%	0 0	1 0.1%	0 0	1 0.1%	97.9% 2.1%
外圈故障	0 0	0 0	140 16.7%	0 0	0 0	0 0	100% 0
保持架故障	0 0	3 0.4%	0 0	136 16.2%	0 0	1 0.1%	97.1% 2.9%
滚动体故障	3 0.4%	1 0.1%	2 0.2%	0 0	132 15.7%	2 0.2%	94.3% 5.7%
复合故障	1 0	0 0	1 0.1%	1 0.1%	0 0	137 16.3%	97.9% 2.1%
	96.5% 3.5%	97.2% 2.8%	97.2% 2.8%	98.6% 1.4%	99.2% 0.8%	97.2% 2.8%	97.6% 2.4%

估计类别

目标类别

图 4-68　SAE+Softmax 诊断网络结构

从图 4-68 中可以看出，利用 SAE 对轴承故障进行诊断其综合准确率为 97.6%。其中，正常状态的准确率为 98.6%，内圈故障诊断准确率为 97.9%，外圈故障诊断准确率为 100%，保持架故障诊断准确率为 97.1%，滚动体故障诊断准确率为 94.3%，复合故障诊断准确率为 97.9%。由此可见，利用 SAE 对轴承故障进行诊断可以取得较好的效果。

4.5　基于深度置信网络的故障诊断方法及应用

4.5.1　深度置信网络

深度置信网络（Deep Belief Networks，DBN）是一个由多层受限玻尔兹曼机（Restricted Boltzmann Machine，RBM）和分类器组合而成的深度学习网络。经典的 DBN 的结构是由若干层 RBM 和一层有监督的反向传播（BP）网络构成，而每一个 RBM 又包含一个可视层和一个隐含层。由于该网络具备强大的逐层提取特征能力，因此被广泛应用于特征识别和数据分类等领域。DBN 网络的训练主要包括预训练和微调两个过程。预训练采用无监督逐层学习方式直接把数据从输入映射到输出，首先在第一个 RBM 的可视层产生一个向量，通过 RBM 将其传递给隐含层，反过来，用隐含层取重构可视层，根据重构结果和可视层真实值之间的差异更新隐含层和可视层之间权重，直至达到迭代停止条件。当无监督训练完成后，通过添加标签，对 DBN 进行有监督训练，即采用 BP 算法对 DBN 网络的相关参数进行微调，这个过程叫作有监督训练，通过有监督训练，可以进一步减少训练误差和提高网络分类的准确率。整个过程如图 4-69 所示。

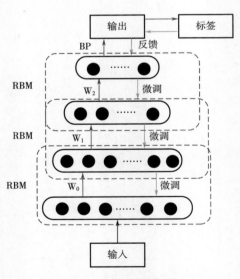

图 4-69　DBN 网络结构

在整个 DBN 网络中 RBM 发挥了重要作用，它能学习数据的固有内在表示，RBM 学习的效果将严重影响分类性能。在每个 RBM 中，可见层和隐含层单元之间有双向连接权值，而可见层内部和隐含层内部之间没有连接关系。在给定的可见层单元 $\boldsymbol{v} = \{v_1, v_2, v_3, \cdots, v_I\} \in \{0, 1\}$、隐

含层单元 $\boldsymbol{h} = \{h_1,\ h_2,\ h_3,\ \cdots,\ h_I\} \in \{0,\ 1\}$、权重矩阵 $\boldsymbol{w}$、可见层单元的阈值 a 和隐层单元阈值 b 的条件下，所有可见层单元和隐含层单元联合状态 $(v,\ h)$ 的能量函数可用式（4-64）表示。

$$E(\boldsymbol{v},\ \boldsymbol{h}) = -\sum_{i=1}^{I} a_i \boldsymbol{v}_i - \sum_{j=1}^{J} b_j \boldsymbol{h}_j - \sum_{j=1}^{J}\sum_{i=1}^{I} \boldsymbol{w}_{ji} \boldsymbol{v}_i \boldsymbol{h}_j \tag{4-64}$$

式中：I 为可见层单元数量；J 为隐含层单元数量。

根据式（4-64）可以得到隐含层和可见层之间联合概率分布，见式（4-65）、式（4-66）。

$$p(\boldsymbol{v},\ \boldsymbol{h}) = \frac{\mathrm{e}^{-E(\boldsymbol{v},\ \boldsymbol{h})}}{Z} \tag{4-65}$$

$$Z = \sum_{\boldsymbol{v}}\sum_{\boldsymbol{h}} \mathrm{e}^{-E(\boldsymbol{v},\ \boldsymbol{h})} \tag{4-66}$$

式中：Z 为模拟物理系统的标准化常数，通过可视层单元和隐含层单元之间的能量值相加得到。由式（4-65）的联合概率分布，可得到可视层向量 v 的独立分布，详见式（4-67）。

$$p(\boldsymbol{v}) = \sum_{\boldsymbol{h}} p(\boldsymbol{v},\ \boldsymbol{h}) = \frac{\sum\limits_{\boldsymbol{h}} \mathrm{e}^{-E(\boldsymbol{v},\ \boldsymbol{h})}}{\sum\limits_{\boldsymbol{v}}\sum\limits_{\boldsymbol{h}} \mathrm{e}^{-E(\boldsymbol{v},\ \boldsymbol{h})}} \tag{4-67}$$

由于 RBM 同层任何两个单元之间没有连接，给定一个随机输入可视层向量 v，所有隐含层单元相互独立，因此根据式（4-65）可以得到给定可视层向量 v 条件下，隐含层向量 h 的概率。类似地，也可以得到给定隐含层向量 h 条件下，可视层向量 v 的概率，分别见式（4-68）、式（4-69）。

$$p(\boldsymbol{h}/\boldsymbol{v}) = \prod_j p(\boldsymbol{h}_j = 1/\boldsymbol{v}) \tag{4-68}$$

$$p(\boldsymbol{v}/\boldsymbol{h}) = \prod_i p(\boldsymbol{v}_i = 1/\boldsymbol{h}) \tag{4-69}$$

在激活函数的作用下，可得到激活概率，见式（4-70）、式（4-71）。

$$p(\boldsymbol{h}_j = 1/\boldsymbol{v}) = f\left(b_j + \sum_{i=1}^{I} \boldsymbol{v}_i \boldsymbol{w}_{ji}\right) \tag{4-70}$$

$$p(\boldsymbol{v}_i = 1/\boldsymbol{h}) = f\left(a_i + \sum_{j=1}^{J} \boldsymbol{h}_j \boldsymbol{w}_{ji}\right) \tag{4-71}$$

根据式（4-70）和式（4-71）可得到重构可视层单元的状态，通过一定规则使可视层单元和重构可视层单元之间的差异最小，即可认为隐含层单元是可视层单元的另外一种表达，从而达到提取特征的目的。

RBM 的本质是让学习到的 RBM 模型符合输入样本分布的概率最大，即通过调节相应参数，使式（4-67）中 $p(v)$ 取得最大值。一般而言，通过使用极大似然估计，即对式（4-67）两边取对数，然后执行随机梯度下降算法，可以从训练样本中学习 RMB 模型中的参数 $\theta = \{a_i,\ b_i,\ w_{ji}\}$，以此使 $p(v)$ 的值最大。

4.5.2　故障诊断流程

本章节结合 NOFRF 频谱和 DBN 对系统进行故障诊断，整个流程主要包括：输入和输出

数据采集、系统 NOFRF 频谱估计、数据预处理、网络训练和测试等环节。具体如图 4-70
所示。

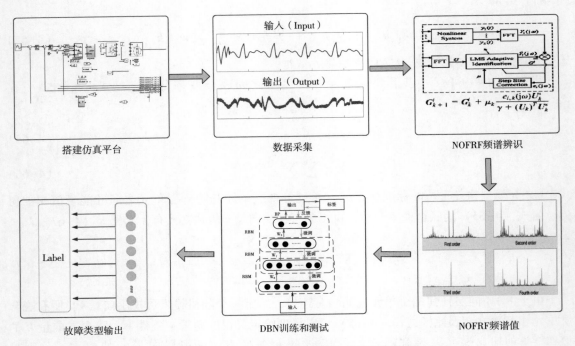

图 4-70 结合 NOFRF 频谱和 DBN 故障诊断流程

具体过程为：

步骤 1：建立系统故障诊断实验平台，采集系统的输入和输出数据。

步骤 2：利用自适应辨识算法获取系统前 4 阶 NOFRF 频谱，对每一阶 NOFRF 进行平均
采样获得 50 个样本点，每一种状态共获得 4×50 维一维向量。每种状态重复 1000 次共获得
1000 组 200 维数据。每种状态取其中 80% 数据作为训练集，剩余 20% 作为测试集。

步骤 3：构建 DBN 学习网络模型，初始化网络参数，通过逐层贪婪方式训练 DBN 中的
RBM，把前一层的隐含层作为下一层的可见层。

步骤 4：在训练完成之后，以 BP 方式对网络进行反向微调，以获得最优网络参数。

步骤 5：将测试集送入训练好的 DBN 网络，通过前向传播获得诊断结果。

4.5.3 实例分析

关节式工业机器人是一种新型连杆式机器人，通常包括 3~6 个旋转关节，其机械结构
主要包括底座、回转轴、大臂、小臂、曲柄连杆、平行连杆和末端执行器。这类机器人具
有连续作用能力强、负载大和稳定性好等特点，因此被广泛应用于现代制造工厂中从事复
杂、重复性工作，由于长时间连续作业，这类机器人的驱动系统很容易发生故障，常见的
故障有关节执行器卡滞、动力失效和动作偏差等。故障一旦发生，轻则造成生产停运，影
响企业生产效益，重则威胁工厂人员的生命安全。因此，对工业机器人故障进行诊断很有
必要。本章节在 Simulink 中搭建机器人关节驱动系统的仿真模型，通过设置相应的不同部

位故障来获取状态数据集。工业机器人驱动系统数据采集结构和仿真模型分别如图 4-71、图 4-72 所示。

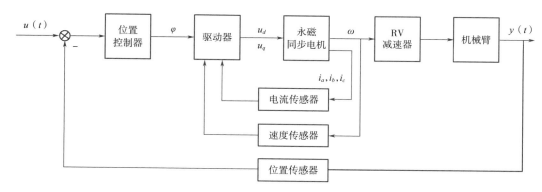

图 4-71　工业机器人驱动系统数据采集结构图

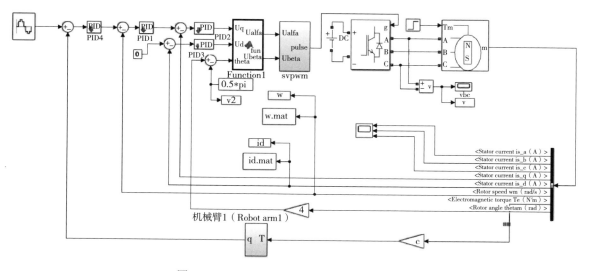

图 4-72　工业机器人驱动系统故障仿真平台

在如图 4-72 的系统故障仿真平台中，分别设置如表 4-4 所示的故障类型。

表 4-4　工业机器人关节驱动系统不同故障类型

状态	类型
S1	正常
S2	关节执行器卡滞
S3	关节执行器动力失效
S4	关节执行器偏差

在机器人关节驱动系统正常情况下，单个机械臂质量 $m = 550\text{kg}$，臂长 $l = 1.3\text{m}$，减速比

系数为 2，关节黏性系数为 0.01。将机械臂期望运动轨迹设置为如式（4-72）所示的路径，分别采集关节角度信号和电机定子电流信号作为系统输入和输出。在数据采集过程中，采样频率为 100kHz，采样时间为 1s，每一种状态重复 1000 次实验。

$$u(t) = 0.1 \times \sin(40\pi t) + 0.2 \times \sin(60\pi t) + 0.3 \times \sin(80\pi t) + 0.2 \times \sin(100\pi t)$$
$$(4-72)$$

获得系统不同状态下的输入和输出数据以后，采用自适应辨识算法求得前 4 阶 NOFRF 频谱，如图 4-73~图 4-76 所示。

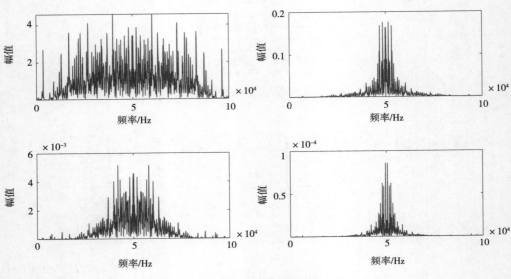

图 4-73　正常状态下前 4 阶 NOFRF

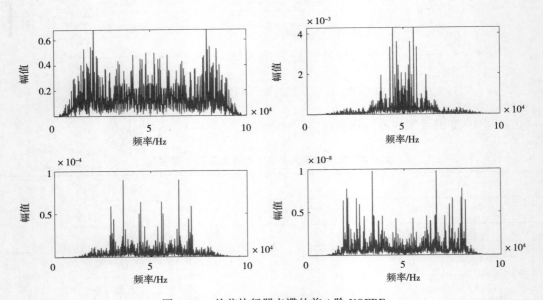

图 4-74　关节执行器卡滞的前 4 阶 NOFRF

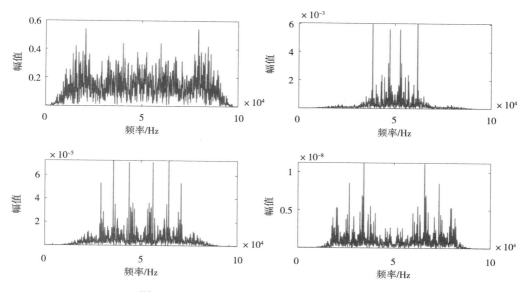

图 4-75　关节执行器动力失效的前 4 阶 NOFRF

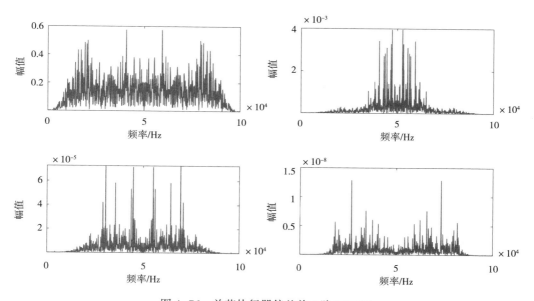

图 4-76　关节执行器偏差前 4 阶 NOFRF

　　获取前 4 阶 NOFRF 频谱以后，每种状态下每阶 NOFRF 频谱均匀取样 50 个点，因此每种状态可获得 200 维频谱数据，每种状态重复 1000 次，可得 1000×200 数据集。选择其中 80% 作为训练集对 DBN 网络进行训练，取剩余 20% 的数据集对训练好的网络进行测试。本实验所设计的 DBN 网络结构为 200-100-50-4，学习率为 0.001，激活函数选择 Sigmoid，反向微调次数为 5。则结果如图 4-77 和图 4-78 所示。

```
clc
clear
load NOFRF data
train_data = train_data' ; train_label = train_label' ;
test_data = test_data' ; test_label =test_label' ;
%%%%%%%%%%%%%%%%%%%%%%%%%%%%%%%%%
dbn. sizes = [    100    ] ;  %设置网络隐藏单元数为100
opts. numepochs =    400; %设置训练迭代次数。
opts. batchsize = 100;  %批次大小
opts. momentum   =    0; %动量
opts. alpha       =    0. 001; %学习率
dbn = dbnsetup( dbn, train_data, opts) ;  %初始化RBM的参数
dbn = dbntrain( dbn, train_data, opts) ;   %开始训练
figure; visualize( dbn. rbm{1}. W') ;    %  Visualize the RBM weights
%%   ex2 train a 100- 100 hidden unit DBN and use its weights to initialize a NN
%  rng( 0) ;
% train dbn
dbn. sizes = [ 100 50] ;
opts. numepochs =    400;
opts. batchsize = 100;
opts. momentum   =    0;
opts. alpha       =    0. 001;
dbn = dbnsetup( dbn, train_data, opts) ;
dbn = dbntrain( dbn, train_data, opts) ;
% unfold dbn to nn
nn = dbnunfoldtonn( dbn, 4) ;  %设计一个有4个输出单元的NN, 并用已经训练好的DBN的权值参数去初
始化相应结构的NN网络
nn. activation_function = ' sigm' ;  %设置激活函数为sigm
opts. numepochs =    200; %设置训练参数
opts. batchsize = 10;
[ nn loss] = nntrain( nn, train_data, train_label, opts) ;  %训练网络
plot( loss)
p=nnpredict( nn, test_data) ;
plotconfusion( p, test_label) ;
[ er, bad] = nntest( nn, test_data, test_label) ; %测试网络错误率
accuracy=1- er; %测试结果
assert( er < 0. 10, ' Too big error') ;
```

从图4-77中可以看出，随着迭代次数的增加，损失函数呈衰减趋势，说明预测值与真实值之间的误差越来越小，当达到训练结束条件时，此时的网络为最佳网络。从图4-78可以看出，利用训练好的网络结构进行测试时，准确率高达100%，证明了利用NOFRF频谱作为关

节机器人驱动系统故障特征并采用 DBN 作为深度诊断网络的有效性。

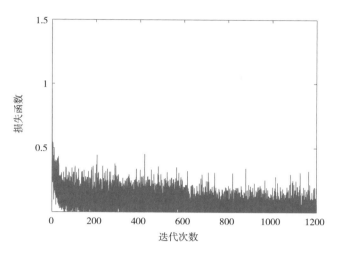

图 4-77　训练过程中损失函数变化趋势

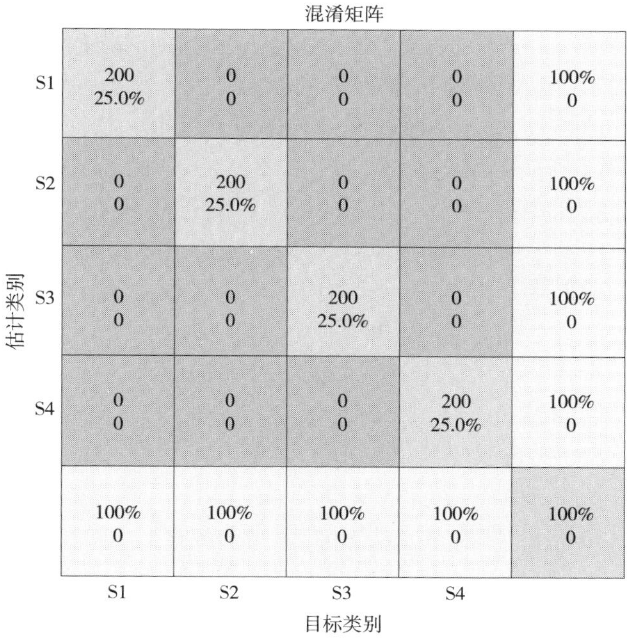

图 4-78　DBN 诊断结果

4.6　基于长短时记忆神经网络的故障诊断方法及应用

4.6.1　长短时记忆神经网络

长短时记忆神经网络（Long Short-term Memory，LSTM）是对 RNN 的一种改进，主要解决 RNN 神经网络无法处理和预测长序列的弊端。另外，由于 LSTM 模型中包含记忆单元，可以防止 RNN 中经常出现的梯度消失和爆炸问题发生。相对于 RNN，LSTM 性能之所以能够得到提升，主要依赖其内部的"记忆单元"，即输入门、遗忘门和输出门。具体结构如图 4-79 所示。

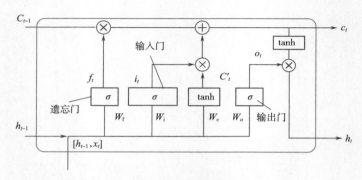

图 4-79　LSTM 单元结构

LSTM 结构中，各个结构功能为：

（1）状态层：控制整个 LSTM 单元的状态或者记忆，通过每个时刻的输入进行更新，从而实时保持 LSTM 单元的记忆。

（2）输入门：接收前一个时刻隐藏层的数据 h_{t-1} 和当前时刻输入层数据 x_t。在输入门节点和输入节点的共同作用下，可控制记忆单元的输入。

（3）遗忘门：通过对记忆单元中的数据进行选择性舍弃，从而控制隐藏层节点在上一时刻储存的信息，对连续运行的网络很有效。

（4）输出门：控制当前隐藏层节点状态的输出，通过 0 和 1 的状态值决定哪些信息能够传输到一个隐藏层。

以 t 时刻为例，在前向传播过程中，三个门的生成过程见式（4-73）~式（4-75）。

$$i_t = \sigma(W_i[h_{t-1}, \ x_t] + b_i) \tag{4-73}$$

$$f_t = \sigma([h_{t-1}, \ x_t] + b_f) \tag{4-74}$$

$$O_t = \sigma([h_{t-1}, \ x_t] + b_o) \tag{4-75}$$

此时，LSTM 单元的状态向量见式（4-76）。

$$C_t = f_t \times C_{t-1} + i_t \times C'_t \tag{4-76}$$

从式（4-76）可以看出，新的单元状态 C_t 由当前记忆 C_t' 和长期保存的记忆 C_{t-1} 两部分决定。其中，遗忘门 f_t 可以控制 C_{t-1} 保存之前信息的量，输入门 i_t 可以控制 C'_t 进行记忆的量。

以上就是 LSTM 的前向计算过程，在反向传播时，LSTM 的误差沿上一个时刻和上一层两个方向传播，反向传播的整个过程可参考文献[225]，具体过程不在本章中赘述。由于在 LSTM 中，记忆单元只能记忆某一时刻的输入，对后面的输入无法记忆，因此在实际应用中往往加入多层 LSTM 才能发挥最佳性能。

4.6.2　故障诊断流程

本章节利用 LSTM 对系统进行故障诊断，整个过程包括数据采集、数据预处理、网络训练和网络测试等环节，其过程如图 4-80 所示。

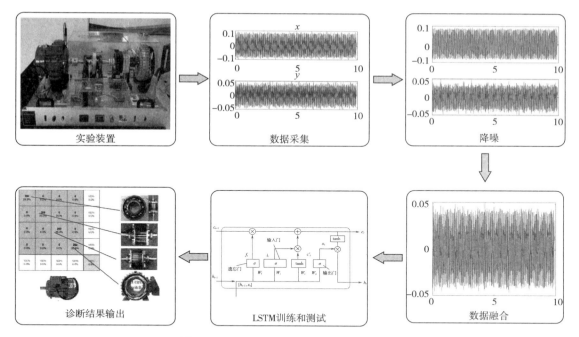

图 4-80　基于 LSTM 的系统故障诊断流程

系统故障诊断整个流程具体包括以下步骤：

步骤 1：搭建系统故障诊断数据采集物理平台，并按照设计要求采集系统的状态数据。

步骤 2：对采集到的数据进行预处理，包括降噪、数据融合等操作。

步骤 3：将预处理之后的数据 80% 作为训练集，剩余的 20% 作为测试集。

步骤 4：搭建 LSTM 神经网络，并初始化网络参数，如网络层数、各层节点数、迭代次数和学习率等。

步骤 5：将训练集送入网络对 LSTM 逐层训练，将网络中上一个隐藏层中神经元的输出送入下一个隐藏层，经过多次重复操作将得到的数据特征送入 Softmax 进行分类，然后对网络进行反向微调，直至达到网络训练结束条件为止。

步骤 6：将测试数据集送入训练好的网络模型中，以实现诊断结果的输出。

4.6.3　实例分析

鼠笼式异步电机具有结构简单、价格低廉、坚固耐用和良好的工作特性等优点，被广泛应用于机床、矿山机械、起重设备以及动力传输等领域，是工业生产系统应用最广泛的电机。作为机电系统的动力来源，由于结构复杂，再加上工作环境恶劣，电机很容易发生故障。其中，常见的机械故障包括转子断条、轴承磨损、转子不平衡和轴弯曲等，电气性故障以定子匝间短路和缺相为主。故障产生以后，如果不及时处理，轻则影响生产进度，重则会造成安全生产事故，因此采用先进的技术手段对电机运行状态进行监测，并对出现的故障进行精准诊断，可实现设备故障的早期发现，有利于提高电机运行可靠性，对维护机电系统乃至整个工业生产安全运行十分重要。

本章节采用 VALENIAN（PT650 系列）异步电机故障诊断试验台。该试验台由一台 1.5kW 的鼠笼式异步电机、两端由轴承支撑的转子、一个齿轮箱和一个磁粉制动器组成，其结构如图 4-81 所示。不同状态下电机按照特定转速进行工作，当电机出现故障时转子会抖动，振动波会传递到电机外壳上。为了采集电机的振动信号，在电机外壳的前部，通过磁吸附在 x 轴和 y 轴方向安装了两个振动传感器，其位置和结构如图 4-82 所示。其中，传感器采用频率为 6kHz。试验台配置有一台正常电机和 4 种故障电机，不同状态的电机故障类型及描述如图 4-83 和表 4-5 所示。

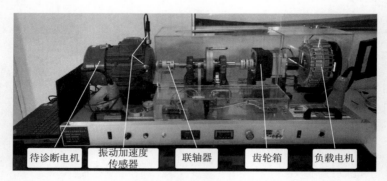

图 4-81　鼠笼式异步电机故障诊断实验平台

图 4-82　振动加速度传感器及其安装位置

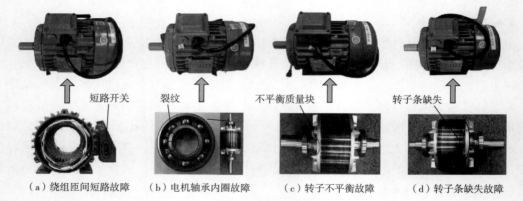

（a）绕组匝间短路故障　　（b）电机轴承内圈故障　　（c）转子不平衡故障　　（d）转子条缺失故障

图 4-83　电机不同的故障类型

表 4-5　电机状态类型描述

状态	类型	状态描述
S1	正常	—
S2	绕组匝间短路	打开短路开关
S3	电机轴承内圈故障	切割裂缝
S4	转子不平衡	安装不平衡质量块
S5	转子条缺失	切掉 4 条转子条

以 800rpm-37.5Nm 工况为例，不同状态下采集到的电机振动信号如图 4-84 所示。

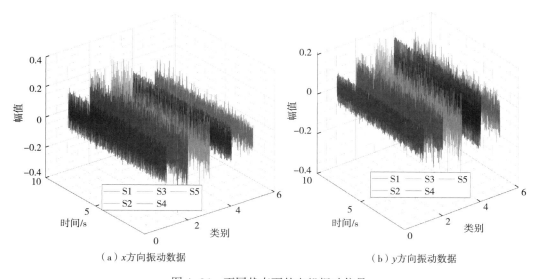

（a）x 方向振动数据　　　　　　　　　（b）y 方向振动数据

图 4-84　不同状态下的电机振动信号

实验中两个方向上的振动传感器采样频率为 6kHz，采样时间为 100s。获取数据以后首先利用小波降噪方法分别对 x 和 y 方向振动数据进行处理，将 x 和 y 方向的数据视为二维特征向量送入 LSTM 网络（多输入多输出 LSTM 网络），选择其中 80% 作为训练集，剩余 20% 作为测试集。LSTM 网络结构设置为：输入层神经元个数为 2，隐含层单元个数为 180，全连接层神经元个数为 5，1 个 Softmax 层，求解器设置为 Adam，最大训练周期为 200，初始学习率为 0.01，每经过 50 轮训练学习率就降低至之前的一半。训练过程和诊断结果分别如图 4-85 和图 4-86 所示。

```
clc
clear
%%%%%%%%%%%%%%%%%%%%%%%%%%%% 数据导入及预处理
A=xlsread('D:\电机故障数据采集\电机数据\正常\800rpm-37.5Nm\CSV_2.csv');
B=xlsread('D:\电机故障数据采集\电机数据\定子绕组故障\800rpm-37.5Nm\CSV_2.csv');
C=xlsread('D:\电机故障数据采集\电机数据\电机轴承故障\800rpm-37.5Nm\CSV_2.csv');
```

```
D=xlsread('D:\电机故障数据采集\电机数据\转子不平衡\800rpm-37.5Nm\CSV_2.csv');
E=xlsread('D:\电机故障数据采集\电机数据\转子条故障\800rpm-37.5Nm\CSV_2.csv');
[thr,sorh,deepapp,crit]=ddencmp('den','wp',A(:,2:3));
[A1,treed,perf0,perfl2]=wpdencmp(A(:,2:3),sorh,3,'db7',crit,thr,deepapp);%%%%%%%%3层小
波包降噪,db7小波函数
[thr,sorh,deepapp,crit]=ddencmp('den','wp',B(:,2:3));
[B1,treed,perf0,perfl2]=wpdencmp(B(:,2:3),sorh,3,'db7',crit,thr,deepapp);%%%%%%%%3层小波
包降噪,db7小波函数
[thr,sorh,deepapp,crit]=ddencmp('den','wp',C(:,2:3));
[C1,treed,perf0,perfl2]=wpdencmp(C(:,2:3),sorh,3,'db7',crit,thr,deepapp);%%%%%%%%3层小波
包降噪,db7小波函数
[thr,sorh,deepapp,crit]=ddencmp('den','wp',D(:,2:3));
[D1,treed,perf0,perfl2]=wpdencmp(D(:,2:3),sorh,3,'db7',crit,thr,deepapp);%%%%%%%%3层小
波包降噪,db7小波函数
[thr,sorh,deepapp,crit]=ddencmp('den','wp',E(:,2:3));
[E1,treed,perf0,perfl2]=wpdencmp(E(:,2:3),sorh,3,'db7',crit,thr,deepapp);%%%%%%%%3层小波
包降噪,db7小波函数
AA=[mapminmax(A1(1:480000,1))mapminmax(A1(1:480000,2))]';%%归一化,并取80%为训练集
BB=[mapminmax(B1(1:480000,1))mapminmax(B1(1:480000,2))]';%%归一化,并取80%为训练集
CC=[mapminmax(C1(1:480000,1))mapminmax(C1(1:480000,2))]';%%归一化,并取80%为训练集
DD=[mapminmax(D1(1:480000,1))mapminmax(D1(1:480000,2))]';%%归一化,并取80%为训练集
EE=[mapminmax(E1(1:480000,1))mapminmax(E1(1:480000,2))]';%%归一化,并取80%为训练集
cellArray = cell(1,480000);%%制作训练集标签并转化cell
for i = 1:480000
    cellArray{i} = 'S1';
end
aa=categorical(cellArray);
cellArray = cell(1,480000);%%制作训练集标签并转化cell
for i = 1:480000
    cellArray{i} = 'S2';
end
bb=categorical(cellArray);
cellArray = cell(1,480000);%%制作训练集标签并转化cell
for i = 1:480000
    cellArray{i} = 'S3';
end
cc=categorical(cellArray);
cellArray = cell(1,480000);%%制作训练集标签并转化cell
for i = 1:480000
    cellArray{i} = 'S4';
end
```

```matlab
dd = categorical(cellArray);
cellArray = cell(1,480000);%%制作训练集标签并转化 cell
for i = 1:480000
    cellArray{i} = 'S5';
end
ee = categorical(cellArray);
Traindata = {[ AA BB CC DD EE]};%组建训练集,格式为元胞
Trainlabel = {[ aa bb cc dd ee]};%组建训练集,格式为元胞
AAA = [ mapminmax(A1(480001:600000,1)) mapminmax(A1(480001:600000,2))]';%%归一化,并取
20% 为测试集
BBB = [ mapminmax(B1(480001:600000,1)) mapminmax(B1(480001:600000,2))]';%%归一化,并取 20%
为测试集
CCC = [ mapminmax(C1(480001:600000,1)) mapminmax(C1(480001:600000,2))]';%%归一化,并取 20%
为测试集
DDD = [ mapminmax(D1(480001:600000,1)) mapminmax(D1(480001:600000,2))]';%%归一化,并取
20% 为测试集
EEE = [ mapminmax(E1(480001:600000,1)) mapminmax(E1(480001:600000,2))]';%%归一化,并取 20%
为测试集
cellArray = cell(1,120000);%%制作训练集标签并转化 cell
for i = 1:120000
    cellArray{i} = 'S1';
end
aaa = categorical(cellArray);
cellArray = cell(1,120000);%%制作训练集标签并转化 cell
for i = 1:120000
    cellArray{i} = 'S2';
end
bbb = categorical(cellArray);
cellArray = cell(1,120000);%%制作训练集标签并转化 cell
for i = 1:120000
    cellArray{i} = 'S3';
end
ccc = categorical(cellArray);
cellArray = cell(1,120000);%%制作训练集标签并转化 cell
for i = 1:120000
    cellArray{i} = 'S4';
end
ddd = categorical(cellArray);
cellArray = cell(1,120000);%%制作训练集标签并转化 cell
for i = 1:120000
    cellArray{i} = 'S5';
```

```matlab
end
eee=categorical(cellArray);
Testdata={[ AAA BBB CCC DDD EEE]};%组建测试集,格式为元胞
Testlabel={[ aaa bbb ccc ddd eee]};%组建测试集,格式为元胞
%%%%%%%%%%%%%%%%%%%%%%%%%%%%%%定义 LSTM 网络架构
numFeatures = 2;%%输入数据特征数量为 2,即 X,Y 两个方向上数据
numHiddenUnits = 180;%%180 个隐含单元
numClasses = 5;%%类别
LearnRateDropPeriod=50;   %每 50 代改变一次学习率
LearnRateDropFactor=0.5;   %学习率下降率
layers = [ …
    sequenceInputLayer(numFeatures)%%输入层为 2
    lstmLayer(numHiddenUnits,'OutputMode','sequence')%%180 层 LSTM 模型
    fullyConnectedLayer(numClasses)%%全连接层
    softmaxLayer
    classificationLayer];
options = trainingOptions('adam',…%%求解器为 adam,
    'MaxEpochs',200,…%%最大训练周期为 200
    'InitialLearnRate',0.01,…%%初始学习率为 0.01
    'GradientThreshold',1,…%%梯度阈值设置为 1
    'LearnRateSchedule','piecewise',…
    'LearnRateDropPeriod',LearnRateDropPeriod,…   %每当经过一定数量的时期时,学习率就会乘以一个系数。
    'LearnRateDropFactor',LearnRateDropFactor,…   %在 50 轮训练后通过乘以因子 0.5 来降低学习率。
    'Verbose',0,…
    'Plots','training-progress');
net = trainNetwork(Traindata,Trainlabel,layers,options);%%训练 LSTM 网络
YPred=classify(net,Testdata);
acc = sum(YPred{1} == Testlabel{1})./numel(Testlabel{1})
%将结果进行可视化
figure
plot(YPred{1},' * ')
hold on
plot(Testlabel{1},'o')
hold off
xlabel("测试集样本");
ylabel("类别标签");
title("预测分类结果");
legend(["预测分类" "实际类型"]);
set(gca,'FontSize',20,'YDir','normal');
figure
plotconfusion(YPred{1},Trainlabel{1});%混淆矩阵
```

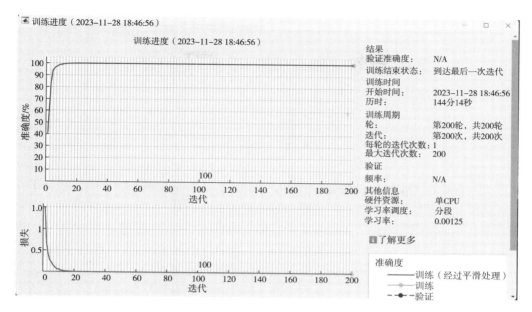

图 4-85　LSTM 网络训练过程

从图 4-85 中可以看出，在 LSTM 网络训练过程中，当 epoch = 11 时，网络训练的准确率即可达到 100%，此时损失函数的值最小且接近 0，此后损失函数呈现稳定收敛状态，训练结束后的 LSTM 网络为最佳网络。由图 4-86 可以看出，用 20% 的数据对训练好的 LSTM 网络进行测试时，每种状态的诊断精度达 100%，由此可见对于鼠笼式异步电机故障诊断而言，LSTM 网络能够取得很好的诊断性能。

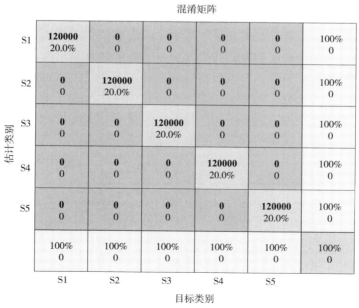

图 4-86　LSTM 网络诊断测试结果

第 5 章　挑战与展望

5.1　挑战

工业大数据蕴含丰富的知识和信息，可以帮助诊断人员在更高层面和更广视角下了解设备的运行状况，提高他们识别故障的洞察力和决策能力。因此，在过去的十年间，数据驱动的机械设备故障诊断研究取得了丰硕的成果，部分研究已经在工业实际中得到应用。但是到目前为止，数据驱动的故障诊断研究依然面临以下五个方面的挑战。

第一，基于数据驱动的故障诊断方法的效果严重依赖采集到的数据质量，而在实际中采集到的数据质量偏低。主要表现在：首先，大多数采用单一类型数据，缺乏对多种不同类型数据融合的判定；其次，采集过程中，数据容易受外界条件干扰，特别对于轻微故障而言，数据很容易被噪声淹没；另外，大多数研究采集的数据是在人为破坏形成特定故障的条件下进行的，与真实环境下产生的故障有很大区别，即使通过仿真获得的数据与真实数据出入也较大。因此，可利用的高质量数据集较少，是制约数据驱动故障诊断研究的因素之一。

第二，对低密度价值数据挖掘不足。工业设备在运行过程中，大部分时间处于正常状态，故障状态持续时间较短，即正常数据多，故障状态数据少。采用不平衡数据集训练深度学习网络会导致倾向性学习的发生，影响网络的诊断性能。目前，虽然有研究学者提出数据增强的方法解决数据不平衡问题，但是在实际应用中仍存在一定的局限。

第三，缺乏设备在多工况和非平稳状态下的诊断研究。在实际工业运行环境下，设备大多数情况在系统工况发生变化和非平稳状态下工作，当系统工况发生变化时，设备数据特征也会随着变化，训练好的网络模型在新的数据集下未必能发挥最佳性能。而目前研究主要聚焦在单一工况下的故障诊断研究，与工程实际应用存在差距。因此，有必要在提升诊断网络的泛化能力方面进行深入研究。

第四，缺乏不确定类型故障诊断研究。目前大多数研究能够将故障确定在单一类型或单一部位，甚至是复合类型。实际情况下，工业设备由多个零部件耦合在一起，故障越发表现为耦合性、不确定性和并发性，且单个零部件发生故障以后，会引发系统的"多症并发"。这种情况是无法确定具体的故障类型，导致传统人为给定标签的方法无从着手。

第五，深度学习网络的不可解释性。到目前为止，深度学习网络的"黑盒子"问题并没有得到很好的解决，网络训练主要依赖人工经验通过大量的反复试验进行，导致效率比较低；同时，网络中间层学习到的数据特征不能被人所理解，无法从机理的角度解释网络结构和参数，导致研究人员对诊断结果的真实性存在质疑。

5.2　展望

本书对基于数据驱动的工业设备故障诊断方法及应用进行了研究和探讨，取得了一定的成果，但是仍然有许多问题亟待深入研究。今后进一步的研究工作将主要集中在以下四个方面：

第一，在故障特征提取方面，虽然非线性频谱能够表征系统整体特性，对系统状态变化更敏感，更能捕捉到系统状态的微小变化，但是目前的非线性频谱估算的计算量比较大。为了能够满足系统故障诊断对实时性的要求，降低频谱估算模型的复杂度、提升估算的精准计算十分重要。利用深度学习网络对非线性频谱进行估算是未来重要的研究方法。

第二，基于深度学习故障诊断方法要求有大量的带标签数据，而且要求训练数据与测试集独立且具有相同的分布，这在实际系统中很难得到。另外，物理环境下采集到的机器人数据通常是正常状态数据多、故障状态数据少，这也会影响诊断网络的泛化能力，因此欠数据非平衡样本集情况下深度学习网络的训练是未来非常重要的研究方向。

第三，随着工业互联网及云计算技术发展，云端有大量的数据可用来对机器人进行故障诊断，为了提高诊断实时性，把深度学习网络的训练放在云端而诊断操作放在设备边缘层是未来的一大趋势。因此，研究如何把在云端（源域）建立的深度学习诊断模型移到现场设备（目标域）中具有重要意义。

第四，随着 5G 和工业物联网的发展，工业设备远程故障诊断一定是未来发展的趋势。因此，开发出集数据采集、数据存储、数据挖掘和故障诊断算法为一体的云诊断平台，对实现设备及设备集群实时感知、动态分析和管理决策以及提升工业制造信息化水平具有重大意义。

参考文献

[1] 唐笑林. 基于深度学习的机械设备故障诊断方法的研究与应用 [D]. 长沙: 湖南大学, 2021.

[2] Elasha F, Greaves M, Mba D, et al. A comparative study of the effectiveness of vibration and acoustic emission in diagnosing a defective bearing in a planetry gearbox [J]. Applied Acoustics, 2017, 115: 181-195.

[3] 李旦, 李秀易, 张凤霞, 等. 基于 SPH 的通用航空器紧急迫降的安全飞行 [J]. 中国民航飞行学院学报, 2021, 32 (1): 4-8, 13.

[4] Gouriveau R, Medjaher K, Zerhouni N. From prognostics and health systems management to predictive maintenance 1: Monitoring and prognostics [M]. New York: John Wiley & Sons, 2016, 1-10.

[5] 董晨辰. 基于数据驱动的船舶旋转机械故障诊断方法研究及应用 [D]. 南京: 南京航空航天大学, 2016.

[6] Wen L, Li X, Gao L, et al. A new convolutional neural network-based data-driven fault diagnosis method [J]. IEEE Transactions on Industrial Electronics, 2018, 65 (7): 5990-5998.

[7] Hwang I, Kim S, Kim Y, et al. A survey of fault detection, isolation, and reconfiguration methods [J]. IEEE Transactions on Control Systems Technology, 2010, 18 (3): 636-653.

[8] 周东华, 叶银忠. 现代故障诊断与容错控制 [M]. 北京: 清华大学出版社, 2000.

[9] 罗鹏. 基于深度学习理论的旋转机械故障诊断方法 [D]. 长沙: 湖南大学, 2018.

[10] Du M, Mhaskar P. Isolation and handling of sensor faults in nonlinear systems [J]. Automatica, 2014, 50 (4): 1066-1074.

[11] Koenig D, Marx B, Varrier S. Filtering and fault estimation of descriptor switched systems [J]. Automatica (Journal of IFAC), 2016, 63: 116-121.

[12] Reppa V, Polycarpou M M, Panayiotou C G. Decentralized isolation of multiple sensor faults in large-scale interconnected nonlinear systems [J]. IEEE Transactions on Automatic Control, 2015, 60 (6): 1582-1596.

[13] 崔大龙, 李政. 基于全工况数学模型诊断核电汽轮机热力系统故障的新思路 [J]. 核动力工程, 2004, 25 (1): 8-12, 26.

[14] 胡轲珽, 刘志刚, 胡冉冉, 等. 一种新型基于模型的动车组牵引逆变器开路故障诊断方法 [J]. 铁道学报, 2018, 40 (2): 31-38.

[15] Hasan A, Tahavori M, Midtiby H S. Model-based fault diagnosis algorithms for robotic systems [J]. IEEE Access, 2023, 11: 2250-2258.

[16] Schmid M, Gebauer E, Hanzl C, et al. Active model-based fault diagnosis in reconfigurable battery systems [J]. IEEE Transactions on Power Electronics, 2021, 36 (3): 2584-2597.

[17] Aswad RAK, Jassim BMH. Open-circuit fault diagnosis in three-phase induction motor using model-based technique [J]. Archives of Electrical Engineering, 2020, 69: 814-827.

[18] Mehmood F, Papadopoulos P M, Hadjidemetriou L, et al. Model-based fault diagnosis scheme for current and voltage sensors in grid side converters [J]. IEEE Transactions on Power Electronics, 2023, 38 (4): 5360-5375.

[19] Li Y J, Xu X S, Wang G C, et al. Fault-tolerant measurement mechanism research on pre-tightened four-point supported piezoelectric six-dimensional force/torque sensor [J]. Mechanical Systems and Signal Process-

ing，2020，135：106420.

［20］Ons A，Majdi M，Ayman A K，et al. Improved model based fault detection technique and application to humanoid robots［J］. Mechatronics，2018，53：140-151.

［21］史佳琪 . 基于解析模型的输电网故障诊断技术的研究［D］. 沈阳：东北大学，2014.

［22］王学庆 . 双三相永磁同步电机驱动系统故障诊断及容错控制研究［D］. 南京：东南大学，2020.

［23］Ma H J，Yang G H. Simultaneous fault diagnosis for robot manipulators with actuator and sensor faults［J］. Information Sciences，2016，366：12-30.

［24］Yang H Y，Yin S. Reduced order sliding mode observer-based fault estimation for Markov jump systems［J］. IEEE Transactions on Automatic Control，2019，64（11）：4733-4740.

［25］夏雪洁 . 基于实时切换的非线性控制系统状态估计和故障诊断研究［D］. 南京：南京邮电大学，2021.

［26］贾庆轩，符颖卓，陈钢，等 . 基于状态观测器的空间机械臂关节故障诊断［J］. 航空学报，2021，42（1）：164-175.

［27］郑志达，代学武，高志伟 . 基于未知输入观测器的拾放机器人传感器故障检测［J］. 控制工程，2020，27（12）：2063-2069.

［28］李智靖，叶锦华，吴海彬 . 基于卷积力矩观测器与摩擦补偿的机器人碰撞检测［J］. 浙江大学学报（工学版），2019，53（3）：427-434.

［29］赵师兵，张志明 . 基于时域信号特征和卷积神经网络的模拟电路故障诊断算法［J］. 计算机应用，2022，42（S2）：320-326.

［30］陈阳，李一，姬正一，等 . 基于振动时域特征的船用滚动轴承故障诊断方法［J］. 机床与液压，2021，49（14）：193-200.

［31］熊鹏博，王晓东 . 多时域特征与 SVM 的隔膜泵单向阀故障诊断［J］. 机械科学与技术，2019，38（4）：538-543.

［32］郭庆丰，王成栋，刘佩森 . 时域指标和峭度分析法在滚动轴承故障诊断中的应用［J］. 机械传动，2016，40（11）：172-175.

［33］王书涛，张金敏，张淑清，等 . 基于威布尔与模糊 C 均值的滚动轴承故障识别［J］. 中国机械工程，2012，23（5）：595-599.

［34］李舜酩，侯钰哲，李香莲 . 滚动轴承振动故障时频域分析方法综述［J］. 重庆理工大学学报（自然科学），2021，35（10）：85-93.

［35］雷衍斌，李舜酩，门秀花，等 . 基于自相关降噪的混叠转子振动信号分离［J］. 振动与冲击 2011，30（1）：218-222.

［36］左泽敏，李舜酩，郑娟丽 . 相关分析在机械振动信号处理中的应用［J］. 机械制造与自动化，2009，38（1）：75-79.

［37］王颖，李录平，陈尚年，等 . 基于运行参数相关分析的汽轮机组碰磨故障诊断方法及其应用［J］. 汽轮机技术，2023，65（3）：207-213.

［38］孙原理，宋志浩 . 基于多物理场信号相关分析与支持向量机的离心泵故障诊断方法［J］. 振动与冲击，2022，41（6）：206-212.

［39］祝小彦，王永杰 . 基于自相关分析与 MCKD 的滚动轴承早期故障诊断［J］. 振动与冲击，2019，38（24）：183-188.

［40］秦思远，李峥峰 . 风轮不平衡的风电机组机械振动信号频域特性分析［J］. 可再生能源，2022，40（9）：1202-1208.

［41］韩辉，梁国军，丛培田 . 基于共振解调法的机车轴承故障诊断［J］. 机床与液压，2010，38（9）：146-148.

［42］李琪菡，雷勇，闫志强，等．基于快速傅里叶分析法的油浸式变压器绕组振动特性分析［J］．科学技术与工程，2017，17（28）：211-218．

［43］马宏忠，张正东，时维俊，等．基于转子瞬时功率谱的双馈风力发电机定子绕组故障诊断［J］．电力系统自动化，2014，38（14）：30-35．

［44］汪方协．一种基于功率谱分析的非线性系统故障诊断方法［J］．福州大学学报（自然科学版），2014，42（1）：74-79．

［45］杨望灿，张培林，吴定海，等．基于 EMD 和增强功率谱分析的滚动轴承故障诊断方法［J］．现代制造工程，2013（12）：116-120．

［46］郑锦妮，边杰．综合 CEEMDAN-SVD 与倒频谱的滚动轴承故障诊断方法［J］．太原理工大学学报，2021，52（3）：495-501．

［47］江志农，张永申，冯坤，等．基于特征增强倒频谱分析的齿轮故障诊断方法［J］．机械传动，2019，43（10）：12-17，55．

［48］李红，孙冬梅，沈玉成．EEMD 降噪与倒频谱分析在风电轴承故障诊断中的应用［J］．机床与液压，2018，46（13）：156-159．

［49］陈丙炎，谷丰收，张卫华，等．基于多带加权包络谱的轴箱轴承故障诊断［J］．西南交通大学学报，2024，59（1）：201-210．

［50］伍川辉，郭辉，尹纪磊，等．基于 HFWEO 和包络谱熵的轴箱轴承故障诊断方法研究［J］．铁道机车车辆，2021，41（6）：105-110．

［51］朱亚军，胡建钦，李武，等．基于频域窗函数的短时傅里叶变换及其在机械冲击特征提取中的应用［J］．机床与液压，2021，49（18）：177-182．

［52］包文杰，涂晓彤，李富才，等．参数化的短时傅里叶变换及齿轮箱故障诊断［J］．振动．测试与诊断，2020，40（2）：272-277，417．

［53］付忠广，王诗云，高玉才，等．基于 Mobile-VIT 的旋转机械故障诊断方法［J］．汽轮机技术，2023，65（2）：119-121，86．

［54］孙云岭，朴甲哲，张永祥．Wigner-Ville 时频分布在内燃机故障诊断中的应用［J］．中国机械工程，2004，15（6）：37-39．

［55］来五星，轩建平，史铁林，等．Wigner-Ville 时频分布研究及其在齿轮故障诊断中的应用［J］．振动工程学报，2003，16（2）：114-118．

［56］刘斌，刘佳，张海鹏．基于经验模态分析的机床主轴轴承外圈非接触式故障检测方法［J］．制造技术与机床，2023（1）：21-28．

［57］汪朝海，蔡晋辉，曾九孙．基于经验模态分解和主成分分析的滚动轴承故障诊断研究［J］．计量学报，2019，40（6）：1077-1082．

［58］卢欣欣，马骏，张英聪．基于连续小波变换和无模型元学习的小样本汽车行星齿轮箱故障诊断［J］．机械传动，2022，46（9）：159-164，176．

［59］王晓龙，唐贵基．一种基于连续小波变换的滚动轴承早期故障诊断新方法［J］．推进技术，2016，37（8）：1431-1437．

［60］宋庭新，黄继承，刘尚奇，等．小样本下基于 DWT 和 2D-CNN 的齿轮故障诊断方法［J］．计算机集成制造系统，2023，11：1-15．

［61］徐龙飞．基于声发射的 RV 减速器故障识别研究［D］．昆明：昆明理工大学，2015．

［62］An H B，Li W，Zhang Y L，et al. Retrogressive analysis of industrial robot rotate vector reducer using acoustic emission techniques［C］// 2018 IEEE 8th IEEE Annual International Conference on Cyber Technology in Automation，Control，and Intelligent Systems（CYBER），Tianjin，China. IEEE，2018：366-372．

［63］ Zhu M，Hu W S，Kar N C．Torque-ripple-based interior permanent-magnet synchronous machine rotor demagnetization fault detection and current regulation［J］．IEEE Transactions on Industry Applications，2017，53（3）：2795-2840．

［64］ Cheng F Z，Raghavan A，Jung D，et al．High accuracy unsupervised fault detection of industrial robots using current signal analysis［C］//IEEE．2019 IEEE International Conference on Prognostics and Health Management，2019：343-349．

［65］ Bittencourt A C，Saarinen K，Sander-Tavallaey S．A data-driven method for monitoring systems that operate repetitively-applications to wear monitoring in an industrial robot joint［J］．IFAC Proceedings Volumes，2012，45（29）：198-203．

［66］ 张运锋，阳春华，周飞跃，等．基于变量因果图的故障定位和传播路径识别方法及应用［J］．计算机集成制造系统，2022，28（7）：2017-2029．

［67］ 尹进田，谢永芳，陈志文，等．基于故障传播与因果关系的故障溯源方法及其在牵引传动控制系统中的应用［J］．自动化学报，2020，46（1）：47-57．

［68］ 金洲，帕孜来·马合木提．基于键合图双重因果关系的故障检测与隔离［J］．控制工程，2018，25（7）：1256-1261．

［69］ 袁灿，蔡琦，刘钢，等．基于神经网络的核动力一回路专家系统故障诊断［J］．原子能科学技术，2014，48（S1）：485-490．

［70］ 王天舒，余刃，毛伟，等．基于知识矩阵的核动力装置运行故障诊断方法［J］．海军工程大学学报，2022，34（6）：73-78，83．

［71］ 吕龙．高速动车组故障诊断专家系统总体设计［J］．城市轨道交通研究，2018，21（2）：99-101．

［72］ 袁杰，王福利，王姝，等．基于D-S融合的混合专家知识系统故障诊断方法［J］．自动化学报，2017，43（9）：1580-1587．

［73］ 张彦铎，姜兴渭，黄文虎．故障诊断中关联结果与专家知识的融合技术［J］．哈尔滨工业大学学报，2002，34（1）：1-3．

［74］ 陈果，左洪福．基于知识规则的发动机磨损故障诊断专家系统［J］．航空动力学报，2004（1）：23-29．

［75］ 崔红芳，程凤林．基于改进模糊推理理论的矿井主通风机故障诊断［J］．煤炭技术，2021，40（10）：112-115．

［76］ 武书彦，邹建华，吴青娥，等．FDFA及其在发动机故障诊断中的应用［J］．广西大学学报（自然科学版），2020，45（5）：1196-1204．

［77］ 李晓波，贾斌，焦晓峰，等．模糊专家系统及其在汽轮发电机组故障诊断中的应用［J］．汽轮机技术，2020，62（3）：235-238．

［78］ 陈世健．工业机器人状态监测与故障诊断系统的研究［D］．广州：华南理工大学，2009．

［79］ Sun X B，Jia X M．A fault diagnosis method of industrial robot rolling bearing based on data driven and random intuitive fuzzy decision［J］．IEEE Access，2019，7：148764-148770．

［80］ Van M，Kang H J，Suh Y S，et al．A robust fault diagnosis and accommodation scheme for robot manipulators［J］．International Journal of Control Automation and Systems，2013，11（2）：377-388．

［81］ Piltan F，Prosvirin A E，Sohaib M，et al．An SVM-based neural adaptive variable structure observer for fault diagnosis and fault-tolerant control of a robot manipulator［J］．Applied Sciences，2020，10（4）：1344．

［82］ 张跃东，齐昕，童一飞．基于专家系统的焊接机器人故障诊断［J］．机床与液压，2019，47（1）：173-178．

［83］ 于复生，李巍，沈孝芹，等．墙面喷浆抹平机器人故障诊断专家系统的研究［J］．中国工程机械学报，

2008, 6 (3): 354-358.

[84] 贾子翟. 基于多元统计分析的数据驱动故障诊断方法研究 [D]. 成都: 电子科技大学, 2020.

[85] 王玉甲, 张铭钧, 郭勇. 基于 PCA 的水下机器人故障诊断与数据重构 [J]. 华中科技大学学报 (自然科学版), 2009, 37 (S1): 135-139.

[86] 聂小辉, 金磊. 核主元分析在航天器飞轮自主故障诊断的应用 [J]. 北京航空航天大学学报, 2023, 49 (8): 2119-2128.

[87] 鲍中新, 文成林, 马雪. 一种基于数据变化率的预处理及主元分析故障诊断方法 [J]. 电子学报, 2021, 49 (11): 2234-2240.

[88] 杜海莲, 苗诗瑜, 杜文霞, 等. 改进主元分析方法及数据重构在工业系统中的故障诊断研究 [J]. 南京理工大学学报, 2019, 43 (1): 72-77, 85.

[89] 高强, 常勇. 基于改进动态主元分析在半实物仿真系统中的研究 [J]. 电子学报, 2017, 45 (3): 565-569.

[90] Yuan X F, Song M M, Zhou F Y, et al. A novel mittag-leffler kernel based hybrid fault diagnosis method for wheeled robot driving system [J]. Computational Intelligence and Neuroscience, 2015, 11: 1-11.

[91] Tian Y, Yao H, Li Z Q. Plant-wide process monitoring by using weighted copula-correlation based multiblock principal component analysis approach and online-horizon Bayesian method [J]. ISA Transactions, 2020, 96: 24-36.

[92] 刘仁伟, 岳林. 基于双谱熵和聚类分析的转子系统故障诊断 [J]. 振动. 测试与诊断, 2023, 43 (1): 188-193, 205.

[93] 杨青, 孙佰聪, 朱美臣, 等. 基于小波包熵和聚类分析的滚动轴承故障诊断方法 [J]. 南京理工大学学报, 2013, 37 (4): 517-523.

[94] 邵忍平, 黄欣娜, 胡军辉. 聚类分析的数据挖掘方法及其在机械传动故障诊断中的应用 [J]. 航空动力学报, 2008, 23 (10): 1933-1938.

[95] 孔祥玉, 陈雅琳, 罗家宇, 等. 基于偏最小二乘的多特性复杂过程监测方法 [J]. 华南理工大学学报 (自然科学版), 2022, 50 (6): 100-110.

[96] 孔祥玉, 解建, 罗家宇, 等. 基于改进高效偏最小二乘的质量相关故障诊断 [J]. 控制理论与应用, 2020, 37 (12): 2645-2653.

[97] 谢乐, 衡熙丹, 刘洋, 等. 基于线性判别分析和分步机器学习的变压器故障诊断 [J]. 浙江大学学报 (工学版), 2020, 54 (11): 2266-2272.

[98] 黄大荣, 陈长沙, 孙国玺, 等. 复杂装备轴承多重故障的线性判别分析与反向传播神经网络协作诊断方法 [J]. 兵工学报, 2017, 38 (8): 1649-1657.

[99] 廖剑, 周绍磊, 史贤俊, 等. 模拟电路故障特征降维方法 [J]. 振动. 测试与诊断, 2015, 35 (2): 302-308, 400.

[100] Shao H D, Lin J, Zhang L W, et al. A novel approach of multisensory fusion to collaborative fault diagnosis in maintenance [J]. Information Fusion, 2021, 74: 64-76.

[101] Jing L Y, Wang T Y, Zhao M, et al. An adaptive multi-sensor data fusion method based on deep convolutional neural networks for fault diagnosis of planetary gearbox [J]. Sensors, 2017, 17 (2): 414.

[102] Azamfar M, Singh J, Bravo-Imaz I, et al. Multisensor data fusion for gearbox fault diagnosis using 2-D convolutional neural network and motor current signature analysis [J]. Mechanical Systems and Signal Processing, 2020, 144: 106861.

[103] 段礼祥, 李涛, 唐瑜, 等. 基于多源异构信息融合的机械故障诊断方法 [J]. 石油机械, 2021, 49 (2): 60-67, 80.

［104］ Gultekin O，Clinar E，Ozkan K，et al. Multisensory data fusion-based deep learning approach for fault diagnosis of an industrial autonomous transfer vehicle ［J］. Expert Systems with Applications，2022，200：117055.

［105］ Wang D C，Li Y B，Jia L，et al. Attention-based bilinear feature fusion method for bearing fault diagnosis ［J］. IEEE-ASME Transactions on Mechatronics，2023，28（3）：1695-1705.

［106］ Fan Z X，Xu X G，Wang RJ. Fan fault diagnosis based on lightweight multiscale multiattention feature fusion network ［J］. IEEE Transactions on Industrial Informatics，2022，18（7）：4542-4554.

［107］ Zhang Y C，Feng K，Ma H，et al. MMFNet：multisensor data and multiscale feature fusion model for intelligent cross-domain machinery fault diagnosis ［J］. IEEE Transactions on Instrumentation and Measurement，2022，71：35226311.

［108］ Gao X E，Jiang P L，Xie W X，et al. Decision fusion method for fault diagnosis based on closeness and Dempster-Shafer theory ［J］. Journal of Intelligent & Fuzzy Systems，2021，40（6）：12185-12194.

［109］ Lv D F，Wang H W，Che C C. Multiscale convolutional neural network and decision fusion for rolling bearing fault diagnosis ［J］. Industrial Lubrication and Tribology，2021，73（3）：516-522.

［110］ Li X Q，Jiang H K，Niu M G，et al. An enhanced selective ensemble deep learning method for rolling bearing fault diagnosis with beetle antennae search algorithm ［J］. Mechanical Systems and Signal Processing，2020，142：106752.

［111］肖乾浩 . 基于机器学习理论的机械故障诊断方法综述 ［J］. 现代制造工程，2021（7）：148-161.

［112］张庆男，任玉清，黄应邦，等 . 基于 BP 人工神经网络的渔船舵机液压系统故障模拟及诊断 ［J］. 船舶工程，2022，44（12）：82-86，91.

［113］邵建浩，张婷 . 基于 BP 神经网络的 SCARA 机器人故障诊断 ［J］. 机床与液压，2022，50（14）：166-170.

［114］徐鹏，杨海燕，程宁，等 . 基于优化 BP 神经网络的船舶动力系统故障诊断 ［J］. 中国舰船研究，2021，16（S1）：106-113.

［115］韩素敏，周孟，郑书晴 . 基于 BP 神经网络的三相电压源型逆变器开路故障诊断 ［J］. 河南理工大学学报（自然科学版），2021，40（6）：126-131，188.

［116］谢宇希，颜拥军，李翔，等 . 基于 BP 神经网络的核探测器故障诊断方法研究 ［J］. 原子能科学技术，2021，55（10）：1857-1864.

［117］吴玉香，张景，王聪 . 基于径向基函数神经网络的转子系统裂纹故障诊断 ［J］. 控制理论与应用，2014，31（8）：1061-1068.

［118］孙伟，柴世文，杨河峥 . 基于径向基函数神经网络的电机轴承智能故障诊断 ［J］. 制造业自动化，2010，32（8）：70-72.

［119］白允东，屠良尧，杨纯宝，等 . 时域径向基函数网络诊断方法在往复泵故障诊断中的应用 ［J］. 振动工程学报，2002，15（2）：42-46.

［120］徐芃，徐士进，尹宏伟，等 . 自组织竞争神经网络在江苏油田有杆抽油系统故障诊断中的应用 ［J］. 高校地质学报，2006，12（2）：266-270.

［121］岳宇飞，罗健旭 . 一种改进的 SOM 神经网络在污水处理故障诊断中的应用 ［J］. 华东理工大学学报（自然科学版），2017，43（3）：389-396.

［122］王占山，张恩林，张化光，等 . 基于 Hopfield 神经网络的非线性系统故障估计方法 ［J］. 南京航空航天大学学报，2011，43（S1）：18-21.

［123］王慧，李南奇，杨志鹏，等 . 基于改进型 Hopfield 神经网络的潜污泵故障诊断方法 ［J］. 机械强度，2022，44（1）：38-44.

[124] 刘景艳，李玉东，郭顺京. 基于 Elman 神经网络的齿轮箱故障诊断 [J]. 工矿自动化，2016, 42 (8)：47-51.

[125] 柯炎，樊波，谢一静，等. 基于小波包分析和 Elman 神经网络的军用电源智能故障诊断 [J]. 重庆大学学报，2019, 42 (9)：67-73.

[126] 孟偲，李阳刚，张国强，等. 基于支持向量机的飞行器多余物信号识别 [J]. 北京航空航天大学学报，2020, 46 (3)：488-495.

[127] 李英顺，阚宏达，王德彪，等. 一种基于 KPCA-WOA-SVM 火控系统故障诊断方法 [J]. 火炮发射与控制学报，2023, 44 (4)：14-19.

[128] 石颉，杜国庆. 改进麻雀搜索算法优化 SVM 的方法及应用 [J]. 计算机工程与设计，2023, 44 (3)：954-961.

[129] 仝光，王玉林，陈嘉乐，等. 基于 KPCA 与粒子群优化 SVM 的扫路车驱动电机故障诊断 [J]. 中国工程机械学报，2023, 21 (3)：266-270.

[130] 盖曜麟，葛丽娟，郭懿中，等. 基于改进 SVM 算法的高压断路器故障诊断 [J]. 高压电器，2022, 58 (12)：14-20.

[131] 李有根，马文生，李方忠，等. 基于优化 SVM 的多级离心泵定转子碰摩故障诊断 [J]. 中国农村水利水电，2023 (4)：228-234.

[132] 周志华. 机器学习 [M]. 北京：清华大学出版社，2016.

[133] 李翔宇，程坤，谭思超，等. 基于 Adaboost 算法的核电站故障诊断方法 [J]. 核动力工程，2022, 43 (4)：118-125.

[134] 曹惠玲，高升，薛鹏. 基于多分类 AdaBoost 的航空发动机故障诊断 [J]. 北京航空航天大学学报，2018, 44 (9)：1818-1825.

[135] 刘云鹏，和家慧，许自强，等. 结合 AdaBoost 和代价敏感的变压器故障诊断方法 [J]. 华北电力大学学报（自然科学版），2022, 49 (5)：1-9.

[136] 李胜，张培林，佟若雄. 基于 AdaBoost 算法的液压系统故障诊断研究 [J]. 机床与液压，2012, 40 (9)：154-157.

[137] 姜少飞，邬天骥，彭翔，等. 基于 XGBoost 特征提取的数据驱动故障诊断方法 [J]. 中国机械工程，2020, 31 (10)：1232-1239.

[138] 潘进，丁强，江爱朋，等. 基于 XGBoost 的冷水机组不平衡数据故障诊断 [J]. 机械强度，2021, 43 (1)：27-33.

[139] 王新伟，钱虹，冷述文，等. 基于 XGBoost 算法的汽轮机转子故障原因定位方法 [J]. 动力工程学报，2021, 41 (6)：460-467.

[140] 王桂兰，赵洪山，米增强. XGBoost 算法在风机主轴承故障预测中的应用 [J]. 电力自动化设备，2019, 39 (1)：73-77, 83.

[141] 胡澜也，蒋文博，李艳婷. 基于 LightGBM 的风力发电机故障诊断 [J]. 太阳能学报，2021, 42 (11)：255-259.

[142] 许伯强，何俊驰，孙丽玲. 基于 SAE 与改进 LightGBM 算法的笼型异步电机故障诊断方法 [J]. 电机与控制学报，2021, 25 (8)：29-36.

[143] 于航，尹诗. 基于 GRU-LightGBM 的风电机组发电机前轴承状态监测 [J]. 中国测试，2022, 48 (9)：105-111.

[144] Hinton G E, Salakhutdinov R R. Reducing the dimensionality of data with neural networks. [J]. Science, 2006, 313 (5786)：503-507.

[145] Armstrong J A, Fletcher L. Fast solar image classification using deep learning and its importance for automation

in solar physics [J]. Solar Physics, 2019, 294 (6): 80.

[146] Tang W X, Li B, Barni M, et al. An automatic cost learning framework for image steganography using deep reinforcement learning [J]. IEEE Transactions on Information Forensics and Security, 2021, 16: 952-967.

[147] Jin X J, Che J, Chen Y. Weed identification using deep learning and image processing in vegetable plantation [J]. IEEE Access, 2021, 9: 10940-10950.

[148] Wei X K, Jiang S Y, Li Y, et al. Defect detection of pantograph slide based on deep learning and image processing technology [J]. IEEE Transactions on Intelligent Transportation Systems, 2020, 21 (3): 947-958.

[149] Zahiri M, Wang C, Gardea M, et al. Remote physical frailty monitoring-the application of deep learning-based image processing in tele-health [J]. IEEE Access: Practical Innovations, Open Solutions, 2020, 8: 219391-219399.

[150] Hatt M, Parmar C, Qi J Y, et al. Machine (Deep) learning methods for image processing and radiomics [J]. IEEE Transactions on Radiation and Plasma Medical Sciences, 2019, 3 (2): 104-108.

[151] DEVI L M, Wahengbam K, SINGH A D. Dehazing buried tissues in retinal fundus images using a multiple radiance pre-processing with deep learning based multiple feature-fusion [J]. Optics & Laser Technology, 2021, 138: 106908.

[152] Macaluso S, Shih D. Pulling out all the tops with computer vision and deep learning [J]. Journal of High Energy Physics, 2018 (10): 121.

[153] Nie S Q, Zheng M, Ji Q. The deep regression bayesian network and its applications probabilistic deep learning for computer vision [J]. IEEE Signal Processing Magazine, 2018, 35 (1): 101-111.

[154] Maggipinto M, Terzi M, Masiero C, et al. A computer vision-inspired deep learning architecture for virtual metrology modeling with 2-Dimensional data [J]. IEEE Transactions on Semiconductor Manufacturing, 2018, 31 (3): 376-384.

[155] Brunetti A, Buongiorno D, Trotta G F, et al. Computer vision and deep learning techniques for pedestrian detection and tracking: a survey [J]. Neurocomputing, 2018, 300: 17-33.

[156] Chou J S, Liu C H. Automated sensing system for real-time recognition of trucks in river dredging areas using computer vision and convolutional deep learning [J]. Sensors, 2021, 21 (2): 555.

[157] Arabi S, Haghighat A, Sharma A. A deep-learning-based computer vision solution for construction vehicle detection [J]. Computer-aided Civil and Infrastructure Engineering, 2020, 35 (7): 753-767.

[158] 李国和, 乔英汉, 吴卫江, 等. 深度学习及其在计算机视觉领域中的应用 [J]. 计算机应用研究, 2019, 36 (12): 3521-3529, 3564.

[159] 马乐乐, 李照洋, 董嘉蓉, 等. 基于计算机视觉及深度学习的无人机手势控制系统 [J]. 计算机工程与科学, 2018, 40 (5): 872-879.

[160] 杨冰, 莫文博, 姚金良. 融合局部特征与深度学习的三维掌纹识别 [J]. 浙江大学学报 (工学版), 2020, 54 (3): 540-545.

[161] 孙中杰, 万涛, 陈东, 等. 深度学习在主动脉中膜变性病理图像分类中的应用 [J]. 计算机应用, 2021, 41 (1): 280-285.

[162] 邓燕红, 蔡涵萱, 张建华, 等. 基于深度学习的微管蛋白秋水仙碱位点抑制剂的预测研究 [J]. 化学研究与应用, 2020, 32 (12): 2192-2198.

[163] 穆琳, 裴昀, 冬冬, 等. 深度学习在骨关节医学影像中的研究及应用进展 [J]. 临床放射学杂志, 2020, 39 (8): 1666-1669.

[164] Wang W, Gao X. Deep learning in bioinformatics [J]. Methods, 2019, 166: 1-3.

[165] 潘燕七, 陈睿, 张旭, 等. 基于浅层与深层特征融合的胃癌前疾病识别 [J]. 中国生物医学工程学

报，2020，39（4）：413-421.

[166] Alipanahi B. Deep learning to predict sequence specificity [J]. Nature Methods，2015，12（9）：809.

[167] Chen Y F, Li Y, Narayan R, et al. Gene expression inference with deep learning [J]. Bioinformatics，2016，32（12）：1832-1839.

[168] Lu Z C, Whalen I, Dhebar F Y, et al. Multiobjective evolutionary design of deep convolutional neural networks for image classification [J]. IEEE Transactions on Evolutionary Computation，2021，25（2）：277-291.

[169] Wang P, Ananya, Yan R Q, et al. Virtualization and deep recognition for system fault classification [J]. Journal of Manufacturing Systems，2017，44：310-316.

[170] Peng D D, Wang H, Liu Z L, et al. Multibranch and multiscale CNN for fault diagnosis of wheelset bearings under strong noise and variable load condition [J]. IEEE Transactions on Industrial Informatics，2020，16（7）：4949-4960.

[171] Jiang P C, Cong H, Wang J, et al. Fault diagnosis of gearbox in multiple conditions based on fine-grained classification CNN algorithm [J]. Shock and Vibration，2020，2020：9238908.

[172] 郭明军，李伟光，杨期江，等．深度卷积神经网络在滑动轴承转子轴心轨迹识别中的应用 [J]．振动与冲击，2021，40（3）：233-239，283.

[173] 丁承君，冯玉伯，王曼娜．基于变分模态分解与深度卷积神经网络的滚动轴承故障诊断 [J]．振动与冲击，2021，40（2）：287-296.

[174] 叶壮，余建波．基于多通道加权卷积神经网络的齿轮箱振动信号特征提取 [J]．机械工程学报，2021，57（1）：110-120.

[175] 马立玲，刘潇然，沈伟，等．基于一种改进的一维卷积神经网络电机故障诊断方法 [J]．北京理工大学学报，2020，40（10）：1088-1093.

[176] Hinton G E, Osindero S, Teh Y W. A fast learning algorithm for deep belief nets [J]. Neural Computation，2006，18（7）：1527-1554.

[177] 仲国强，贾宝柱，肖峰，等．基于深度信念网络的船舶柴油机智能故障诊断 [J]．中国舰船研究，2020，15（3）：136-142，184.

[178] 魏乐，张云娟．基于改进深度信念网络的旋转机械故障诊断研究 [J]．华北电力大学学报（自然科学版），2020，47（6）：99-106.

[179] 胡永涛．基于多特征融合及深度信念网络的轴承故障诊断 [D]．秦皇岛：燕山大学，2017.

[180] He X, Ma J. Weak fault diagnosis of rolling bearing based on FRFT and DBN [J]. Systems Science &Control Engineering，2020，8（1）：57-66.

[181] Zhang CL, He YG, Liu RX, et al. An analog circuit fault diagnosis approach using DBN as a preprocessor [J]. International Journal of Circuits, Systems and Signal Processing，2019，13：156-161.

[182] Shao H D, Jiang H K, Zhang X, et al. Rolling bearing fault diagnosis using an optimization deep belief network [J]. Measurement Science and Technology，2015，26（11）：115002.

[183] Bourlard H, Kamp Y. Auto-association by multilayer perceptrons and singular value decomposition [J]. Biological Cybernetics，1988，59（4）：291-294.

[184] 许倩文，吉兴全，张玉振，等．栈式降噪自编码网络在变压器故障诊断中的应用 [J]．电测与仪表，2018，55（17）：62-67.

[185] 崔建国，李国庆，蒋丽英，等．基于深度自编码网络的航空发动机故障诊断 [J]．振动测试与诊断，2021，41（1）：85-89，201-202.

[186] Sun W J, Shao S Y, Zhao R, et al. A sparse auto-encoder-based deep neural network approach for induction motor faults classification [J]. Measurement，2016，89：171-178.

［187］陈欣昌，冯玎，林圣．基于深度自编码网络的高压断路器操作机构机械故障诊断方法［J］．高电压技术，2020，46（9）：3080-3088.

［188］于红梅．基于深度自编码网络与模糊推理相结合的矿用齿轮箱故障诊断方法［J］．机床与液压，2020，48（9）：181-186.

［189］周兴康，余建波．基于深度一维残差卷积自编码网络的齿轮箱故障诊断［J］．机械工程学报，2020，56（7）：96-108.

［190］Cui M L，Wang Y Q，Lin X S，et al. Fault diagnosis of rolling bearings based on an improved stack autoencoder and support vector machine［J］．IEEE Sensors Journal，2021，21（4）：4927-4937.

［191］Pollack J B . Recursive distributed representations［J］．Artificial Intelligence，1990，46（1-2）：77-105.

［192］Zhao R，Yan R Q，Chen Z H，et al. Deep learning and its applications to machine health monitoring［J］．Mechanical Systems and Signal Processing，2019，115：213-237.

［193］陈如清，沈士根．基于递归神经网络的旋转机械故障诊断方法［J］．振动·测试与诊断，2005，25（3）：70-72，80.

［194］Talebi N，Sadrnia M A，Darabi A. Robust fault detection of wind energy conversion systems based on dynamic neural networks［J］．Computational Intelligence and Neuroscience，2014，2014：580972.

［195］Ai H，Wang F. Application of dynamic recursive wavelet neural network in the fault diagnosis of rotary kiln［J］．Process Automation Instrumentation，2018，39（5）：4-11.

［196］王旭红，何怡刚．基于对角递归神经网络的异步电动机定子绕组匝间故障诊断方法［J］．电力自动化设备，2009，29（7）：60-63.

［197］周奇才，沈鹤鸿，赵炯，等．基于改进堆叠式循环神经网络的轴承故障诊断［J］．同济大学学报（自然科学版），2019，47（10）：1500-1507.

［198］Zhang B，Zhang S H，Li W H. Bearing performance degradation assessment using long short-term memory recurrent network［J］．Computers in Industry，2019，106：14-29.

［199］Hochreiter S，Schmidhuber J. Long short-term memory［J］．Neural computation，1997，9（8）：1735-1780.

［200］张兰．基于长短时记忆网络的变工况旋转机械智能诊断方法研究［D］．天津：天津大学，2019.

［201］王长华，蒋云刚，李保，等．基于双向长短时记忆网络的牵引机齿轮泵故障诊断［J］．机械制造与自动化，2022，51（3）：57-60.

［202］王玉玲，陈涛涛，李红浪．基于声发射和长短时记忆神经网络的端对端燃气高压调压器故障诊断［J］．声学技术，2021，40（6）：883-889.

［203］范晓丹，付炜平，赵智龙，等．基于长短时记忆网络油浸式变压器故障诊断研究［J］．变压器，2021，58（9）：27-32.

［204］李莎莎，石颉．面向感应电机故障诊断的深度学习方法研究［J］．计算机工程与应用，2023，11：1-10.

［205］李斌，高鹏，郭自强．改进蜣螂算法优化 LSTM 的光伏阵列故障诊断［J］．电力系统及其自动化学报，2023，13：11-20.

［206］徐敏，王平．基于深度 LSTM 残差网络的旋转机械故障诊断研究［J］．机床与液压，2023，51（4）：184-190.

［207］吕悦，张义民，张凯．改进 LSTM 滚动轴承故障诊断方法研究［J］．机械设计与制造，2022（8）：157-160.

［208］冒泽慧，顾彧行，姜斌，等．基于改进 LSTM 的高速列车牵引系统微小渐变故障诊断［J］．中国科学：信息科学，2021，51（6）：997-1012.

［209］Shan Z，Yang J H，Sanjuan M A F，eta al. A novel adaptive moving average method for signal denoising in strong noise background ［J］. The European Physical Journal Plus，2021，137（1）：50.

［210］ John A，Sadasivan J，Seelamantula C S，et al. Adaptive savitzky-golay filtering in non-gaussian noise ［J］. IEEE Transactions on Signal Processing，2021，69：5021-5036.

［211］ Prabhakar P，Arorra S，Khosla A，et al. Cyber security of smart metering infrastructure using median absolute deviation methodology ［J］. Security and Communication Networks，2022，2022：6200121.

［212］ 彭力. 信息融合关键技术及其应用 ［M］. 北京：冶金工业出版社，2010：136-162.

［213］ 郑日晖，岑健，陈志豪，等. 基于 EMD 样本熵与改进 DS 证据理论的故障诊断方法 ［J］. 自动化与信息工程，2020，41（2）：19-26.

［214］ 程秀作. 基于信息融合的工业机器人整机可靠性分析 ［D］. 成都：电子科技大学，2020.

［215］ 杨永旭，陈旭辉. 模糊集理论在多传感器信息融合中的应用 ［J］. 计算机应用与软件，2011，28（11）：122-124.

［216］ 于景. 基于卡尔曼滤波的道路交通数据融合研究 ［D］. 大连：大连交通大学，2017.

［217］ 曹建福，曹福民. 一类非线性系统的广义频率响应函数 ［J］. 控制与决策，1999，14（2）：130-134.

［218］ 曹建福，韩崇昭，方洋旺. 非线性系统理论及应用 ［M］. 2 版. 西安：西安交通大学出版社，2006：128-140.

［219］ Peyton Jones J C. Simplified computation of the Volterra frequency response functions of non-linear systems ［J］. Mechanical Systems and Signal Processing，2007，21（3）：1452-1468.

［220］ Lang Z Q，Billings S A. Energy transfer properties of non-linear systems in the frequency domain ［J］. International Journal of Control，2005，78（5）：345-362.

［221］ 张家良，曹建福，高峰，等. 基于非线性频谱数据驱动的动态系统故障诊断方法 ［J］. 控制与决策，2014，29（1）：168-171.

［222］ Friswell M I，Penny J E T. Crack modeling for structural health monitoring ［J］. Structural Health Monitoring，2002，1（2）：139-148.

［223］ Liu L，Thomas J P，Dowell E H，et al. A comparison of classical and high dimensional harmonic balance approaches for a Duffing oscillator ［J］. Journal of Computational Physics，2006，215（1）：298-320.

［224］ Peng Z K，Lang Z Q，Billings S A，et al. Analysis of bilinear oscillators under harmonic loading using nonlinear output frequency response functions ［J］. International Journal of Mechanical Sciences，2007，49（11）：1213-1225.

［225］ 罗嗣棍. 基于长短时记忆神经网络的风电机组健康状态评估与预测研究 ［D］. 北京：华北电力大学，2019.